航天资源规划与调度

面向卫星任务调度问题的通用化调度引擎研究

Research on the General-purpose Scheduling Engine for Satellite Task Scheduling Problems

杜永浩 邢立宁 著

清华大学出版社
北京

内 容 简 介

本书面向大规模、网络化、智能化的卫星系统发展需要，针对"烟囱式""一星一系统"的卫星任务调度系统研发与应用问题，提出了卫星任务调度通用建模方法，以及适用卫星常规、应急任务调度的自适应并行模因演化算法与分布式动态滚动优化算法，设计、实现了卫星任务调度引擎，并运用实例验证了其有效性。

本书所设计实现的卫星任务调度引擎，可解决四类典型卫星任务调度的通用化建模与求解问题，为国产卫星任务调度通用系统与基础软件的开发提供重要参考。

本书适合管理科学与工程及卫星运控、测控应用领域科研工作者、工程技术人员和相关专业研究生参考。

本书封面贴有清华大学出版社防伪标签，无标签者不得销售。

版权所有，侵权必究。举报：010-62782989，beiqinquan@tup.tsinghua.edu.cn。

图书在版编目（CIP）数据

面向卫星任务调度问题的通用化调度引擎研究 / 杜永浩，邢立宁著. —北京：清华大学出版社，2022.11
　（航天资源规划与调度）
　ISBN 978-7-302-62005-1

Ⅰ. ①面… Ⅱ. ①杜… ②邢… Ⅲ. ①卫星-调度-研究 Ⅳ. ①V448

中国版本图书馆 CIP 数据核字（2022）第 187046 号

责任编辑：陈凯仁
封面设计：刘艳芝
责任校对：赵丽敏
责任印制：曹婉颖

出版发行：清华大学出版社
　　　　网　　　址：http://www.tup.com.cn, http://www.wqbook.com
　　　　地　　　址：北京清华大学学研大厦 A 座　　　　邮　　编：100084
　　　　社 总 机：010-83470000　　　　　　　　　　邮　　购：010-62786544
　　　　投稿与读者服务：010-62776969，c-service@tup.tsinghua.edu.cn
　　　　质量反馈：010-62772015，zhiliang@tup.tsinghua.edu.cn
印 装 者：天津鑫丰华印务有限公司
经　　销：全国新华书店
开　　本：170mm×240mm　　印　张：15.25　　字　　数：281 千字
版　　次：2022 年 12 月第 1 版　　　　　　印　　次：2022 年 12 月第 1 次印刷
定　　价：69.00 元

产品编号：093905-01

《航天资源规划与调度》编辑委员会

（2021年7月）

顾问：

段海滨（北京航空航天大学）

王凌（清华大学）

主编：

陈英武（国防科技大学）

贺仁杰（国防科技大学）

姚锋（国防科技大学）

副主编：

邢立宁（西安电子科技大学）

周忠宝（湖南大学）

伍国华（中南大学）

编委：

陈盈果（国防科技大学）

刘晓路（国防科技大学）

陈宇宁（国防科技大学）

张忠山（国防科技大学）

吕济民（国防科技大学）

何磊（国防科技大学）

常中祥（湖南大学）

沈大勇（国防科技大学）

王涛（国防科技大学）

杜永浩（国防科技大学）

王原（国防科技大学）

罗绥芝（湖南师范大学）

于静（长沙理工大学）

丛书序言

F O R E W O R D

2021年9月15日，习近平总书记在驻陕西部队某基地视察调研时强调，太空资产是国家战略资产，要管好用好，更要保护好。人造地球卫星作为重要的太空资产，已经成为获取天基信息的主要平台，天基信息是大国博弈制胜的利器之一，也是各科技强国竞相角力的主战场之一。随着"高分辨率对地观测系统""第三代北斗卫星导航系统"等国家重大专项工程建设及民营、商业航天产业的蓬勃发展，我国卫星呈"爆炸式"增长，为社会、经济、国防等重要领域提供了及时、精准的天基信息保障。

另外，受卫星测控站地理位置限制，我国卫星普遍存在的入境时间短、测控资源紧缺等问题日益突出；突发自然灾害、军事斗争准备等情况下的卫星应急响应已成为新常态；随着微电子、小卫星等技术的快速发展，卫星集成度越来越高、功能越来越多，卫星已具备一定的自主感知、自主规划、自主协同、自主决策能力，传统地面离线任务规划模式已无法适应大规模多功能星座发展和协同、高时效运用的新形势。这些问题都对卫星管控提出了新的更高要求。在此现状下，为应对飞速增长的卫星规模、有限的管控资源和应急响应的新要求，以现代运筹学和计算科学为基础的航天资源调度技术起到至关重要的作用，是保障卫星完成多样化任务、高效运行的关键。

近年来，在诸多学者与航天从业人员的推动下，航天资源调度技术取得了丰富的研究成果，在我国"北斗""高分""高景"等系列卫星为代表的航天资源调度系统中得到长期的实践与发展。目前，国内已出版了多部航天领域相关专著，但面向近年来发展起来的敏捷卫星调度、大规模多星协同、空天地资源协同调度、自主卫星在线调度等新问题，仍然缺乏详细和系统的研究和介绍。本套丛书涵盖航天资源调度引擎、基于精确算法的航天资源调度、基于启发式算法的航天资源调度、空天地资源协同调度、航天影像产品定价、面向应急救援的航天资源调度、航天资源调度典型应用等众多内容，力求丰富航天资源调度领域前沿研究成果。

　　本套丛书已有数册基本成形，也有数册正在撰写之中。相信在不久以后会有不少新著作出现，使航天资源调度领域呈现一片欣欣向荣、繁花似锦的局面，这正是丛书编委会的殷切希望。

丛书编委会

2021 年 7 月

前言

PREFACE

21 世纪以来，我国航天事业步入快速发展时期，卫星规模呈"爆炸式"增长。为统筹在轨卫星及管控资源，满足卫星应用需求，最大限度发挥卫星系统社会、经济和军事效益，卫星任务调度至关重要。随着我国卫星管控与应用方式的不断变化，跨部门、跨型号成为卫星管控的新常态，一体化、快速响应成为卫星应用的新要求。在此背景下，当前"一星一系统"的卫星任务调度系统研发与应用弊端日益突出，各部门、各型号、各类卫星任务调度系统难以互容，相关模型与算法的通用性亟须提升。鉴于此，为打破"一星一系统"的卫星管控壁垒，支撑各类卫星联合机动管控与灵活高效应用，同时突破美国 STK/Scheduler 在相关软件技术领域的垄断地位，本书开展了卫星任务调度引擎研究，重点研究了通用化的卫星任务调度建模与求解方法。主要内容如下：

（1）设计了卫星任务调度引擎顶层框架。针对卫星任务调度引擎的应用背景，界定了遥感卫星、中继通信卫星、导航卫星和卫星测控等四类主要的卫星任务调度问题，明确了研究范畴和"立足实际、面向应用"的研究原则，给出了卫星任务调度引擎的基本定义，指明了卫星任务调度引擎的功能需求。在此基础上，设计了一种"模型—常规算法—应急算法"解耦的卫星任务调度引擎顶层框架，阐释了框架优势，为各类卫星任务调度问题提供了一种通用化、模块化的建模与求解新思路，为本书模型、算法研究工作指明了具体方向。

（2）提出了卫星任务调度通用化建模方法。针对卫星任务调度模型通用性问题和"一星一系统"管控现状，首先将卫星任务调度问题统一描述为一个包含任务集、资源集、评分集和决策矩阵的四元组，系统地、层次化地描述了卫星任务调度问题。其次，创造性地阐释了"任务集—资源集"之间，即"卫星事件—事件执行时机"之间存在的决策关系，构建了通用的 0-1 混合整数决策模型，给出了遥感卫星、中继通信卫星、导航卫星和卫星测控等四类卫星任务调度问题的决策模型示例，为松耦合的卫星任务调度引擎框架提供了"关键耦合点"。基于此，分析、总结了卫星任务调度主要约束条件，通过约束对象、约束阈值和约束关系设计了统一的约束模板，以及基于约束网络的约束计算方法。最后，给出了四类卫星任务调度问题的收益函数模型。以上，通过"决策—约束—收益"松耦合的卫星任务调度通用化建模方法，成功将遥感卫星、中继通信卫星、导航卫星和卫星测控等四类主要的卫星任务调度问题纳入一套统一的建模体系，开辟了一条卫星任务调度问题通用化、精细化建模的新思路，为卫星任务调度引擎提供重要的通用模型支撑。

（3）提出了一种面向卫星常规任务调度的自适应并行模因演化算法。面向卫星管控部门每日、每周的常规任务调度需求，围绕初始解质量、局部寻优能力、全局寻优能力、自适应性、通用性和时间复杂性等算法设计需求，提出了一种通用的自适应并行模因演化算法（adaptive parallel memetic algorithm，APMA），依次集成了基于启发式的快速初始解构造策略、基于并行搜索的通用局部优化策略、基于竞争的算法算子自适应选择策略和基于种群演化的全局优化策略，形成了相互协同、优势互补的策略优势。在此基础上，通过定向问题、简化版遥感卫星任务调度问题等标准问题（benchmark）测试了 APMA，阐明了其求解标准问题的通用性和有效性，为卫星常规任务调度问题提供了通用、高效的求解手段，为卫星任务调度引擎提供了核心算法支撑。

（4）设计了一种面向卫星应急任务调度的分布式动态滚动优化算法。针对增减任务、卫星故障等现实管控环境中卫星应急任务调度需求迫切、常规调度算法时效性不足的实际情况，围绕应急任务调度算法设计需求，设计了一种通用的分布式动态滚动优化（distributed dynamic rolling optimization，DDRO）算法，依次集成了基于动态合同网的任务协商与分配策略、基于滚动时域的单平台任务重调度策略、基于可调度预测的任务快速插入策略和基于约束网络的实时冲突消解策略，在卫星常规任务调度结果的基础上实施动态、实时、有效的优化，为卫星应急任务调度问题提供了通用、灵活的求解手段，为卫星任务调度引擎提供了又一算法支撑。

（5）完成了卫星任务调度引擎实践应用。基于以上卫星任务调度通用化建模与优化方法，以"高景一号"商业遥感卫星、"天链一号"中继通信卫星、"北斗三号"导航卫星和美国空军卫星测控任务等四类实际卫星任务调度问题为例，完成了卫星任务调度引擎应用实验，实践了卫星任务调度通用化建模方法，检验了卫星常规、应急任务调度算法 APMA 和 DDRO，介绍了相关应用系统，说明了卫星任务调度引擎的可行性和应用前景，为卫星任务调度引擎的工程化应用提供了实践依据。

本书是作者在国防科技大学系统工程学院求学与工作期间完成的。本书的完成离不开作者导师邢立宁研究员的悉心指导，以及团队陈英武、贺仁杰、姚锋、刘晓路、陈盈果、张忠山、陈宇宁、吕济民、王涛、沈大勇、何磊老师的大力支持和指导。本书在撰写过程中参考了许多参考文献，本书的完成也离不开这些学者的贡献和启发。在此，向所有给予我们指导、帮助与启发的各位老师与学者表示衷心感谢。同时，由于作者水平有限，本书难免存在不妥与待完善之处，欢迎专家学者和读者朋友批评指正，提出宝贵意见，我们将不胜感激。

作　者
2022 年 6 月于长沙

目录

C O N T E N T S

第1章

绪　论

1.1　研究背景及意义

1.1.1　研究背景

21 世纪以来,我国航天事业步入快速发展时期,卫星技术经历深刻变革。随着"高分辨率对地观测系统""第三代北斗卫星导航系统"等国家重大专项工程的建设,以及民营、商业航天产业的蓬勃发展,我国卫星系统呈"爆炸式"增长,为社会、经济、国防等重要领域提供了及时、精准的数据信息保障。公开资料显示,截至 2020 年年底,我国在轨卫星已达 412 颗[1],近五年增长率超过 150%。但与此同时,受卫星测控站地理位置的限制,我国卫星普遍存在的入境时间短、测控资源紧缺等问题日益突出,卫星管控难度激增。此外,突发自然灾害、军事斗争等情况下的卫星应急响应已成为新常态,对卫星管控提出了新的更高要求。在此现状下,为应对飞速增长的卫星规模、有限的管控资源和应急响应的新要求,以现代运筹学和计算科学为基础的卫星任务调度技术起到至关重要的作用。

卫星任务调度技术是指在卫星使命任务与管控需求的驱动下,通过对任务与资源的建模,避免卫星任务执行过程中的约束冲突,最大化卫星任务与管控效益的一种优化技术,如图 1.1 所示。近年来,在诸多学者与航天从业人员的推动下,卫星任务调度技术取得了丰富的研究成果,在我国"北斗""高分""高景"等系列卫星为代表的卫星任务调度系统中得到长期的实践与发展。而在此过程中,卫星任务调度技术的研究与应用也暴露出一些问题:

(1)卫星任务调度问题简化程度高,模型、算法难以满足复杂化、多样化的应用需求。卫星任务调度相关研究普遍存在决策、约束层面大幅简化的现象,不同程度地影响了问题的建模方式和算法结果的可行性，导致一些研究成果难以转化和工程化应用。特别地，现阶段卫星管控的复杂性、多样性激增，如"高景一号""高分多模"等具备多种工作模式的高机动性敏捷遥感卫星，任务调度过程中约束条件多达 100 余条，涵盖成像、数传和星上固存管理等多项现实业务。在此背景下，相关研究中大幅简化的问题建模方式与求解算法适用条件不足，难以满足卫星任务调度模型、算法的现实应用需求。

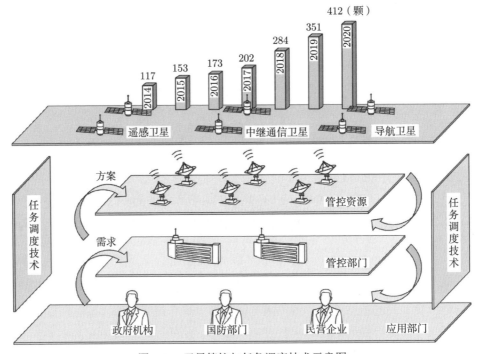

图 1.1   卫星管控与任务调度技术示意图

（2）卫星任务调度模型、算法通用性不足，造成"一星一系统"的卫星管控系统研发与使用现状。相关研究通常只面向一颗或少数几颗同类卫星的任务调度问题，其任务调度模型、算法和系统架构往往难以修改、移植，存在适用面窄、通用性差、可拓展与集成能力不足等问题，造成"一星一系统"的管控格局。在此格局下，各部、各型、各类卫星任务调度系统难以互容，新系统研发成本高、周期长，与旧系统兼容、集成效果不理想，形成恶性循环，不利于卫星任务调度研究与应用成果的"增量式"积累，不利于卫星一体化管控的发展进程。

（3）卫星日常管控与应急响应的双重需求引发"常规—应急"矛盾，诸多算法求解效果并不理想。在一体化、复杂化的卫星日常管控现状下，卫星任务调度问题规模与复杂性激增，算法运行（特别是获得高质量任务调度方案）的时间随之增加；但与此同时，卫星应急任务调度需求频繁，对算法的时效性提出更高要求。可见，卫星常规任务调度对算法运行时间的需求与应急任务调度对算法时效性的需求产生了矛盾，这一现象称为"常规—应急"矛盾。此外，受模型简化的影响，相关研究中卫星任务调度算法的现实应用效果难以得到保证。由此，相关算法难以同时满足卫星常规、应急任务调度的双重需求，求解与应用效果并不理想。

（4）西方国家实施软件、技术封锁，尚无可替代、有竞争力的国产卫星任务调度软件或核心技术产品。在很长一段时间里，美国航天任务仿真设计软件 STK（Satellite/Systems Tool Kit，美国 Analytical Graphics 公司卫星工具包）及其任务调度插件 STK/Scheduler 是我国卫星管控部门和相关院校重要的科研工具，为卫星轨道推算及任务调度提供了通用、高效的软件服务。然而，自 2005 年（STK 7.0）起美国就对我国禁售、禁运 STK，至今仍未解禁。虽然现阶段我国各型、各类卫星的任务调度系统可以满足日常管控的基本需要，但受系统模型、算法通用性影响，大部分系统缺乏通用化软件产品的技术内核和面向用户的设计定位，能够替代 STK/Scheduler 的国产卫星任务调度软件或技术产品还没有出现。

1.1.2 研究目的与意义

针对卫星任务调度研究与应用过程中暴露出的现实问题，本书开展了卫星任务通用化调度引擎研究，重点研究卫星任务调度通用化的建模方法，以及常规、应急任务调度算法。其研究目的和意义包括：

（1）开辟复杂卫星任务调度问题模型研究的新思路，促进成果的工程化应用。针对卫星任务调度研究中普遍存在的决策、约束简化现象，本书研究将系统、完整地描述卫星任务调度问题，构建精细化的任务调度模型，真实反映管控部门的实际优化需要。本书研究将"接轨"工程化应用，还原卫星任务调度现实问题的复杂性、多样性特征，为复杂卫星任务调度模型研究提供新思路，促进以任务调度模型为基础的相关研究成果转换与工程化应用。

（2）大幅提升卫星任务调度模型、算法通用性，打破"一星一系统"管控格局。针对卫星任务调度模型、算法通用性不足的问题，本书研究将实现模型、算法解耦，提出通用的卫星任务调度框架、模型及算法，并将其灵活地应用于不同的卫星任务调度问题。本书研究将从根本上突破"一星一系统"的管控现状，适应一体化、灵活化管控的新常态、新要求，促进卫星任务调度研究与应用成果的"增量式"积累与柔性拓展，为我国卫星一体化管控的发展进程提供必要的模型、算法支撑。

（3）丰富卫星任务调度问题求解方法，解决"常规—应急"矛盾。针对卫星常规、应急任务调度的双重需要，本书研究将构建合理、有效的卫星任务调度建模与求解框架，在此框架下提出常规、应急任务调度算法，并在一系列卫星任务调度实验中开展充分的检验，为卫星任务调度"常规—应急"矛盾提供解决方案，为发挥我国卫星系统社会、经济、军事效益提供必要的算法支撑。

（4）突破西方国家软件、技术封锁，为国产卫星任务调度软件提供技术支撑。最后，针对西方国家的软件、技术封锁，本书研究将提供一套适合我国国情、具有自主知识产权的通用化卫星任务调度建模、求解方法，摆脱核心技术"受制于人"的窘境，为研发国产卫星任务调度软件提供技术驱动力，为加快提升我国航天综合实力、实现"跻身世界航天强国"的总目标提供必要技术支撑。

1.2　卫星任务调度模型研究现状

在任务调度问题的求解过程中，问题建模往往是首要步骤，是决定问题描述方式、指导算法设计、影响问题复杂程度的关键环节。现阶段，各类卫星任务往往由不同的职能部门负责调度。根据职能部门的不同，可以将卫星任务分为卫星运控任务和卫星测控任务两大类，如图 1.2 所示。其中，卫星运控任务以实现卫星使命任务和任务数据回传为目标，以遥感卫星、中继通信卫星和导航卫星等卫星任务最为繁多、调度需求最大。而测控任务以保障卫星正常运行和长效管控为目标，包含卫星遥测、跟踪和指令上注等一系列任务内容。

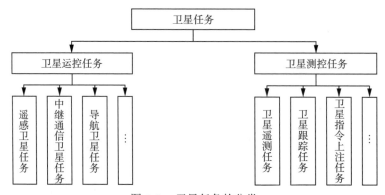

图 1.2　卫星任务的分类

基于此，本节详细地梳理了卫星运控与测控任务调度问题中常用的调度模型，分析了不同卫星任务调度问题的建模特色、决策变量形式与模型优缺点，阐明建模过程中提升模型通用性和求解效率的必要性，为本书开展卫星任务调度通用化建模研究提供参考依据。

1.2.1 遥感卫星任务调度模型

遥感卫星任务是针对地表、海洋、大气和太空等环境中的目标，通过星上遥感载荷进行信息数据收集并传输给地面设备的一类卫星运控任务。遥感卫星是目前在轨数量最多的一类卫星，在农业、经济、军事等领域发挥着不可替代的作用。因此，遥感卫星任务也是现阶段种类最为繁多、需求量最大、应用最为广泛的一类卫星运控任务。

遥感卫星任务调度是一类具有 NP-hard（non-deterministic polynomial-time hard）特性的组合优化问题 [2]。该问题往往具有序列优化与资源优化的双重特点，既要决策任务执行的先后顺序，又要为任务合理地分配卫星及其载荷资源。由此，根据调度模型中决策对象的不同，本节将遥感卫星任务调度模型分为面向资源的任务排序模型（简称任务排序模型）和面向任务的资源分配模型（简称资源分配模型）两大类，并基于此对遥感卫星任务调度模型展开进一步的阐述。

1.2.1.1 任务排序模型

20 世纪末，面对遥感卫星任务调度这一全新的问题，人们尝试从经典运筹学模型中寻找解决方案，如路径规划模型、图论模型和车间调度模型等。在这些模型中，决策变量主要表示资源执行任务的先后顺序，反映任务连续执行过程中的时序逻辑和能力约束，对早期遥感卫星任务调度问题的求解起到重要帮助。

（1）车辆路径规划问题（vehicle routing problem，VRP）模型

VRP 模型是最早用于遥感卫星任务调度问题求解的模型之一，其中卫星被视为车辆，任务目标被视为车辆访问的城市，如图 1.3(a) 所示。Cordeau 等 [3] 将遥感卫星对目标的可见性转化为任务的时间窗口约束，并采用了一种 VRP 求解算法 [4] 解决了单轨遥感卫星任务调度问题。随后，Bianchessi 等 [5] 将该算法应用于多星多轨场景中，提出了"需求分析、任务分发、单星调度"的三段式遥感卫星任务调度架构，该架构至今仍被诸多卫星调度系统所采用。李菊芳等 [6]、郭玉华等 [7] 和蔡德荣 [8] 指出遥感卫星任务中的成像与数传动作可视为 VRP 模型中的装卸货动作，求解了固存容量约束下的任务调度问题。虽然上述研究在卫星任务、工作模式、固存约束等方面进行了诸多简化，但 VRP 模型中任务排序的建模思想为卫星任务调度的研究打开了新思路。

（2）图论模型

图 1.3 (b) 所示的图论模型通过点和线的方式直观地描述卫星任务之间的时

序与冲突关系，在遥感卫星任务调度中也得到诸多应用。例如，Gabrel 等 [9]、Bianchessi 等 [10] 和陈浩等 [11] 分别针对光学卫星、SAR 卫星和电子卫星，将卫星的成像调度问题抽象为有向无圈图模型。陈祥国等 [12] 通过构造任务调度位置图和任务调度关系图，分别描述了卫星数传的序列与执行资源。针对多星联合调度问题，Xu 等 [13] 建立了基于最小生成树的图论模型，张帆 [14] 和王钧 [15] 构建了分层优化的图论模型。不过，图论模型的缺陷也十分明显：由于该模型的约束表达能力有限，任务调度问题往往需经过较大程度的简化，诸如区域目标成像、成像数传一体化调度、固存擦除等复杂的任务约束很难在传统图论模型中进行表示。

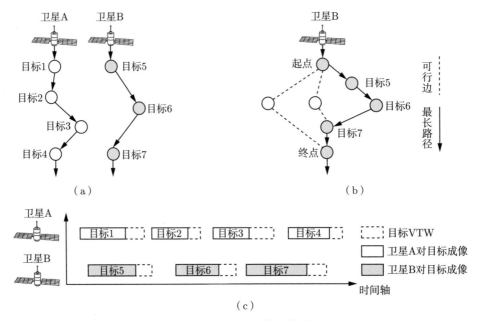

图 1.3　遥感卫星任务排序模型示例

(a) 双星 VRP 模型；(b) 一种单星图论调度模型；(c) 基于最早开始原则的双星 JSP 模型

（3）车间调度模型

作业车间调度问题（job-shop scheduling problem，JSP）和流水车间调度问题（flow-shop scheduling problem，FSP）等模型中关于工件加工顺序的约束特点满足卫星区域目标成像、立体成像等实际需求，故二者也常用于遥感卫星任务调度问题的建模。早在 1994 年，Hall 等 [16] 就给出了遥感卫星任务调度的 JSP 模型。Cordeau 等 [3]、李菊芳等 [6]、顾中舜等 [17] 和贺仁杰等 [18] 指出，遥感卫星执行任务的过程可以看作为不同类型的机器（卫星、地面站）分配工序（成像任务、数传任务）的过程，如图 1.3(c) 所示。此外，Xiao 等[19] 设计了一种两阶段式的任务调度框架，通过 FSP 模型对卫星成像与数传一体化的任务调度问题进行了建模。

上述任务排序模型便于检查相邻任务之间转换时间的约束，贴近卫星管控的实际情况，加之早期遥感卫星几乎均采用"顺序回放"的工作模式，即数传顺序与成像顺序保持一致，故在诸多其他遥感卫星调度文献中也保留着该建模思想。例如，Lemaître 等[20] 研究法国敏捷星座 Pleiades 时通过决策变量表示卫星任务的先后顺序，并指出卫星电量与固存约束也可通过调整卫星任务顺序进行满足；Xu 等[21] 通过决策变量表示了任务在卫星执行序列中的位置；Lin 等[22]、程思微等[23]、任仙海等[24]、Sun 等[25] 和 Cui 等[26] 均通过决策变量表示了遥感卫星任务目标之间的路径或顺序等。

不过，任务排序模型存在一个明显的解码过程，通常仿照传统 VRP 模型、图论模型和 JSP 模型尽可能早地执行任务，如图 1.3 (c) 所示。但实际上，该解码过程在现阶段卫星复杂的约束逻辑下（如时间依赖性约束、非线性收益等）可能会丢失优质解，即"最优序列"并不一定等于"最优结果"。以卫星最大连续机动 2 次的约束为例，图 1.4 中方案 A 基于最早开始原则执行任务，而方案 B 中目标 2 并非于最早开始时间执行，即可能出现方案 A 中无法完成目标 4，而方案 B 中可以完成目标 4 的情况。由此，问题约束越复杂，任务排序模型就越可能丢失优质解，同时解码过程的时间成本也越高。

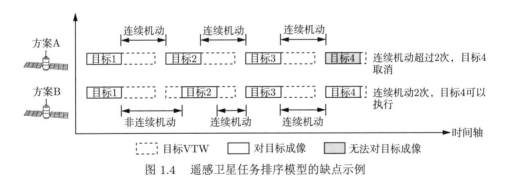

图 1.4　遥感卫星任务排序模型的缺点示例

另一方面，随着星载固存技术的发展，诸多近年来发射的遥感卫星（如"高景一号"）已无需满足"顺序回放"的约束，即卫星成像序列与数传序列可以不一致。若在数传窗口稀缺或某些任务有特殊需求的情况下，分别优化卫星成像序列与数传序列很可能更有利于任务收益的最大化。对此，学者们提出了面向任务的资源分配模型，既保留了任务排序建模的思想，同时直接决策了任务执行的具体时间，成为各类遥感卫星任务调度研究中的重要模型。

1.2.1.2　资源分配模型

与任务排序模型相比，资源分配模型不再决策任务顺序，而是面向任务需求，决策任务被执行的资源，如图 1.5 (a) 所示。由于卫星与任务目标的可见性是任务执行的前提，二者的可见时间窗口（visible time window，VTW）一直以来都被视为卫星调度中的关键资源，故资源分配模型又可称为 VTW 分配模型。例如，Bensanna 等[27]、Gabrel[28]、靳肖闪等[29]、Wang 等[30]、Liu 等[31]、Jiang 等[32] 和 Wu 等[33] 以 0-1 决策变量表示了遥感卫星执行任务所选的 VTW，建立了法国 SPOT、韩国 SATellite-2、我国"环境"系列和中巴"资源"系列等遥感卫星任务调度模型。在上述文献中，由于 0-1 变量所表示的 VTW 同时包含了卫星载荷信息和任务执行的时间，反映了卫星执行任务的顺序，无需 VRP、JSP 模型中的解码过程，使得模型表示更加简洁。

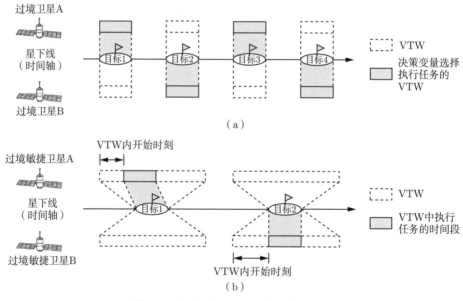

图 1.5　遥感卫星 VTW 分配模型示例

(a) 非敏捷卫星 VTW 分配模型；(b) 敏捷卫星 VTW 分配模型

然而，敏捷遥感卫星技术的发展也暴露出传统 VTW 分配模型的局限性。近年来发射的遥感卫星通常具备俯仰成像能力，即能够先于或晚于目标上空进行远距离的倾斜角度成像，这一技术为遥感卫星在目标上空过境时带来了更长的 VTW 和更多的成像机会[34]，如图 1.5 (b) 所示。因此，在敏捷遥感卫星任务调度模型中，不仅需要决策任务执行的 VTW，还需要决定任务在该 VTW 内具体的开始时刻。针对这一问题，目前学者们主要通过以下三种方法对模型进行改进：

（1）基于规则的 VTW 分配模型

与 1.2.1.1 节任务排序模型中的解码思想相似，Lemaître 等 [20]、He 等 [35−36]、Mok 等 [37]、Chu 等 [38] 和 Song 等 [39] 基于最早开始原则，将卫星任务安排在 VTW 内满足约束的最早位置；张超等 [40]、Liu 等 [41] 以成像质量优先原则安排任务，并在模型中处理了时间依赖的姿态转换与梯段成像质量约束；Xu 等 [21] 根据任务安排过程中可能出现的不同情况设计了专门的卫星窗口更新策略；Kim 等 [42] 在 SAR 星座成像调度问题中仅考虑了侧视成像模式，即在 VTW 的中点安排成像任务；Wu 等 [43] 以合并任务优先和最早开始等原则安排成像任务，并指出任务合并的相关约束导致了其模型非线性的特征。不过，虽然这些解码过程能够帮助 VTW 分配模型适用于敏捷遥感卫星调度问题，但基于规则的解码方式一定程度也限制了算法对更大解空间的探索，在复杂约束情况下的时间成本可能也较高。

（2）多重决策的 VTW 分配模型

Lemaître 等 [20]、She 等 [44]、Chen 等 [45] 和 Frank 等 [46] 在用 0-1 变量表示任务 VTW 的同时，还通过一个整数变量来表示任务在 VTW 内的开始时刻。Sarkheyli 等 [47] 通过双重决策变量表示了敏捷遥感卫星任务的 VTW 和开始时刻，并考虑了星上固存整块擦除的业务约束，该约束在其他研究中很少涉及；Niu 等 [48]、Chen 等 [49] 也采用了相同的决策变量，并计算了非线性的姿态转换时间约束。在该模型中，0-1 变量决策了执行任务的卫星载荷及 VTW，整数变量决策了该任务的开始时间，避免了上一种方法中基于规则的解码过程，具有更好的模型完备性。

（3）离散化 VTW 分配模型

Wang 等 [30]、Valicka 等 [50]、Nag 等 [51]、Zhu 等 [52]、He 等 [53]、Li 等 [54] 和杜永浩等 [55] 将遥感卫星成像或数传任务的 VTW 进行离散化处理，通过 0-1 变量直接决策了任务的离散 VTV（即开始与结束时间），如图 1.6 所示。该方法与多重决策的 VTW 分配模型在本质上是相同的，但减少了决策变量的数量，使得模型更加简洁。

与基于规则的 VTW 分配模型相比，后两种模型在解的表示过程中摆脱了启发式规则的影响，能够保障复杂约束条件下解的多样性，更加贴近敏捷遥感卫星管控的实际情况。不过，这两种模型在很大程度上扩大了问题的解空间，可能产生较多的不可行解，求解难度也随之增加，故这两种模型通常需要高性能优化策略与算法的支持。同时，VTW 离散化的程度是可控的（现阶段遥感卫星任务的最小精度为秒级），故合理的 VTW 离散粒度也有助于提升该模型的有效性。此外，还有些学者将遥感卫星任务调度问题抽象为背包问题 [3,56−58]、Multi-Agent 模型 [59−63] 与机器学习模型 [64−67] 等。

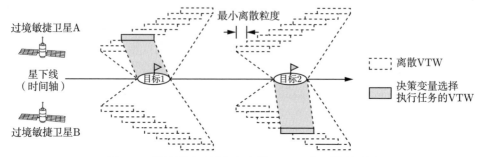

图 1.6　敏捷遥感卫星任务离散 VTW 分配模型示例

1.2.2　中继通信卫星任务调度模型

随着遥感卫星数量和对地观测数据量的不断提升，地面数传站难以满足现阶段遥感星群大规模、高频率的数据传输需求。因此，为在轨卫星与地面站提供数据中转服务的中继通信卫星起到了十分重要的作用。由于在轨道上承担的使命任务与地面数传站相近，中继通信卫星也被称为"天基数传站"。中继通信卫星的任务调度问题与遥感卫星任务调度问题中的数传调度部分在诸多方面具有很大的相似度：①二者均是在 VTW 的基础上对目标执行数传任务，如图 1.7 所示；②二者在工作模式、电量、固存等方面具有相似的约束；③中继通信链路的单址链路和多址链路支持不同的链路数与频段，这与遥感卫星不同的成像载荷具有相似的特点。因此，中继通信卫星任务调度模型也可参考遥感卫星任务调度模型进行分类。

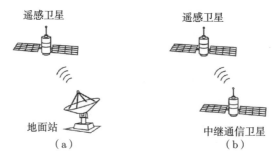

图 1.7　遥感卫星数传任务与中继通信卫星任务对比示例

(a) 遥感卫星数传任务；(b) 中继通信卫星任务

（1）任务排序模型方面

早在 1986 年，Reddy 等 [68−69] 就用点和弧分别描述中继通信卫星任务之间的优先关系；Rojanasoonthon 等 [70−71]、庄树峰等 [72−73]、贺川等 [74] 和刘润滋等[75]指出中继卫星任务调度问题可视为一类 VRP 问题或并行机器调度问题,并通过决策变量反映了卫星执行任务的先后顺序;郭超等[76]结合任务紧急程度、执行难度和 VTW 属性分别定义了任务的综合优先级,并基于优先级顺序依次为任务分配 VTW 和开始时间。可见,此类模型延续了遥感卫星任务排序模型的建模特点,在决策变量表示和解码原则等方面具有一致性。

（2）VTW 分配模型方面

在中继通信卫星执行任务的过程中,往往也会出现 VTW 长度超过任务时长的情况,即相关研究中提到的"滑动窗口"。在这些研究中,通常采用启发式的规则确定任务在 VTW 内的开始时间。例如,顾中舜[77]、赵静等[78-80]通过 0-1变量表示了中继通信任务所执行的 VTW,并基于优先级顺序和最早开始原则依次计算任务的开始时间;方炎申等[81-83]在启发式规则的基础上引入了专家系统规则;贺川等[84]以任务最小损失机会确定开始时间;何敏藩等[85]设计了最早、最晚和随机开始策略等。

在一些其他文献中,中继通信卫星的任务调度问题并不单独考虑,而是纳入其他类型的卫星任务调度范畴中。例如,在遥感卫星成像与数传一体化任务调度的研究中,Li 等[54]通过计算遥感卫星与中继卫星的 VTW,将中继卫星视为一个地面数传站,该处理方式也是现阶段遥感卫星调度系统中的常用方法。此外,中继卫星有时也承担部分卫星的测控任务,故有相当一部分的中继通信卫星任务被纳入卫星测控任务范畴中[86]。可见,中继通信卫星常被视为一种保障其他卫星任务调度需求的通用资源。因此,考虑到中继通信卫星的使命任务与管控特点,以及其在调度模型上与其他卫星调度问题的相似性,相关研究应侧重与其他类型卫星任务调度问题的集成性与协同性。

1.2.3　导航卫星任务调度模型

目前,世界上主要的导航系统包括美国全球定位系统（global positioning system,GPS）、欧洲"伽利略"（Galileo）卫星导航系统、俄罗斯全球卫星导航系统（global navigation satellite system,GLONASS）和我国"北斗"卫星导航系统（BeiDou navigation satellite system,BDS）。导航卫星的管控任务主要是建立卫星与地面或与其他卫星之间通信链路,以保障导航系统的定位精度和授时精度,以及导航电文、星历信息等数据的实时互传。因此,导航卫星任务调度问题可以看作为星地链路与星间链路的调度问题。这里简单介绍相关研究中导航卫星任务调度模型:

（1）GPS 与 GLONASS

GPS 是全球最早建成的导航定位系统，并在 2005 年就完成了全球范围的地面站部署，可在任何时刻建立星地链路，通常无需考虑 VTW 约束[87]。GLONASS 也在俄罗斯本土与周边国家大量部署地面站[88]，卫星的可见性也较高。由此，GPS 与 GLONASS 系统中的星地通信链路充裕，对任务与资源调度的需求程度较低，相关的公开文献较少。

（2）Galileo 卫星导航系统

早在 1994 年，Gershman 等[89]和 Iv 等[90]就讨论了 Galileo 导航系统的任务调度问题。Toribio 等[91]介绍了 Galileo 导航系统任务调度过程中的主要设备信息和组织架构，给出了短期规划、长期规划和应急规划的概念。Hall 等[92]介绍了 Galileo 导航系统的调度系统，给出了任务调度的主要流程，指出该系统每周约调度 1500 余项任务，周计划调度时间为 10min 等。不过，上述研究均没有给出导航卫星任务调度的具体模型和算法。Marinelli 等[93]基于离散 VTW 的 0-1 变量表示了导航任务的开始与结束时间，对 30 颗 Galileo 导航卫星的星地链路周计划进行了调度。

（3）"北斗"卫星导航系统

针对"北斗"卫星导航系统星地链路调度问题，龙运军等[94]基于 0-1 变量表示了执行任务的地面站及 VTW，并通过另外两个整数变量表示了任务的开始与结束时间，处理了测站建链数量、天线转换时间等实际约束，对建链时长、任务完成度等目标进行了优化。Tang 等[95]通过离散 VTW 表示了导航任务的开始时间，对任务完成度和负载均衡度等目标进行了优化。考虑到任务等待时间和设备使用时间的双重时间约束，闫俊刚等[96]将导航卫星任务调度问题抽象为带有双重 VTW 约束的 JSP 问题。张忠山等[97]在星地链路调度的基础上还考虑星间链路，给出了基于任务排序模型的两阶段式任务调度方案。针对我国"北斗"卫星导航系统，Yang 等[98]、Sun 等[99−100]和 Liu 等[101]以超帧（superframe，1min）为调度周期、以时隙（timeslot，3s）为时间单位构建了星间链路调度模型，以降低系统平均时延为优化目标，设计了差分进化、遗传和模拟退火等算法，完成了 30 颗导航卫星星间链路周计划的调度。

尽管关于导航卫星任务调度的公开文献较少，但该问题中星地链路和星间链路的调度，分别与陆基卫星测控任务和天基卫星测控任务的调度有较大的相似性。部分研究还将导航卫星任务调度纳入卫星测控任务调度的范畴。因此，下面重点介绍一些卫星测控任务调度的模型。

1.2.4 卫星测控任务调度模型

卫星测控任务是卫星遥测、跟踪、指令上注等一系列任务的统称，是保障卫星正常运行和长效管控的重要前提。卫星测控任务以地基测控任务为主，也包含部分天基（基于中继通信卫星的）测控任务。由图 1.8 可见，与卫星运控任务调度相似，资源与目标的 VTW 也是卫星测控任务调度的关键资源，其中低轨目标测控任务的 VTW 长度通常等于任务时长，而高轨目标测控任务的 VTW 长度通常大于任务时长。因此，卫星测控任务调度问题的研究很大程度上保留了与运控任务调度相似的问题描述方式与建模习惯，主要采用优先级排序模型、图论模型和 VTW 分配模型等进行相关研究。

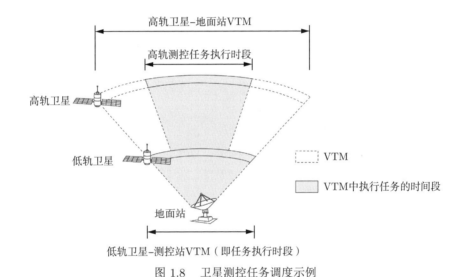

图 1.8　卫星测控任务调度示例

（1）优先级排序模型

优先级排序模型属于一种面向资源的任务排序模型，其中任务的优先级是指任务分配资源的优先级。该模型与 VRP 等任务排序模型相似，但不会通过决策变量指明任务资源，而是直接根据任务排序结果依次分配资源。例如，Parish 等 [102]、Barbulescu 等 [103-105]、郑晋军等 [106] 和张鹏等 [107] 通过 0-1 变量表示了一个待调度的任务序列，并基于最早开始原则依次为任务分配 VTW 与开始时间，将卫星测控任务调度问题转换为任务集的最优排序问题。Barbulescu 等 [108] 还指出卫星测控任务调度问题可由一类带准备时间的单机调度问题归约得到，证明了该问题的 NP-complete 性。Li 等 [109] 将每一个测控 VTW 都视为待执行的任务，并通过 0-1 变量表示了待调度的任务序列。该模型编码形式简单，受到了诸多青睐，但也因其只决策任务资源分配的顺序，且完全依靠启发式规则为任务逐一分配资源与时间，该模型在复杂的卫星测控任务调度问题中可能表现不佳。

（2）面向低轨卫星的图论模型

作为另一种任务排序模型，图论模型在卫星测控任务调度研究中也应用广泛。早在 1985 年，Arbabi 等[110] 就给出了卫星测控任务的图论模型。Zufferey 和 Blöchliger 等[111-112] 将卫星测控任务视为图，将测控资源描述为不同颜色，将任务调度问题转化为图着色问题，而其中任务开始时间也依赖于最早开始原则；张雁等[113]、徐小辉[114]、Zhang 等[115-118] 和陈祥国等[119-120] 以节点表示卫星 VTW，通过边表示了任务在不同 VTW 之间的冲突关系，处理了任务执行唯一性和无重叠等约束，将卫星测控任务调度问题转化为最大独立集问题；王海波等[121]、Vázquez 等[122] 在卫星与测站可见关系图的基础上，以节点表示测控任务的开始时间，以边表示同一个测站连续执行测控任务的转换过程；Vázquez 等[123-124] 还给出了分布式调度、鲁棒性调度和实时调度的模型。此外，Petri 网模型也被用于卫星测控任务调度的研究中[125-128]。不过，上述研究中大部分仅考虑低轨卫星，由于低轨卫星测控任务时长等于其 VTW 长度，故任务间的资源冲突、天线仰角和转换时间约束均相对确定、易于描述。但在高轨卫星测控任务中，任务 VTW 通常超过任务所需的测控时间，故针对包含高轨卫星的测控任务调度问题，还需更加合适的模型进行准确的问题描述。

（3）考虑高轨卫星的 VTW 分配模型

针对高、低轨卫星联合测控任务调度问题，Gooley 等[129-130] 建立了两阶段式的 VTW 分配模型，基于 0-1 变量表示了测控任务的 VTW，并优先调度低轨卫星的测控任务，再通过一个整数变量表示高轨测控任务在 VTW 内的开始时间；贺仁杰等[131]、刘洋等[132] 和 Luo 等[133] 也采用同样的决策变量描述了高、低轨卫星联合测控调度问题，建立了一体化的测控任务调度模型；Xhafa 等[134-137]、Valicka 等[138] 通过整数变量直接表示了卫星测控任务的开始时间；Marinelli 等[93] 基于离散 VTW 和 0-1 变量建立了 Galileo 导航星座测控任务调度模型。针对大规模测控任务调度场景，Liu 等[139] 基于 0-1 变量表示了测控任务的 VTW，并基于冲突消解规则决定任务在 VTW 内的开始时间。上述 VTW 分配模型不仅决策了测控任务的 VTW 与资源，同时也确定了任务在长 VTW 内的具体开始时间，适合于包含高轨卫星的测控任务调度场景。此外，优先级排序模型也可用于高轨卫星测控任务调度问题，但其中过多的启发式规则不利于问题的全局优化，故在此不再讨论。

除上述模型外，还有 0-1 背包模型[140]、基于本体与规则库的模型[141-143]、博弈论模型[144-145]、Multi-Agent 模型[146-147] 和机器学习模型[148-149] 等也被应用于卫星测控任务调度，特别是应急任务调度的研究中。

在上述研究中，卫星测控任务调度算例通常分为两种：①基于 STK 的仿真算例，任务数通常小于 100，测站数通常小于 10；②美国空军卫星控制网络（Air Force Satellite Control Network，AFSCN）发布的 7 个高、低轨卫星联合测控任务调度标准测试集（benchmark）[150]（最近更新于 2003 年），其中平均每天测控任务规模为 308，测站数为 19。考虑到任务和资源规模上的差异，两类算例的求解难度也截然不同。而实际上，我国卫星测控部门当前面临的任务规模早已超过 AFSCN 标准测试集的问题规模。由此，当前诸多基于小规模算例的相关研究均也存在一定的局限性。

综上所述，本节从任务排序模型和 VTW 分配模型两个角度梳理了遥感卫星、中继通信卫星、导航卫星和卫星测控任务调度研究的主要模型，并对各类模型的特点、决策变量形式和优缺点进行了分析。表 1.1 将上述内容进行了总结，其中，结合卫星型号项目研发经历，还梳理了我国卫星任务调度实际需求中极少被相关文献考虑的业务约束。这些约束很大程度上限制了卫星任务调度最新研究成果的转化和应用。因此，如何通过标准化、模块化和简洁化的方式将这些复杂的业务约束纳入卫星任务调度模型中，应成为本书研究的重要内容之一。

从表 1.1 中不难发现，遥感卫星、中继通信卫星、导航卫星和卫星测控任务调度研究中的常用模型具有非常大的相似性，其本质上是因为上述卫星任务调度问题的相似性。尽管卫星会搭载不同的载荷、被赋予不同的任务，但任务与资源在时域、空域、频域的可见性始终是问题建模的出发点和落脚点。因此，上述卫星调度问题具有通用化描述与建模的可行性。同时，由于任务使命与资源的差异，上述卫星任务调度问题也存在着诸多不同，特别是约束条件，是反映卫星任务调度问题特征、区别卫星任务调度类型的重要因素。

以上，通过对遥感卫星、中继通信卫星、导航卫星以及卫星测控任务调度模型的梳理与分析可知：①卫星任务调度问题的相似性是实现各类问题通用化建模的前提；②通用化的调度模型应紧紧围绕任务与资源在时域、空域、频域的可见性，提升模型在问题层面上的通用性；③通用化的调度模型也依赖于卫星任务调度问题特征性约束，才能实现对不同问题场景的应用。

基于上述各类卫星任务调度模型共性特征与区别分析，这里总结了现有研究存在的三个方面的不足并给出相应对策：

表 1.1　卫星任务调度模型研究现状总结

调度模型	编码模型	编码过程	解码过程	模型优缺点	已考虑的主要约束	尚未考虑的业务约束
面向资源的任务排序模型	VRP 模型	通过决策变量表示资源执行任务的顺序	基于规则与约束决定开始时间，解码后为可行解	1. 表示了任务顺序，便于检查任务顺序和转换时间约束； 2. 在"顺序回放"工作机制下便于决策成像与数传任务的队列； 3. 不限于长 VTW 的任务，不便于描述问题与复杂约束； 4. 调度于"最优结果""不一定等于""最优序列"，约束越复杂解码过程越易失真优化质量，解码时间与成本也越高	1. 任务执行唯一性约束； 2. 任务可见性约束(即时、空、频域 VTW)； 3. 任务顺序约束(如条带拼接、立体成像、顺序回放回放等)； 4. 任务工作模式约束(如遥感卫星记录、回放、实传成像与数传放比约束)； 5. 资源能力约束(如卫星电池、固存容量、任务次数、测控卫星数传负载、工作频率、时长约束等)； 6. 资源转换时间约束； 7. 资源可抢占性与非抢占性约束(如测控任务与控阵任务执行其他任务)	1. 非线性、函数化、过程依赖的资源能力、转换时间约束时限(如遥感卫星侧摆时间与遥感影像成像时限相关)、最小摆角，是否实传成像； 2. 区分连续、非连续任务的资源时间约束(如"高景一号"单轨连续成像次数、时间限制)； 3. 区分阳照期约束时间约束(如地影区中继卫星工作时限)； 4. 区分待机、工作等的资源能力、转换时间约束(如载荷开关机、执行任务时限)； 5. 单载荷资源模式切换约束(如与"北斗"地面站时间同步数据传输模式的切换)； 6. 多载荷资源模式切换约束(如"资源一号"可见光与高光谱模式的切换)； 7. 遥感卫星基于"整块擦除"的固存管理约束
	图论模型	通过决策变量表示资源执行任务的顺序				
	JSP 模型					
	优先级排序模型	通过决策变量表示任务分配资源的顺序				
面向任务的 VTW 分配模型	基于规则的分配模型	通过 0-1 变量和整数决策变量分别表示 VTW 与任务开始时间	基于规则与约束决定开始时间，解码后可行解	1. 直接表达了任务 VTW 开始时间，反映了任务开始顺序； 2. 不限于"顺序回放"，可分别描述成像与数传任务； 3. 能够描述长 VTW 的任务； 4. 基于规则的分配模型空间较小，但也存在解码过程； 5. 多重决策和离散 VTW 分配模型更加完善，提升了解的多样性，但解空间较大		
	多重决策模型	通过 0-1 变量表示 VTW				
	离散化 VTW 分配模型	直接表示离散 VTW 及开始时间	不检查约束，解码后可能为不可行解			

（1）不同类型的卫星任务调度问题模型相似却又不通用，缺乏统一的建模体系和通用的建模方法。通过本节的分析发现，各类卫星任务调度模型具有很大的相似性，其围绕任务与资源在时、空、频域可见性的建模原则是统一的。然而，这些模型又因应用场景的约束特点、需求种类和求解习惯等存在一定的差别。因此，设计通用化的卫星任务调度建模方法，将常见的卫星任务调度问题纳入一套统一的建模体系，是研究卫星通用建模与求解技术，满足跨部门、跨型号卫星联合、通用管控需求的重要途径。

（2）诸多卫星任务调度问题简化程度高，缺乏部署航天业务管控系统的实际应用价值。表 1.1 列举了诸多相关研究中极少考虑的实际约束。虽然一定程度上的问题简化能够缩减问题规模、提升求解效率，但有些简化（如不考虑固存擦除）已影响问题的建模方式和算法结果的可用性，导致诸多研究成果无法转化并应用于实际卫星管控系统中。因此，梳理各类卫星任务调度问题中关键约束、通用约束以及特色约束，尽可能在调度模型中还原各类卫星业务管理的真实需求，遵循"立足实际、面向应用"的基本原则，是保障相关技术实用性价值的重要前提。

（3）在模型层面降低卫星任务调度问题规模、提升问题求解效率的有效机制没有得到重视。一直以来，调度算法是卫星任务调度问题中主要研究的对象，而调度模型受到的重视程度远远不足。实际上，调度模型很大程度上决定了调度算法的编码形式、邻域结构、搜索空间等影响优化效率的关键因素。因此，在卫星任务调度通用化建模方法的研究过程中，设计科学的调度模型和建模策略，是缩减问题规模、降低算法编码复杂度、提升算法求解效率、促进模型与算法解耦的必然要求。

1.3　卫星任务调度算法研究现状

在卫星任务调度模型的基础上，任务调度算法起到模型求解、收益优化和方案输出的作用，是实例化问题模型、决定模型求解质量的关键环节。启发式算法、精确求解算法和元启发式算法是三类常用的调度算法，在卫星任务调度领域得到了诸多应用。实践表明，这三类算法通常具有独特的性能优势，例如：启发式算法可以快速构造高质量的初始解，精确求解算法能够给出特定条件下的最优解，元启发式算法具有良好的复杂解空间寻优能力以及与前两种算法的兼容性等。同时，上述算法也往往与卫星任务调度的模型紧密相关，存在通用性、可拓展性不足等现实问题，亟待更多的发展和实践的检验。

因此，本节从启发式算法、精确求解算法和元启发式算法等三个方面总结卫星任务调度问题研究中的常用算法，探讨不同算法的编码形式、邻域结构、辅助策略和优缺点，阐明上述算法的适用模型，指明算法与模型解耦、算法深度融合等方面的必要性，为本书卫星任务调度算法研究提供参考依据。

1.3.1　启发式算法

（1）优先级排序算法

优先级排序算法是在优先级排序模型的基础上，基于优先级顺序和其他规则为任务序列分配资源与时间的算法。该算法具有通俗易懂、结构简单、运算速度快等优点，符合人的主观经验，是卫星任务调度研究与实际调度系统中的常用算法。这些优先级排序算法中的排序规则通常是以任务优先级顺序[78-79,106-107]为主，也包含一些与 VTW 时间、长度、数量等属性有关的组合优先级顺序[76-77]；常用的资源分配规则包括最早开始原则[20,36,37,43,111-112]、最晚开始原则[85]、最大成像质量原则[40-41,151]和最小可能冲突原则等[139]。由于此类算法往往与排序模型紧耦合，相关内容已在前文介绍过，且原理相对简单，故不再讨论。

（2）冲突消解算法

冲突消解（conflict-avoidance 或 de-conflicting）算法是指通过分析任务之间、任务与资源之间的潜在冲突，在任务调度的过程中降低冲突程度、提供冲突解决方案的一类方法。由于冲突消解算法的特殊性质，该算法也可以理解为一种基于复杂规则的优先级排序算法。在遥感卫星任务调度应用方面，刘晓娣等[152]在任务排序模型的基础上分别设计了基于成像概率和非互斥链的冲突消解算法；冉承新等[153]在电子侦察卫星任务调度的过程中引入了冲突判断与冲突度评估策略，作为遗传算法交叉与变异操作的先验知识；刘彬彬等[154]通过对卫星成像任务持续时间进行压缩，实现了部分约束冲突的消解；Chen 等[49]以最小化冲突的方式完成了初始任务序列的构造，并在后续迭代优化的过程中也引入了冲突消解机制。在卫星测控任务调度应用方面，金光等[155]基于最小冲突原则设计了任务资源的分配算法；杨萍等[156]计算了卫星测控任务的潜在冲突集并设计了基于冲突的回调算法，实现了在资源分配过程中的"回溯"机制；Tsatsoulis 等[157]给出了基于案例、规则和迭代的多种冲突消解机制；Luo 等[133]计算了卫星测控任务的不可消解冲突集，进而设计了卫星测控任务预调度算法和重调度算法，取得了目前 AFSCN 标准测试集中的最佳结果。此外，图论模型中边的构造通常也蕴含着冲突识别与消解的思维。可见，冲突消解算法在诸多卫星任务调度研究中表现出快速、有效的优化性能，但很少直接作为任务调度问题的求解算法，大部分情况下用于生成调度初始解或辅助其他算法。此外，冲突消解算法大多围绕任务与

VTW 的约束关系，不同算法之间的冲突消解原理、方法较为相似，且与问题约束紧耦合，在算法理论方面难有突破。

（3）任务分配算法

任务分配算法是针对卫星任务调度规模较大、优化效率偏低的问题，依据某种经验或规则对卫星任务进行预分配的算法。与冲突消解算法一样，任务分配算法通常也作为调度过程中的辅助算法。任务分配算法有助于缓解卫星任务调度问题中由任务规模带来的"组合爆炸"现象，对缩减任务调度解空间、提升优化效率有着重要作用。以遥感卫星任务调度应用场景为例，Lemaître 等 [158] 设计了遥感卫星任务公平分配原则，基于任务权重、卫星能力等将任务均匀地分配给不同的卫星；Xu 等 [21]、Wang 等 [30] 计算了任务之间 VTW 重叠度，并将任务分配给 VTW 重叠度最低的卫星；Du 等 [159] 通过 VTW 重叠度、任务优先级等多种任务特征评估、预测了任务被卫星执行的可能性，并将任务分配给执行可能性最高的卫星；周军升 [160] 在任务分配过程中引入了合同网的"招标、投标、评标"机制，提升了任务分配的可靠性；邱涤珊等 [161]、孙凯等 [162] 将任务调度问题分解为任务分配和任务合成两个子问题；He 等 [53] 设计了一种包含反馈机制的任务分配与调度框架，实现了任务调度进程中对未调度任务的重新分配，在大规模敏捷卫星任务调度场景中取得出色的优化效果。

上述启发式算法均有效降低了问题的决策维度和求解难度，但其应用效果很大程度上也取决于算法设计的合理程度，且大多与问题场景、任务与资源特征紧耦合，通用性不足。对此，充分利用卫星任务调度场景的特征和经验，设计通用化、自适应的启发式算法，是解决新常态下大规模、复杂化卫星任务调度问题的必要途径。

1.3.2 精确求解算法

精确求解算法能够在小规模的卫星任务调度问题中求得全局最优解，在动态或不确定的环境中也能保证解的全局最优性。虽然精确求解算法一般很难在有限的时间内求解大规模、复杂约束的卫星任务调度问题，但其中诸多思想对问题建模、解空间优化等方面也具有指导意义，故本节简要介绍相关研究中常用的两种精确求解算法。

（1）分支定界（branch and bound，B&B）算法

B&B 算法是由 Land 等 [163] 于 1960 年提出，并由 Little 等 [164] 于 1963年正式命名的一种精确求解算法。B&B 算法通过分支、定界和剪支等手段缩小解空间，再通过各个分支搜寻最优解，是现阶段求解整数线性规划问题最常用的

算法之一。由于卫星任务调度问题也常被简化为线性规划问题，故 B&B 算法在卫星任务调度领域也得到了诸多应用 [19,38,45,50]。同时，为改善在大规模任务调度问题中的求解效率，B&B 算法也常与列生成法 [5,30,165]、割平面法 [166−167] 和 Lagrangian 松弛法 [22,93,168] 等共同用于卫星任务调度的问题求解或边界求解中。此外，B&B 算法通常能够利用数学规划求解器 CPLEX 完成设计、改进和问题求解工作，CPLEX 中的诸多剪支、松弛策略对航天领域的 B&B 算法设计也起到重要的参考价值。

（2）动态规划（dynamic programming，DP）算法

DP 算法是由 Bellman 等 [169] 于 1965 年提出的一种通过问题分解和递归手段搜寻最优解的精确求解算法。针对遥感卫星成像任务调度问题，Lemaître 等 [20] 采用基于图论模型的 DP 算法对问题进行了求解；白保存等 [170] 将问题分解为单轨任务最优合成问题；Damiani 等 [171] 设计了一个包含当前任务、卫星电量和固存容量的评价向量，并将问题分解为评价向量的最优任务组合问题。针对遥感卫星数传任务调度问题，刘洋等 [172] 将问题分解为 VTW 中数传任务的最优任务组合问题；秦丽等 [173] 将问题按时间划分成了若干个阶段。此外，Peng 等 [174] 在迭代搜索过程中通过动态规划解码敏捷遥感卫星在 VTW 内的成像开始时间，替代了传统最早开始、成像质量优先等启发式解码规则。上述 DP 算法所采用问题分解的思想对大规模卫星任务调度问题的求解也具有参考价值。

1.3.3　元启发式算法

1.3.3.1　演化算法

演化算法主要是指通过模拟自然界生物种群演化机理和群体行为，对组合优化问题进行迭代寻优的一类元启发式算法。演化算法在卫星任务调度领域应用广泛，本节选取遗传算法、蚁群算法和粒子群算法等三类典型的演化算法，对其在卫星任务调度问题求解过程中的模型基础、编码方式和改进策略等进行介绍。

（1）遗传算法（genetic algorithm，GA）

GA 是由 Holland[175] 于 1975 年提出的一种模拟进化论"自然选择"原理和遗传机理的演化算法。GA 以种群的形式和概率化的遗传机理进行迭代优化，具有隐并行性、多样化的解表示能力和出色的全局寻优能力，在卫星任务调度问题中得到广泛应用。在任务排序模型的基础上，Parish[102] 提出了求解 AFSCN 标准测试集的经典算法 Genitor，该算法利用基因段表示测控任务的资源分配顺序，如图 1.9 (a) 所示，解码过程即依次为任务 3、5、2、4、6 和 1 分配资源；周毅荣 [176] 和 Chen 等 [177] 设计了一种包含免疫遗传算法和学习策略的 GA，在大规

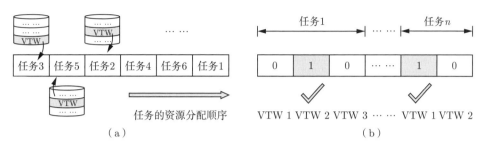

图 1.9 遗传算法求解卫星任务调度问题编码形式示例

(a) 一种任务排序模型的编码形式；(b) 一种 VTW 分配模型的编码形式

模多星多站测控任务调度取得出色的优化效果。上述基因编码方式与任务排序模型契合度高，成为卫星任务调度算法中一种常见的编码方式，Sun 等 [25]、Song 等 [39]、张鹏等 [107]、李云峰等 [178] 和韩传奇等 [179] 也基于该编码形式，以及成像质量优先、局部搜索、深度优先搜索、冲突消解和精英保留等策略有效求解了卫星任务调度问题。

在 VTW 分配模型的基础上，Kim 等 [42]、Li 等 [54] 和 Niu 等 [180] 通过 0-1 基因值表示遥感卫星执行任务的 VTW，如图 1.9(b) 所示，解码过程即为任务 1 分配 VTW 2，以此类推；Hosseinabadi 等 [181] 通过基因段分别表示了执行任务的卫星、VTW；孙凯等 [162] 用整数基因值表示遥感卫星执行任务的 VTW，并在算法中引入知识模型与参数学习策略；Xhafa 等 [134-135] 采用直接编码的形式表示了卫星测控任务，并设计了包含种群竞争与淘汰策略的 GA；Tang 等 [95] 和 Du 等 [182] 通过基因值直接表示了导航卫星任务和测控任务的离散化 VTW，并进一步设计了多目标的优化算法；张超等 [40] 还在传统 GA 的迭代机制中引入 Metropolis 准则，通过基因变量表示 VTW 和任务工作模式，实现了对敏捷遥感卫星的任务调度问题的优化。可见，基于任务排序模型和 VTW 分配模型，GA 都能较好地完成解的表示并完成问题的求解。不过，受任务排序模型本身编码过程的限制，基于该模型的 GA 可能会在优化过程中丢失优质解；而基于 VTW 分配模型的 GA 可能出现编码长度过长、基因表示类型过多的情况，对算法迭代与搜索效率可能产生一定的影响。因此，合理的卫星任务调度模型与编码方式，以及有针对性地算法改进措施，对 GA 算法求解卫星任务调度问题起到重要作用。

（2）蚁群优化（ant colony optimization，ACO）算法

ACO 算法是由 Colorni 等 [183] 于 1991 年提出的一种模拟蚁群寻径行为的演化算法。ACO 算法通过蚁群寻径过程中信息素的积累、反馈、挥发与通信等机制不断调整蚁群路径，表现出良好的渐近收敛性、鲁棒性、隐并行性和全局寻优能

力。在遥感卫星任务调度方面,邱涤珊等[184]、耿远卓等[185]基于蚁群系统、最大最小蚂蚁、动态转移概率等策略求解了遥感卫星任务调度问题;严珍珍等[186]、陈宇宁等[187]在传统 ACO 算法中引入了知识学习与信息素限制策略;针对 ACO 算法优化周期长、易陷入局部最优的问题,朱新新等[188]等基于综合启发信息、冲突消解和扰动策略决策任务序列和 VTW。此外,Gao 等[189]、Wu 等[190]在 ACO 算法的框架中引入局部搜索策略,也取得了出色的优化效果。在导航卫星和卫星测控任务调度方面,Zhang 等[115-118]设计了蚁群间的合作交流机制,对卫星测控任务调度进行了优化;邢立宁等[191-192]在 ACO 算法中引入导向局部搜索策略和知识模型,提升了 ACO 算法的在大规模测控任务调度问题中的局部与全局寻优能力;陈祥国等[12]在蚂蚁转移概率中引入伪随机影响,并基于测控任务的冲突消解策略缩减了 ACO 算法的搜索空间。针对导航卫星任务调度的问题中,黄双临等[193]在蚁群系统的基础上设计了动态的偏向探索概率,实现蚂蚁探索比例的自适应性调整;Li 等[194]考虑到 ACO 算法优化初期信息素匮乏的现象,混合使用了 GA 与 ACO 算法,也取得了良好的优化效果。ACO 算法及其改进策略在卫星任务调度问题中得到诸多应用,但由于 ACO 算法路径优化的基本思想,相关研究中的 ACO 通常以蚂蚁路径表示卫星执行任务的顺序,其调度模型也以任务排序模型为主。因此,ACO 算法也会受解码策略的影响导致优质解的丢失,在具有复杂约束逻辑的任务调度场景中可能不利于全局寻优。

(3)粒子群优化(particle swarm optimization,PSO)算法

PSO 算法是由 Kennedy 等[195]于 1995 年提出的一种模拟鸟群觅食行为的演化算法。与 GA 和 ACO 算法相比,PSO 算法结构简洁、易于实现,也具有收敛快、鲁棒性好的特点。最初的 PSO 算法主要用于连续优化问题,现阶段卫星任务调度研究中采用的 PSO 算法大部分是以 Kennedy 等[196]于 1997 年提出的离散粒子群优化(discrete particle swarm optimization,DPSO)算法为基础的。考虑到传统 PSO 算法不能求解离散优化问题,汤绍勋等[197]通过粒子位置矢量表示执行任务的 VTW,通过粒子维度表示 VTW 的数量;常飞等[198]通过粒子表示任务 VTW 的被选概率,基于概率顺序完成解码,并引入基于种群多样性的粒子自动增减机制;Chen 等[199]在粒子向量中同时表示了数传任务的 VTW 和卫星工作模式,并引入量子行为和变异算子增强了算法全局寻优能力。此外,Chen 等[200]、国晓博等[201]和刘建银等[202]在粒子向量中表示了任务资源,并引入遗传、禁忌和方向回溯等机制,完成了高低轨卫星联合测控任务、森林遥感卫星区域目标观测等任务调度问题的研究。由于上述算法通常以面向离散优化的 DPSO 为基础,故其调度模型也以 VTW 分配模型为主。不过,PSO 算法本身拥有连续

优化与离散优化的双重特点,过于侧重离散化的编码形式可能不利于算法的寻优。相反,采用离散优化(决策 VTW)与连续优化(决策任务开始时间)的编码方式,可能更加适合现阶段具有长 VTW 特性的卫星任务调度问题。

1.3.3.2　局部搜索算法

局部搜索算法是指从初始解出发,不断搜索邻域解空间并有选择地向优质解空间移动的一类元启发式算法。现阶段卫星任务调度研究中常用的局部搜索算法包括禁忌搜索算法和模拟退火算法。本节分别对这两种算法在卫星任务调度求解过程中的模型基础、邻域结构和搜索策略等进行介绍。

(1)禁忌搜索(tabu search,TS)算法

TS 算法是由 Glover[203-204] 于 1986 年提出的一种带有记忆策略的局部搜索算法。TS 算法通过禁忌表记录优化过程中的局部最优解或产生局部最优解的操作,以避免对局部最优空间的重复搜索,达到跳出局部最优、开辟优质解空间的效果。TS 算法操作简单、通用性强、实用性好,是最早用于卫星任务调度问题求解的算法之一。在任务排序模型的基础上,Cordeau 等 [3-4] 利用一种求解 VRP 问题的 TS 算法实现了遥感卫星单轨任务的优化问题;贺仁杰等[205]基于 JSP 调度模型设计了工件插入、移动、交换机器等邻域结构;左春荣等[206] 设计了在任务序列中增减任务、替换任务的邻域结构;陈英武和李菊芳等 [207-208] 基于任务序列设计了多种邻域结构,并设计了基于变邻域策略的 TS 算法;Blöchliger 等[112] 基于图着色模型中的颜色选择设计邻域结构,并采用变禁忌长度的 TS 算法求解卫星测控任务调度问题。在 VTW 分配模型的基础上,Xhafa 等 [137] 通过对 VTW 和开始时间扰动的方式构造邻域;Sarkheyli 等 [47] 设计了任务增减和 VTW 内冲突消解等邻域结构,并选取任务与 VTW 的匹配关系作为禁忌对象;Habet 等 [209] 设计了邻域评估机制,用于提升 TS 算法在遥感卫星任务过程中的邻域搜索效率。此外,禁忌搜索还被用于基于背包模型的卫星任务调度问题 [57] 的求解中。TS 算法表现出良好的通用性和求解效果,但也由于机制较为简单,近几年来应用 TS 算法直接求解卫星任务调度问题的研究较少。因此,TS 算法应与最新的智能优化技术深度融合,才能更好地适应复杂化、多样化的卫星任务调度问题。

(2)模拟退火(simulated annealing,SA)算法

SA 算法由 Metropolis 等 [210] 于 1953 年提出,并由 Kirkpatrick 等 [211] 于 1983 年应用于组合优化领域。SA 算法是一种源于固体退火原理的局部搜索算法,根据温度变化概率性地接受劣解,达到跳出局部最优、开辟优质解空间的效果。SA 算法通常受初始解质量和问题规模影响较小,具有良好的渐进收敛性,在卫星

任务调度问题中得到诸多应用。在任务排序模型的基础上，黄瀚等[212]通过插入或交换任务序列中互斥顶点等方式构造邻域，并设计了包含二次搜索和精英策略的 SA 算法。在 VTW 分配模型的基础上，贺仁杰等[213]、Gao 等[214]设计了任务增减、合并或分解的邻域结构，并在 SA 算法加入了随机扰动、重调度等策略；徐欢等[215]、Du 等[216]通过交换决策变量的方式构造 SA 算法的邻域；黄生俊等[217]借鉴蚁群算法中的反馈特性，结合先验、后验知识进行邻域设计，并在算法陷入局部最优时触发扰动；Wu 等[43]基于自适应概率设计了任务增减、迁移等邻域操作，并在 SA 算法中引入自适应的温度控制和禁忌策略；Lin 等[218]通过交换任务 VTW 和频段的方式构造邻域，并混合使用了 SA 与 DP 算法，有效求解了遥感卫星多载荷任务的调度问题。此外，针对卫星任务调度问题规模巨大、易陷入局部最优的特点，近年来变邻域搜索[219]、自适应大邻域搜索[41,53]等局部搜索算法也得到诸多应用，取得了出色的优化效果。

1.3.3.3　其他算法

（1）模因算法（memetic algorithm，MA）

MA 是由 Moscato[220]于 1989 年提出的一种融合演化算法与局部搜索算法的混合元启发式算法。其中，"memetic"源于 Dawkins 著作 *The Selfish Gene*[221]中"meme"一词，寓意文化层面的遗传基因，故 MA 又称为文化基因算法。MA既保留了演化算法基于种群进化的优化特点，又拥有局部搜索算法出色的局部寻优能力，起到了对二者取长补短的效果。MA 在卫星任务调度领域也得到了诸多应用，根据演化算法与局部搜索算法的混合形式，主要分为以下三种：①基于演化算法框架的 MA，即 Moscato[220]最早提出的 MA。例如，Du 等[182]、邢立宁等[191-192]和刘建银等[202]分别在求解卫星任务调度的 GA、ACO 算法和 PSO算法中引入了局部搜索机制。此类 MA 可以视为一种基于个体改进和修复策略的演化算法，是最常用的一类 MA。不过，针对个体的局部搜索机制也将增加种群迭代的时间，故设计合理的局部搜索频率、迭代次数与触发条件是此类 MA 的关键。②基于局部搜索框架的 MA。例如，贺仁杰等[205]和黄生俊等[217]分别在 TS 算法和 SA 算法中引入了个体交叉、信息素反馈等演化策略。此类 MA 可以视为一种通过演化策略设计邻域结构、引导搜索方向的局部搜索算法，但由于缺乏种群的支持，此类 MA 在解的多样性、隐并行性方面不及演化算法。③基于分层框架的 MA。例如，为发挥 GA 早期寻优和 SA 算法深度搜索的能力，Zhu等[52]设计了基于 GA 和 SA 算法的两阶段式优化算法，在遥感星座任务调度中取得了出色的效果。不过，此类 MA 对解的编码形式的通用性、算法切换的合理性也有更高的要求。可见，MA 实际上是一种演化算法与局部搜索算法组合的框架。针对复杂化、大规模的卫星任务调度需求，相互协同、取长补短、优势互补算法的组合框架对问题求解将起到十分重要的帮助。

（2）基于机器学习的决策算法

基于机器学习的决策算法是指通过监督学习、强化学习等机器学习手段，训练卫星任务调度决策模型，进而对卫星任务进行调度的一类方法。在监督学习方面，一些学者利用卫星任务调度历史数据，训练卫星任务可调度性预测模型，并基于预测结果和任务排序模型逐一为任务分配资源。例如，Li 等[222] 利用鲁棒决策树、支持向量机和人工神经网络构造了一种遥感卫星任务可调度性预测模型；刘嵩等[223] 从遥感卫星历史数据中提取了任务优先级、持续时间和冲突度等任务特征，并基于变隐含层的反向传播（back propagation，BP）神经网络模型构造了任务可调度性预测模型；考虑到云雾遮挡等不确定性因素，邢立宁等[64] 提取了气象特征，并利用任务可调度性预测模型设计了遥感卫星自主任务调度算法；Du 等[159] 通过进化神经网络算法训练任务可调度性预测模型，将任务分配给最有可能执行该任务的卫星，显著提供了大规模敏捷遥感卫星任务调度的效率。在强化学习方面，针对遥感卫星协同任务调度问题，王冲等[65-66] 分别通过 Q 学习算法和进化神经网络算法训练了卫星在动作集中的选择策略；Wang 等[67] 通过 A3C（asynchronous advatange actor-critic）算法训练了遥感卫星任务调度决策模型，当新任务达到时，该模型将决定任务执行与否，并为决定执行的任务分配一个最长的 VTW，为星上任务的自主调度提供了解决方案。可见，基于机器学习的决策算法可视为一种利用高级规则指导任务排序、分配的算法，具有启发式算法简单、快速和机器学习技术自适应、自学习的综合特征。目前各类卫星管控部门都积累了大量的任务调度历史数据，故相关技术具有很强的应用前景。另一方面，虽然上述算法实现了卫星任务的自主调度，但也呈现出"来一个决策一个"的局限性，难以保障大规模任务调度的全局优化性。同时，上述算法均对所研究的问题进行了大幅简化，以便提取用于模型训练的任务与资源特征，但在现阶段卫星任务调度问题日趋复杂的情况下，基于简单特征的决策模型可能很难取得理想的效果。

综上所述，本节从启发式算法、精确求解算法和元启发式算法三个角度梳理了卫星任务调度研究中的常用算法，并对各类算法的编码特点、邻域结构和优缺点进行了分析。表 1.2 对上述内容进行了总结。这些算法成功求解了诸多卫星任务调度难题，贡献了重要的理论与实践经验，但与此同时，也存在以下两点不足：

表 1.2　卫星任务调度研究中常用算法总结

算法类型		算法子类	常用编码模型	算法优点	算法不足
启发式算法		优先级排序算法	任务排序模型	1. 结构简单、运算速度快; 2. 符合人的主观认识，有经验支撑; 3. 有助于缩减问题解空间，在与其他算法组合使用过程中提升求解效率	1. 与问题特征和调度模型紧耦合，通用化程度不高; 2. 求解效果欠佳，常用于辅助决策，很少直接用于调度方案的生成
		冲突消解算法	以任务排序模型为主		
		任务分配算法	以 VTW 分配模型为主		
精确算法		分支定界算法	任务排序或 VTW 分配模型	1. 可以求得最优解，在不确定任务条件下也能保证最优性; 2. 算法思想对其他算法有指导意义，与其他算法有良好的组合应用前景	1. 只适用于小规模、简单约束问题，求解大规模、复杂约束问题能力有限; 2. 通常需要较大程度的问题简化
		动态规划算法			
元启发式算法	演化算法	遗传算法	任务排序或 VTW 分配模型	1. 具有隐并行性和多样的解表示能力; 2. 具有出色的全局寻优能力; 3. 与其他算法混合的兼容性好; 4. 任务排序模型的编码形式简洁、操作简单	1. 局部搜索能力有限; 2. 任务排序模型的编码方式可能丢失优质解; 3. VTW 分配模型的编码方式复杂且冗长，可能影响优化效率
		蚁群算法	以任务排序模型为主		
		粒子群算法	以 VTW 分配模型为主		
	局部搜索算法	禁忌搜索算法	任务排序或 VTW 分配模型	1. 原理简单，易于实现，适用性好; 2. 具有出色的局部搜索能力; 3. 具有一定的局部最优逃逸能力	1. 全局搜索能力有限，易陷入局部最优; 2. 依赖于邻域结构的设计
		模拟退火算法	以 VTW 分配模型为主		
	其他算法	模因算法	任务排序模型	对局部搜索和演化算法取长补短	依赖于框架设计，可能降低迭代效率
		机器学习决策算法	以任务排序模型为主	简单、快速并且自适应、自学习	"来一个决策一个"，缺乏全局优化性

（1）卫星任务调度模型与算法紧耦合、算法设计的通用性、灵活性不足。各类卫星任务调度算法均有其适用的任务调度模型，且调度模型因问题而异，这也是造成现阶段卫星任务调度模型与算法紧耦合、调度算法通用性不足的主要原因。因此，结合卫星任务调度模型研究现状，研究算法与模型解耦、算法灵活可配的卫星任务调度架构具有重要的实践意义。

（2）不同算法之间深度协同、合理搭配的有效机制还未形成。各类调度算法均有不同的优缺点和通用性，例如启发式算法常用于辅助决策，精确算法求解大规模问题能力有限，演化算法全局寻优能力强等。虽然模因算法给出了一种很好的算法协同思路，但其现阶段在求解能力、通用性等方面仍有提升空间。因此，对不同类型的算法进行合理的搭配，形成深度协同、取长补短、优势互补的算法组合框架也是求解大规模、复杂化卫星任务调度问题的必要途径。

1.4　卫星任务调度通用求解技术发展现状

卫星任务调度通用求解技术是指可以针对不同类型的卫星任务建立通用化的任务调度模型，或采用不同任务调度算法进行模型解算的通用求解器、工具箱、算法包等。卫星任务调度通用求解技术可以解决不同场景下的卫星任务调度、异构多星协同任务调度等现实问题，方便地调用多样化、可拓展的调度算法，为从业人员提供便捷、丰富且有效的问题建模与求解手段。因此，卫星任务调度通用求解技术对提升卫星综合管控自动化、智能化和一体化水平起到重要作用，是衡量一个国家航天综合实力的重要标准，也是航天部门亟须发展的关键技术。

目前，具有通用建模与求解特色的卫星任务调度工具有 CPLEX、STK/Scheduler、Europa 2 和我国商业遥感卫星"高景一号"任务调度分系统等。本节对上述四种通用求解技术的建模特色、求解算法和主要功能进行梳理，总结上述通用求解技术的优缺点，结合卫星综合管控的发展现状，指出我国自主研发卫星任务调度通用求解器的必要性和新的应用思路，为本书卫星任务通用化调度引擎研究提供参考依据。

1.4.1　数学规划求解器 CPLEX

CPLEX 是美国 IBM 公司开发的一款数学规划求解器，适用于线性规划、二次规划、混合整数线性规划，混合整数二次规划等四类数学规划问题 [224]。在建模语言方面，CPLEX 语言简洁易懂，并可以与 C++、Java、Python、MATLAB、.NET 等主流编程语言兼容；在求解质量方面，CPLEX 内置了单纯形、内点法和分支定界等一系列精确求解算法，可以给出问题的最优解，保持了一系列经典运筹学标准测试集中的最优记录，因此也被应用于卫星任务调度问题的求解中。

针对遥感卫星成像与数传任务一体化调度问题，Xiao 等 [19] 建立了分段式的 FSP 模型，并通过 CPLEX 对问题进行了求解。不过，由于问题的 NP-hard 特性，在 7200s 的优化时间内只能完成 20 个任务的调度；考虑到敏捷卫星时间依赖的姿态转换时间约束无法由线性函数表示，Liu 等 [41] 通过 CPLEX 对简化后的问题进行了优化，但也仅能完成 12 个任务；为保障不确定环境下任务调度的最优性，Valicka 等 [50] 采用 CPLEX 对考虑随机云层遮挡的遥感卫星任务进行了调度，优化时间为 2000~3000s；针对"资源三号"遥感卫星任务调度问题，徐忠良等 [225] 通过 CPLEX 完成了 11 个任务的优化调度；Bensana 等 [56] 成功利用 CPLEX 对卫星单轨任务进行了优化调度，但无法完成多轨任务的有效调度。

另一方面，CPLEX 可与其他算法或策略混合使用，一定程度上能够提升卫星任务调度问题的求解效率。例如，针对 Galileo 导航星座任务调度问题，Marinelli 等 [93] 在 CPLEX 中引入了 Lagrangian 松弛和启发式策略，能够在 18000s 的优化时间内对 360 个导航卫星任务进行优化调度。同时，Marinelli 还指出在无其他辅助策略的情况下，CPLEX 的求解能力仅为 120 个任务。Xu 等 [21]、王沛等 [226] 将局部搜索算法与 CPLEX 相结合，在 1800s 的时间内对 100 个遥感卫星任务进行了调度。

上述研究表明，虽然 CPLEX 在求解小规模卫星任务调度问题、不确定性任务调度问题和问题边界等方面表现出色，但在求解大规模任务调度问题的时候效率低下，且无法准确描述非线性的约束条件和收益。因此，在现阶段调度规模不断增长的情况下，CPLEX 很难满足卫星管控部门对任务调度质量与速率的双重需求，很难在实际的卫星调度系统中投入使用。

1.4.2 通用卫星调度软件 STK/Scheduler

STK/Scheduler 是美国 Orbit Logic 公司开发的一款卫星任务调度商用软件 [227−228]，该软件可在 STK 6.0 以上版本中直接调用。STK/Scheduler 可以在 STK 模型和数据的基础上快速地建立任务调度模型，通过内置的算法给出任务调度方案，并具有友好的用户操作界面，如图 1.10 所示。其中，STK 所计算的卫星轨道与 VTW 具有较高的准确性，故 STK 也常作为卫星任务调度研究中 VTW 的计算工具。

STK/Scheduler 中包含以下 5 种调度算法：①One-Pass 算法，即基于任务优先级顺序和内置的期望函数分别确定任务资源与开始时间，是一种典型的任务排序算法；②Sequential 算法，即在 One-Pass 算法的基础上同时考虑任务 VTW 时间、时长等其他因素；③Multi-Pass 算法，即基于规则多次运行 One-Pass 算法并调整调度方案，是一种任务排序与冲突消解相结合的算法；④Neural Network 算法，即基于规则为任务分配 VTW 与开始时间并修复不可行解，是一种任务分配与冲突消解相结合的算法；⑤Random 算法，与 Neural Network 算法相似，但在分配 VTW 与开始时间的时候采用随机策略。

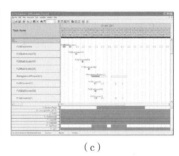

（a）　　　　　　　　　（b）　　　　　　　　　（c）

图 1.10　STK/Scheduler 操作界面示例

(a) 场景 (目标与资源) 建模界面；(b) 资源属性设置界面；(c) 调度结果展示界面

李英先等 [229] 基于 STK/Scheduler 实现了中继通信卫星的任务调度，但考虑约束较为简单，没有对频段匹配、切换时间等具有中继卫星特色的约束条件进行建模；李云峰等 [230] 指出 STK/Scheduler 发送命令的时间较长，不利于大规模的任务调度；白敬培等 [231] 对 5 种内置算法进行了测试，结果表明 Multi-Pass 算法和 Random 算法在短时间内的优化效果最佳；Li 等 [232] 在 STK/Scheduler 的基础引入了任务动态调整机制；Fisher 等 [233] 给出了 STK/Scheduler 自定义算法的介绍，但也仅限于对排序规则、交换策略等的调整功能。以上，虽然 STK/Scheduler 在卫星任务调度问题中取得了一定的应用效果，但在问题复杂化、多元换的发展趋势下，STK/Scheduler 也暴露出一些不足：

（1）虽然 STK/Scheduler 对卫星任务、资源进行了用户友好化的封装，但也在很大程度上限制了任务、资源的属性与约束格式，不利于包含复杂任务或约束的问题求解，二次开发的难度较大；

（2）STK/Scheduler 缺乏对任务、资源、收益或约束条件的动态调整功能，通常用于求解常规的卫星任务调度问题；

（3）STK/Scheduler 主要求解功能最后更新于 2006 年，没有包含遗传算法、蚁群算法、禁忌搜索或模拟退火算法等现阶段主流的元启发式算法，对规则的依赖性较大。

随着近年来卫星任务调度问题规模与复杂性的不断提升，其内置算法的求解效果可能不佳。另一方面，2013 年，Herz 等 [234] 在卫星测控任务调度的问题中使用了 STK/Scheduler Online，如图 1.11 所示，通过互联网访问了 STK/Scheduler 服务器，完成了场景建模、参数配置、优化调度等一系列功能。这种远程式的任务调度方式使得用户的访问便捷、高效，有助于服务功能的迭代更新和故障的快速修复，在高性能服务器的支持下也有助于调度效率的提升。因此，STK/Scheduler Online 也为卫星任务调度系统的设计与部署提供了一种新思路。

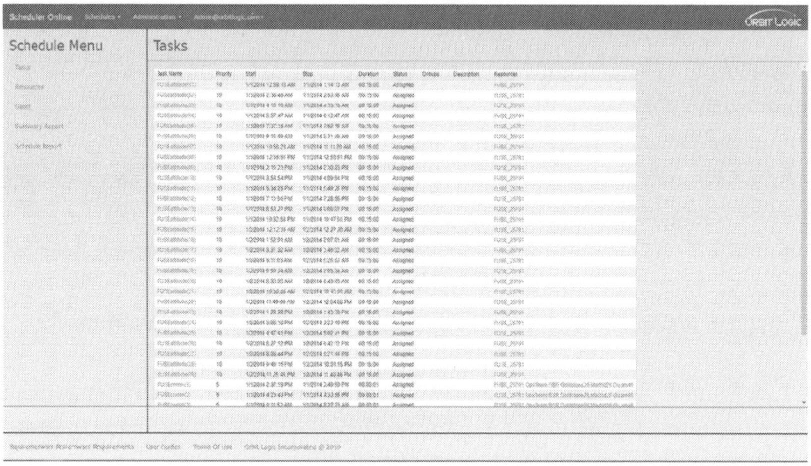

（a）

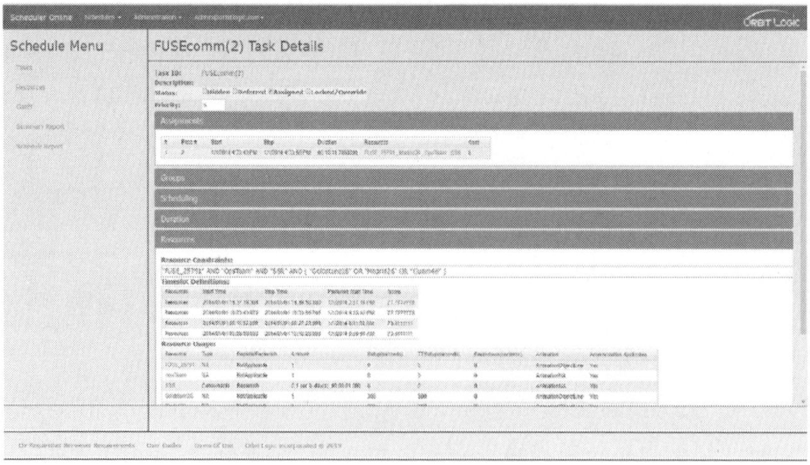

（b）

图 1.11　STK/Scheduler Online 操作界面示例

(a) 远程任务清单界面；(b) 远程任务属性设置界面

1.4.3　卫星任务规划软件 Europa 2

Europa 2（2nd generation of extensible universal remote operations architecture）是美国航空航天局（National Aeronautics and Space Administration，NASA）开发的面向航天器任务规划的第二代可扩展式通用远程操作体系结构[235]。自 1998 年起，Europa 与 Europa 2 在 NASA 哈勃空间望远镜[236]、DS-1 自主卫星[237]等项目中得到诸多应用。与规划领域描述语言（planning domain description language，PDDL）不同，Europa 2 所基于的新领域描述语言（new domain description language，NDDL）是一种基于状态变量、面向对象与声明性的语言，故 Europa 2 中主要通过定义标记、事务、对象、类、时间线和规划解等完成对一类任务场景的描述，并通过约束传播等约束规划技术给出一个可行的方案[238-241]。

由于基于状态变量的特点，Europa 2 主要面向任务规划问题，如卫星执行任务的动作逻辑、状态转移等。该问题主要描述卫星任务的逻辑关系，给出满足约束的可行方案，对资源调度的需求较少。而本书所讨论的任务调度问题主要解决任务资源与时间的分配，例如执行任务的 VTW、卫星及其电量、固存等载荷资源等。故针对本书所研究的卫星任务调度问题，Europa 2 存在以下不足：

（1）缺乏收益函数和调度优化机制，Europa 2 只能通过约束规划等方法给出可行的卫星动作序列，无法在收益函数的驱动下基于迭代搜索给出更优的调度方案；

（2）基于约束传播的约束规划算法只能适用于小规模的任务场景，例如单星单轨 20 个任务的规划时间已非常长，且最新版本 Europa 2.6 发布于 2011 年[235]，已很难应对现阶段多星组网式、大规模、复杂化的卫星任务调度需求。

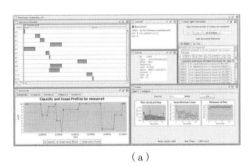 

（a）　　　　　　　　　　　　　　（b）

图 1.12　Europa 2 操作界面示例

(a) Europa 2.6 操作界面；(b) OpenSPIFe 操作界面

不过，Europa 2 中的约束传播算法能够在新任务到达、任务或资源属性变更的情况下快速给出可行方案，这对快速响应需求的动态任务调度算法与框架的设计具有启发意义。此外，虽然 NASA 没有对 Europa 2 持续更新，但于 2015 年公布了一款基于 Europa 2 的开源规划调度工具包 OpenSPIFe（open scheduling and planning interface for exploration）[242]。OpenSPIFe 具备动作规划、动态调整、界面可视化等功能，但相关应用较少，有待进一步研究。

1.4.4   "高景一号"任务调度分系统

"高景一号"是我国首个商用敏捷遥感星座。"高景一号"星座目前由 4 颗位于太阳同步轨道的 0.5m 分辨率光学成像卫星构成，其中 01 星和 02 星发射于 2016 年 12 月，03 星和 04 星发射于 2017 年 12 月，每颗卫星的轨道周期约为 97min。目前，这 4 颗卫星形成了独特的"同轨异相位"星座构型，即 4 颗卫星处于相同卫星轨道，且两两之间相位差角为 90°。由此，"高景一号"星座能够实现在一天内对地表任意目标进行访问，且 80% 的地区可以实现单日访问两次。按照相关计划，还将陆续发射 20 余颗敏捷遥感卫星，与现有的 4 颗卫星组成新的"高景一号"星座网络。鉴于"高景一号"星座的商业化运营模式和不断增加的卫星数量，如何充分调度卫星任务、最大化经济收益是"高景一号"运控部门迫切关心的问题。

目前，"高景一号"任务调度分系统所采用的调度模型之一为任务排序模型，并基于成像质量最高原则（即在 VTW 中点处执行任务）对任务序列进行解码。由于在模型解码的过程中会对任务序列进行约束检查，故解码后均为可行方案。因此，该调度模型的通用性也较强，在此过程中卫星复杂任务约束也均能得到处理。

在任务排序模型的基础上，"高景一号"任务调度分系统采用的调度算法主要为任务分配算法和优先级排序算法。例如，基于任务收益、持续时间、窗口数量等一系列任务与资源属性，定义任务的综合优先级，并根据优先级降序原则构建单星任务序列、依次分配资源。由于机制简单，"高景一号"任务调度分系统能够较快地给出单星任务调度结果，但也暴露出任务调度效果不佳、卫星缺乏协同、资源利用不充分等问题。另一方面，当通过人工调整的方式对任务排序结果进一步优化时，仍需重新进行解码与约束检查工作。由于人工调整的结果并不能得到实时反馈，故人工调整的方式存在一定的盲目性，即可能出现人工调整结果不及原方案的情况。由此，该模型与算法虽然能够处理复杂的卫星业务约束，但任务调度效率和快速响应能力仍有待提高。

综上所述，本节梳理了 CPLEX、STK/Scheduler、Europa 2 和"高景一号"任务调度分系统的基本原理、通用性和优缺点，表 1.3 对本节内容进行了总结。通过本节的综述与分析可知：

表 1.3 面向航天领域的通过求解技术总结

通用求解器	常用调度模型	求解算法	求解器优点	求解器不足
CPLEX	线性规划模型表示的任务排序 VTW 分配模型	分支定界算法等精确求解算法	1. 语言简洁，兼容性好； 2. 内置算法丰富，降低算法设计难度，同时开放了算法设计与改进接口； 3. 可以求得最优解，在不确定性条件下也能保证解的最优性； 4. 用户基础大，版本持续更新	1. 很难描述非线性约束收益，复杂约束线性化难度大； 2. 很难求解大规模性任务调度问题； 3. 算法改进对线性规划理论基础要求高； 4. 缺乏航天领域特色
STK/Scheduler	任务排序模型； VTW 分配模型	任务排序算法，冲突消解算法； 任务分配算法，冲突消解算法	1. 与 STK 兼容，建模简单； 2. 语言简洁，兼容性好； 3. STK/Scheduler Online 具有远程服务功能	1. 封装程度较高，难以描述复杂约束，二次开发难度大； 2. 缺乏动态调整功能； 3. 算法优化能力有限，版本无持续更新
Europa 2	通过标记、事务、对象、类、时间线、规划解描述一个规划模型	约束传播等约束规划算法	1. 面向状态变量和动作序列，求解过程直观； 2. 约束传播算法有助于动态调度机制的设计	1. 缺乏收益函数和调度优化机制； 2. 只适用于小规模（单星单轨）任务调度，版本无持续更新
"高景一号"任务调度分系统	任务排序模型	基于最早开始原则的任务排序算法	1. 模型与算法简洁； 2. 可以考虑全部复杂约束	1. 调度质量有待提高； 2. 动态调整以人工为主，结果无法实时反馈

（1）现阶段尚无能够满足卫星任务调度需求的通用求解器。虽然上述卫星任务调度通用求解器均在一些应用场景中取得了良好的求解效果，但每一款求解器的局限性也非常明显：例如，CPLEX 难以处理大规模与非线性问题，STK/Scheduler 复杂约束处理与二次开发难度大，Europa 2 缺乏对收益函数的优化，"高景一号"任务调度分系统优化能力有限等。即使 STK/Scheduler 与 Europa 2 能够适用于简单的卫星任务调度问题，但其内置算法也相对落后，且已多年未发布新版本。目前，卫星任务调度问题的正向着大规模、复杂化以及应急响应常态化的趋势快速发展，上述卫星任务调度通用求解器均不能满足发展的要求。

（2）我国需要研发具有自主知识产权的卫星任务调度通用求解技术。综合考虑约束描述能力、求解效果、版权与服务支持等因素，CPLEX、STK/Scheduler、Europa 2 并未在我国航天系统中得到应用。或许 STK/Scheduler 和 Europa 2 等卫星任务调度通用求解器已有融合先进技术的新版本，但并未对外公布。因此，我国需要研发适合我国国情、具有自主知识产权的卫星任务调度通用求解技术，在核心技术上掌握主动权，为提升我国卫星综合管控实力提供技术支撑。

（3）基于云计算、高性能计算的远程卫星任务调度服务是一种新的应用思路。STK/Scheduler Online 提供了一种在线式的卫星任务调度服务新模式。该模式使用户访问更加便捷、高效，有助于服务功能的迭代更新和故障的快速修复，在高性能服务器的支持下也能大幅提升效率。因此，结合现阶段云计算、高性能计算的技术优势，向卫星管控部门提供远程的任务调度服务是一种新颖、高效的应用思路。

1.5　本书主要工作

1.5.1　研究内容与组织结构

针对我国卫星"一星一系统"的管控现状、常规管控与应急响应的需求矛盾以及西方国家的技术封锁，结合相关模型、算法与通用求解技术的研究与发展现状，本书开展了卫星任务通用化调度引擎研究，重点研究了卫星任务调度通用化的建模方法，以及常规、应急任务调度算法。主要研究内容与组织结构如下：

（1）第 1 章绪论，开展了文献综述。针对卫星任务调度大规模、复杂化的新常态和灵活组网、快速响应的新要求，综述了卫星任务调度模型、算法与通用求解技术的发展现状，揭示了模型的共性特征，探讨了算法的编码特色，介绍了 CPLEX、STK/Scheduler、Europa 2 和"高景一号"任务调度分系统等通用求解工具的主要功能，为本书卫星任务调度引擎框架、模型和算法研究提供了参考依据。

（2）第 2 章进行了卫星任务调度引擎顶层设计。针对遥感卫星、中继通信卫星、导航卫星和卫星测控等四类主要的卫星任务调度问题，明确了本书的研究范畴和"立足实际、面向应用"的研究原则；给出了卫星任务调度引擎的定义，并设计了"模型—常规算法—应急算法"解耦的卫星任务调度引擎顶层框架，为各类卫星任务调度问题提供了一种通用化、模块化的建模与求解新思路，为本书模型、算法研究工作指明了具体方向。

（3）第 3 章提出了卫星任务调度通用化建模方法。针对卫星任务调度模型通用性的问题和"一星一系统"的管控现状，遵循"立足实际、面向应用"的研究原则，紧密围绕卫星管控现实要求，系统地、精细化地描述了卫星任务调度问题，提出了一种"决策—约束—收益"解耦的卫星任务调度通用化建模方法，依次构建了通用 0-1 混合整数决策模型、约束模型和收益模型，为本书松耦合的卫星任务调度引擎框架提供了"关键耦合点"。本章方法成功将遥感卫星、中继通信卫星、导航卫星和卫星测控等四类主要的卫星任务调度问题纳入一套统一的建模体系，开辟了一条卫星任务调度问题精细化、通用化建模的新思路，为本书卫星任务调度引擎提供了重要的通用模型支撑。

（4）第 4 章提出了面向卫星常规任务调度的通用化求解方法。面向卫星管控部门每日、每周的常规任务调度需求，围绕初始解质量、局部寻优能力、全局寻优能力、自适应性、通用性和时间复杂性等算法设计需求，提出一种通用的自适应并行模因演化算法（APMA），依次设计了基于启发式的快速初始解构造策略、基于并行搜索的通用局部优化策略、基于竞争的算法算子自适应选择策略和基于种群演化的全局优化策略，形成相互协同、优势互补的策略优势。在此基础上，通过定向问题、简化版遥感卫星任务调度问题等 benchmark 测试了 APMA，阐明了其求解标准问题的通用性和有效性，为卫星常规任务调度问题提供了通用、高效的求解手段，为卫星任务调度引擎提供了核心算法支撑。

（5）第 5 章设计了面向卫星应急任务调度的通用化求解方法。面向卫星管控部门在增减任务、卫星故障等动态影响下的应急任务调度需求，围绕卫星应急任务调度算法设计需求，设计了一种分布式动态滚动优化（DDRO）算法，依次设计了基于动态合同网的任务协商与分配策略、基于滚动时域的单平台任务重调度策略、基于可调度预测的任务快速插入策略和基于约束网络的实时冲突消解策略，在卫星任务调度当前方案的基础上实施动态、实时的优化，为卫星应急任务调度问题提供了通用、灵活的求解方法，为卫星任务调度引擎提供了又一算法支撑。

（6）第 6 章完成了卫星任务调度引擎应用实验。基于以上卫星任务调度通用化建模方法，以及常规、应急任务调度算法 APMA 和 DDRO 算法，面向"高景一号"商业遥感卫星星座、"天链一号"中继卫星星座、"北斗三号"导航卫星系统、美国空军卫星测控等紧贴工程实际的任务调度问题，完成卫星任务调度引擎应用实验，实践了本书卫星任务调度通用化建模方法，检验了卫星常规、应急任务调度算法 APMA 和 DDRO 算法，介绍了相关应用系统，说明了卫星任务调度引擎的可行性和应用前景，为卫星任务调度引擎的工程化应用提供了实践依据。

（7）第 7 章进行了总结与展望。总结了全书工作与结论，并针对本书未考虑周全之处提出了未来研究工作的设想与展望。

1.5.2　技术路线

本书技术路线的流程图如图 1.13 所示。

1.5.3　创新点

针对我国卫星管控现状与现实需求，与当前卫星任务调度相关研究相比，本书工作主要有以下四点创新：

（1）提出了一种"决策—约束—收益"解耦的卫星任务调度通用化、精细化建模新方法。针对卫星任务调度模型通用性不足问题和"一星一系统"的管控现状，本书提出了"决策—约束—收益"解耦的卫星任务调度建模方法，揭示了遥感卫星、中继通信卫星、导航卫星和卫星测控等任务调度问题中存在的通用组合优化关系，成功将此四类卫星任务调度问题纳入一套科学、统一的建模体系，满足了一体化、灵活化管控新要求，在"高景一号""天链一号""北斗三号"等系列卫星任务调度实验中实践了该方法的通用性和可行性。该方法可以从根本上突破"一星一系统"现状，为本书卫星任务调度引擎的通用化应用提供重要的模型支撑。

（2）提出了一种"并行—竞争—演化"策略协同、自适应的卫星常规任务调度新算法。针对卫星管控部门每日、每周的常规任务调度需求，本书提出了一种多策略协同的自适应并行模因演化算法（APMA），通过"并行""竞争""演化"等策略对传统模因算法取长补短，增强优化效率与自适应能力，呈现了策略协同、优势互补的算法新特色，在一系列实验中取得了出色的优化效果。APMA 可以为卫星常规任务调度问题提供通用、高效的求解手段，为本书卫星任务调度引擎的应用提供核心算法支撑。

（3）提出了一种"协商—滚动—插入"机制融合、动态响应的卫星应急任务调度新算法。针对动态影响下的应急任务调度需求，本书设计了一种分布式动态

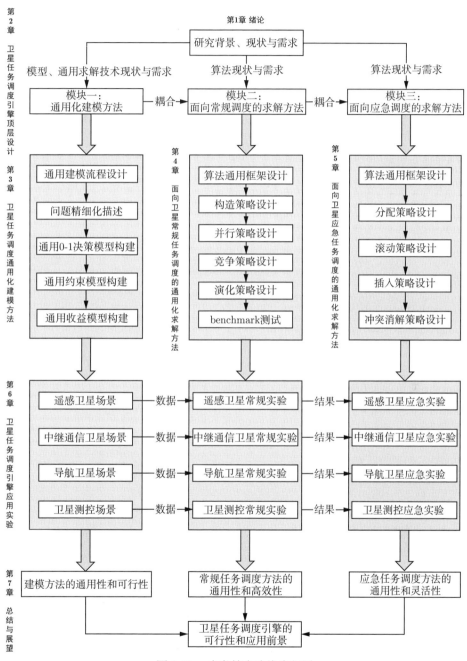

图 1.13 本书技术路线流程图

滚动优化（DDRO）算法，通过融合"协商""滚动""插入"等常用应急调度机制动态、快速地优化当前卫星任务调度方案，在一系列实验中取得了良好应用效果。DDRO 算法可以为卫星应急任务调度提供通用、灵活的求解手段，为本书卫星任务调度引擎的应用提供又一算法支撑。

（4）设计并实现了一种"模型—常规算法—应急算法"解耦的卫星任务调度引擎。本书设计了"模型—常规算法—应急算法"解耦的卫星任务调度引擎框架，实现了卫星任务调度引擎，解决了遥感卫星、中继通信卫星、导航卫星和卫星测控等四类主要的卫星任务调度问题，兼顾了卫星常规、应急管控双重需求。本引擎可以营造良好的卫星任务调度模型、算法研发与应用环境，巧妙解决"常规—应急"矛盾，促进研究成果转换，为研发国产化、通用化的卫星任务调度系统和相关基础软件提供重要参考。

第2章

卫星任务调度引擎顶层设计

卫星任务调度引擎的顶层设计是本书研究工作开展的重要依据，是技术研究与应用的根本原则。对此，本章首先界定了遥感卫星、中继通信卫星、导航卫星和卫星测控等四类主要的卫星任务调度问题，明确了本书研究范畴和"立足实际、面向应用"的研究原则；然后给出了卫星任务调度引擎的基本定义，指明了卫星任务调度引擎的功能需求；最后设计了一种"模型—常规算法—应急算法"解耦的卫星任务调度引擎框架，阐释了框架优势，为各类卫星任务调度问题提供了一种通用化、模块化的建模与求解新思路，为本书模型、算法研究工作指明了具体方向。

2.1 卫星任务调度问题界定

针对遥感卫星、中继通信卫星、导航卫星和卫星测控等四类主要的卫星任务调度问题，根据我国卫星管控实际情况，本节分别对各类卫星任务调度问题中涉及的任务、资源进行了界定，给出了具体示例，阐明了本书研究范畴；分析了问题特征，突出了"立足实际、面向应用"的研究原则，为本书研究工作的开展提供基本前提。

2.1.1 任务界定

2.1.1.1 任务定义

在不同的卫星任务调度问题研究中，任务的定义往往不尽相同，有的较为宏观，有的较为具体。对此，为明确本书研究范畴、突出任务调度问题中组合优化的特点，本节首先给出以下两种任务的定义：

定义 2.1 使命任务（mission）　为实现卫星社会、经济或军事价值，由卫星使用部门向管控部门提出的，或由管控部门自发提出的一种宏观的、主观的长期性任务。

定义 2.2 清单任务（task）　为完成卫星使命任务，由管控部门对使命任务进行筹划、分解后所得的，以清单形式等待调度并被卫星执行的一种具体的、客观的短期性任务，简称任务。

基于上述定义，为更加直观地说明两种任务之间的关系，本节给出了如图 2.1 所示的示例。图中，某遥感卫星使用部门提出了"使命任务：拍摄我国十大名湖"；管控部门将其筹划、分解为"清单任务：拍摄杭州西湖、扬州瘦西湖、南京玄武湖"等。此外，由于无锡太湖面积较大，需多次拍摄，故有"清单任务：拍摄无锡太湖 A 区、B 区、C 区"等。可见，"使命任务"是"清单任务"的集合，前者较为宏观、主观，后者则较为具体、客观。

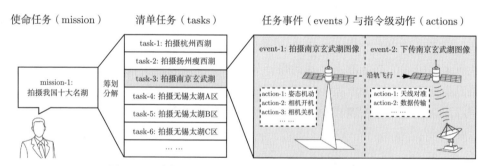

图 2.1　遥感卫星任务、事件和指令级动作辨析示例

从组合优化的角度看，任务调度问题中的任务应为具体、客观的"清单任务"。因此，本书研究的卫星任务调度问题专指"清单任务"的调度问题。而"使命任务"的筹划、分解通常需要根据市场、业务、战术、战法等其他要求进行专门的研究，不在本书的研究范畴。

2.1.1.2　任务组成

考虑到卫星任务调度问题的复杂性，一些研究中还定义了"元任务""子任务"或"原子任务"等更加具体的任务类型，用于表示卫星任务的组成部分或必要条件。对此，为明确本研究中任务的组成要素，避免混淆，本节作如下进一步的定义：

定义 2.3 任务事件（event）　为完成某一任务，卫星或测站所需开展的一项不间断的、不可再分的客观活动，简称事件。

定义 2.4 指令级动作（action）　为完成某一事件，卫星或测站所需触发的一项瞬时的、预先定义的指令级操作。

例如，在图 2.1 中，任务"拍摄南京玄武湖图像"就包含了两个客观事件：①卫星"拍摄南京玄武湖图像"；②卫星向测站"下传南京玄武湖图像"，二者是该任务完成的必要条件，缺一不可。

由此可见，事件具有以下特点：①客观性，反映了一个任务完成的客观前提；②不间断性，量化、区分了卫星或测站开展的不同活动；③不可再分性，明确了任务组成的最小单元，决定了任务调度问题建模的具体化程度。鉴于此，如何客观、准确地描述各类卫星任务调度问题中的任务及所含事件，是本书研究的首要工作。

此外，针对图 2.1 中的两项事件，卫星和测站还需触发姿态机动、相机开关机、天线对准等一系列指令级动作。需要说明的是，在卫星管控的流程中，指令级动作的编译环节位于本书所研究的任务调度环节之后。同时，指令级动作的约束已被提前纳入任务调度的约束中，如"高景一号"成像、数传事件之间的转换时间约束实则已包含了相机、固存开关机时间等指令级动作的约束。因此，本书仅需考虑任务、事件的调度问题，有其他专门的分系统将调度后的任务、事件编译为指令级动作，无需再对它们进行考虑。

2.1.1.3　任务示例

基于上述定义与说明，根据卫星管控实际情况，面向遥感卫星、中继通信卫星、导航卫星、卫星测控等四类主要的卫星任务调度问题，图 2.2 和表 2.1 给出了各类卫星任务调度问题中使命任务、清单任务和任务事件的具体示例，并进一步解释了各类卫星任务、事件的实际含义，界定了本书卫星任务调度问题的研究范围。

（1）遥感卫星任务

在遥感卫星任务调度问题中，针对表 2.1 中"使命任务：拍摄十大名湖"，第 i 个待调度的任务为"拍摄第 i 个目标"。进一步地，该任务包含成像事件（imaging event）、数传事件（downlink event）和固存擦除事件（memory-erasing event）等，其实际含义分别为卫星拍摄目标图像、卫星向测站回传目标图像数据以及卫星擦除固存数据，如图 2.2(a) 所示。需要说明的是，受星载固存技术、指令模板和业务要求等影响，当前大部分遥感卫星必须周期性地清空当前星载固存数据，实现星载固存资源的重复利用，这一事件称为固存擦除事件。然而，目前的相关研究中通常仅考虑成像事件，少数研究同时考虑了成像、数传事件，极少有研究考虑固存擦除事件。这些研究虽然降低了遥感卫星任务调度的复杂性，取得了丰富的理论研究成果，但也因忽略了数传、固存擦除事件以及诸多相关约束，研究成果往往与实际情况"脱轨"，难以工程化应用。对此，本书将固存擦除事件列为遥感卫星任务的事件之一，旨在客观地、完整地描述遥感卫星任务调度问题，为管控部门提供切实可用的任务调度建模与求解技术。

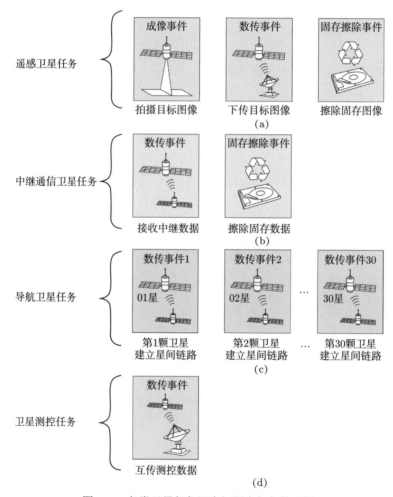

图 2.2　各类卫星任务调度问题中任务的示例

(a) 遥感卫星任务；(b) 中继通信卫星任务；(c) 导航卫星任务；(d) 卫星测控任务

（2）中继通信卫星任务

在中继通信卫星任务调度问题中，针对表 2.1 中"使命任务：提供中继服务"，第 i 个待调度的任务为"接收第 i 个中继需求"（通常来源于其他卫星）。进一步地，该任务包含数传事件和固存擦除事件，其实际含义分别为卫星接收中继数据和卫星擦除固存数据，如图 2.2 (b) 所示。需要说明的是，本书涉及的中继通信卫星主要指高轨（地球静止轨道）中继通信卫星，可以基本实现与地面数据实时互传，故后文暂不考虑卫星擦除固存事件；但保留该建模方式和模型接口，为未来低轨中继通信、月球中继通信、深空中继通信等相关任务调度问题提供支撑。

表 2.1　各类卫星任务调度问题中使命任务、清单任务和任务事件的示例

卫星类型	使命任务	第 i 个（清单）任务	事件及实际含义
遥感卫星	拍摄十大名湖	拍摄第 i 个目标	成像：卫星拍摄目标图像 数传：卫星向测站回传目标图像数据 固存擦除：卫星擦除固存数据
中继通信卫星	提供中继服务	接收第 i 个中继需求	数传：卫星接收中继数据 固存擦除：卫星擦除固存数据
导航卫星	降低系统时延，保障导航精度	构建第 i 个导航时隙内的星间链路网络	数传：01 星与其他卫星建立星间链路 数传：02 星与其他卫星建立星间链路 数传：…… 数传：30 星与其他卫星建立星间链路
卫星测控	测控在轨卫星	执行第 i 个测控需求	数传：测站与卫星互传测控数据

（3）导航卫星任务

在导航卫星任务调度问题中，针对表 2.1 中"使命任务：降低系统时延，保障导航精度"，本节首先通过图 2.3 介绍当前我国导航系统的时分体制。由图中可见，时间轴被划分为了连续的超帧（superframe，1min）。进一步地，1 超帧又被离散为 20 个时隙（timeslot，3s），导航系统在每个时隙内维持一种星间链路的网络结构。由此，每当时隙变化时，导航系统的星间链路就切换一次，形成了一种随时隙演化的动态网络结构。需要说明的是，管控部门规定 1 超帧为导航卫星任务调度问题的一个周期；换言之，一个导航卫星任务调度问题即 20 个时隙内星间链路网络的优化问题。

在上述时分体制与管控要求下，导航卫星任务调度问题中第 i 个待调度的任务为"构建第 i 个导航时隙内的星间链路网络"。进一步地，该任务包含导航系统中每一颗卫星与其他卫星建立星间链路的事件，如图 2.2 (c) 所示。以我国"北斗三号"导航系统为例，该系统包含 30 颗导航卫星，故一个导航卫星任务调度问题中将包含 20 个任务（时隙），每个任务包含 30 个数传事件。

除上述关于星间链路的导航卫星任务调度问题以外，导航系统还涉及另一类

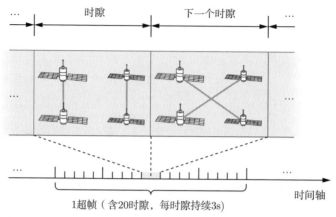

图 2.3   我国现行导航系统时分体制的说明及超帧、时隙示例

关于星地时间同步的任务调度问题。由于该问题可视为一类（高轨）卫星测控任务调度问题，故本书不再对其进行单独研究。

（4）卫星测控任务

在卫星测控任务调度问题中，针对表 2.1 中"使命任务：测控在轨卫星"，第 i 个测控任务为"执行第 i 个测控需求"。该任务仅包含一个数传事件，即测站与卫星互传测控数据，如图 2.2 (d) 所示。这里，测站不仅包括传统意义上的地基测站，还包括基于中继通信卫星的天基测站，由此，卫星测控任务调度问题与中继通信卫星任务调度问题存在较大相似性。二者主要区别为：前者主要涉及地基测站，约束条件较少；后者涉及中继通信卫星，需考虑卫星相关约束条件。

综上，在任务、事件定义的基础上，本节结合卫星管控的现实情况，详细阐述了遥感卫星、中继通信卫星、导航卫星、卫星测控等四类主要的卫星任务调度问题中任务、事件的具体含义，界定了本书的研究范围，为后文开展卫星任务调度问题模型、算法研究提供前提。

2.1.2   资源界定

基于上述任务界定与示例，本节进一步界定卫星任务调度问题研究涉及的资源类型，如表 2.2 所示。从表中可见，实际卫星管控涉及资源众多，是一类复杂的组合优化问题。对此，为尽可能客观地、系统地描述卫星任务调度问题，切实解决管控部门的实际需求，克服传统研究因过度简化而与应用"脱轨"的问题，本书所研究的卫星任务调度问题将考虑表 2.2 中平台类、载荷/设备类以及窗口类资源。简而言之，本研究将遵循"立足实际、面向应用"的基本原则，旨在解决管控部门真实需求，提供切实可用的卫星任务调度技术。

表 2.2　实际卫星管控过程中涉及的资源类型及示例

资源大类	资源子类	示例	本书是否考虑
平台类资源	遥感卫星	"高景一号" 01~04 星	考虑
	中继通信卫星	"天链一号" 01~04 星	
	导航卫星	"北斗三号" 01~30 星	
	测站	北京站、喀什站、佳木斯站	
载荷/设备 类资源	卫星相机	0.5m 分辨率 CCD 光学遥感相机	考虑
	卫星固存	2000G 星载存储器	
	卫星电池	星载太阳能蓄电池	
	卫星天线	X 波段数传天线	
	测站天线	X 波段测控天线	
窗口类资源	时间窗口	成像、数传时间窗口	考虑
	卫星轨道	01~30 圈轨道	
	日期	2020 年 4 月 12 日	
人岗类资源	测站工作岗位	日岗、夜岗、图像处理岗、后勤	不考虑
	测站工作人员	测控工程师、图像处理师、医师	
	测站车辆	测控车、巡逻车、班车	

另一方面，实际卫星管控中涉及的人岗类资源，以及相关的人—岗—车匹配、排班等调度问题不在本书的研究范畴，不予考虑。换而言之，本书假设卫星任务调度所需人、岗资源充裕。这一假设也符合当前卫星管控过程中的一般做法。

2.1.3　问题特征

（1）组合优化问题的基本特征。由以上问题界定与示例可知，本书所研究的卫星任务调度问题属于一类组合优化问题，具备路径规划、资源调度等组合优化问题的基本特征，如"任务—资源"之间存在组合优化的关系、设有一定的约束条件、有明确的优化目标、不存在多项式时间解法，即为 NP-hard 问题[2]。对此，本书卫星任务调度问题研究也应遵循组合优化问题研究的基本流程，构建任务调度模型、设计优化算法、检验模型与算法通用性和有效性等。同时，在长期管控的过程中，卫星任务调度问题也具有一定的动态性，存在动态、应急优化的需求，具备动态、应急组合优化问题的相关特征。然而，除了组合优化问题的基本特征以外，本书所论述的卫星任务调度问题还具备其他组合优化问题所不具备的两点重要特征，增加了卫星任务调度问题的复杂性，对问题建模方式与算法设计产生重要影响。

（2）简化少、不确定性因素少，方案精细化程度要求高。在诸多传统组合优化问题中，存在一定程度的问题简化，对优化方案的精细化程度要求不高。例如，在车辆路径问题（VRP）中，通过会假设理想的路况与车辆行驶状况，不会在方案优化的过程中考虑车辆加速、制动、等红绿灯等过于精细的因素。实践也表明，受路况、车辆行驶状况等不确定性因素的影响，如此精细化的方案优化也缺乏实际意义。然而，在卫星任务调度问题中，卫星属于一类精密的航天仪器，由一套严格的内部系统控制，且与地面管控中心保持密切、频繁的通信联系；换而言之，卫星的工作状态受密切的监控，不确定性因素相对较少。在此情况下，卫星任务调度的优化方案必须达到其内部系统与地面管控的精细化程度，满足精细的优化需要与约束条件。例如，其内部系统规定卫星成像、数传之间最短间隔时间为100s，则优化方案必须明确地给出卫星成像、数传及相应载荷开关机、姿态转换的具体时间，且满足100s的间隔时间约束。否则，卫星内部系统将触发自保程序，导致任务方案无法执行，甚至产生不可逆的故障。

卫星任务调度问题的这一特征对其问题建模、算法设计产生了重要的影响。诸多理想化、简单化的传统组合优化模型和算法往往精细化程度不足，无法达到卫星管控的精细化要求，缺乏部署实际业务系统的应用价值。因此，如何更加精细化地、准确地构建卫星任务调度优化模型，设计切实可用的优化算法，尽可能地还原卫星任务调度问题的本来特征，达到"立足实际、面向应用"的客观要求，成为卫星任务调度建模方法研究的重要内容之一。

（3）计算机优化的客观性与人为优化的主观性共存。通常情况下，组合优化问题研究问题的建模与算法设计方法，通过计算机代替人类实现优化过程，达到优化目的；在给定优化目标的情况下，呈现出计算机优化的客观性，卫星任务调度问题也不例外。不过，将复杂的卫星任务调度问题抽象为计算机可识别的数学模型这一过程存在一定的主观性、模糊性，与管控部门的复杂需求以及管控人员主观习惯、经验可能存在一些出入。另一方面，卫星管控的过程中通常也伴随着与用户部门反复的沟通与协调。例如，在卫星已经开始执行任务调度方案之后，用户部门要求增加（或删除）某一任务，管控部门必须进行相应地调整。可见，用户部门有时提出的主观的、个性化的任务要求往往需要管控人员进行人为的干预。因此，卫星任务调度问题出现了计算机优化的客观性与人为优化的主观性共存的情况。如何妥善处理这一矛盾、提供所需的优化模型与算法、满足管控部门的现实要求，也成为本书卫星任务调度问题建模与求解方法研究的另一项重要内容。

综上所述，本节面向遥感卫星、中继通信卫星、导航卫星和卫星测控等四类主要的卫星任务调度问题，结合现阶段我国卫星管控实际情况，对本书论述卫星任务调度问题中涉及的任务、资源进行了界定和说明，分析了问题特征，阐明了本书的范畴，突出了"立足实际、面向应用"的基本原则，为本书论述的开展提供基本前提。

2.2　卫星任务调度引擎功能定位

在问题界定的基础上，本节明确给出了卫星任务调度引擎的定义，分析了卫星任务调度引擎的特征与功能需求，阐明了本书组合优化模型与算法的基本逻辑，为本章卫星任务调度引擎框架设计与本书的开展提供了参考依据。

2.2.1　基本定义

在计算机领域，引擎（engine）是指计算机平台上开发程序或系统的核心组件。利用引擎，开发者可以迅速建立、铺设程序或系统所需的功能，常见的引擎有游戏引擎、搜索引擎、杀毒引擎等 [243]。

调度引擎（scheduling engine），又称调度器（scheduler），是指求解某类调度问题的通用求解器，例如：阿里巴巴分布式任务调度引擎 TBSchedule、华为高性能任务调度引擎 Volcano 等。同时，相关领域内还有诸多可以用于求解调度问题的通用数学规划、组合优化求解器（solver），例如：美国 IBM 公司数学规划求解器 CPLEX、Gurobi 公司数学规划求解器 Gurobi、谷歌公司运筹优化求解器 OR Tools、红帽公司组合优化求解器 OptaPlanner、我国杉数科技数学优化求解器 COPT 等。由于尚无有关"卫星任务调度引擎"的定义，本节结合美国 Orbit Logic 对其通用卫星调度软件 STK/Scheduler 的定义，给出本书卫星任务调度引擎的定义。

美国 Orbit Logic 公司将其通用卫星调度软件 STK/Scheduler 定义为"面向各类航天系统调度问题"（for any type of space system scheduling problem）的求解器，并将产品优势归结于其"独特的任务、资源定义方法和强大的算法实现"（unique approach to task and resource definition along with the powerful algorithm implementation）[227–228]。可见，STK/Scheduler 的核心技术主要体现在其求解各类调度问题的通用任务、资源建模方法以及相应的优化算法。鉴于此，本书将卫星任务调度引擎定义为：

定义 2.5 卫星任务调度引擎（satellite task scheduler/scheduling engine）　通过通用化的组合优化模型与算法求解各类卫星任务调度问题,支撑调度系统开发的通用求解器。

由定义可知,卫星任务调度引擎主要包括以下三个方面的特征:①通用性,可以求解各类卫星任务调度问题、支撑各类卫星调度系统的开发;②组合优化性,以组合优化模型与算法作为求解工具,满足调度问题的求解需求;③实用性,其模型与算法的整体实用性需达到求解器的基本水平,满足求解器应用的基本要求。

基于以上定义和特点,本章将进一步分析卫星任务调度引擎的功能需求,设计卫星任务调度引擎的框架,并由此研究卫星任务调度通用化建模(即组合优化模型构建)方法,以及常规、应急调度算法,为卫星任务调度引擎提供所需的技术支持。

2.2.2　功能需求

本书研究旨在面向卫星管控部门的实际需求,解决实际问题。结合上述定义与特征分析,卫星任务调度引擎的功能需求可以总结为以下几个方面:

(1)优化需求。优化需求是卫星任务调度引擎的根本需求,是卫星任务调度问题作为一类组合优化问题的根本体现。因此,卫星任务调度引擎相关内容均应服务于卫星管控部门的优化需求,满足最大化卫星对于社会、经济、军事效益的根本需要。换言之,本书卫星任务调度引擎及其模型、算法的研究即是一项组合优化技术的研究。

(2)模型与算法的通用化应用需求。模型与算法的通用化应用需求是卫星任务调度引擎应用的基本需求。本书绪论中已阐明,现阶段卫星任务调度模型、算法通用性不足,造成"一星一系统"的卫星管控格局。因此,卫星任务调度引擎的框架设计需充分考虑模型、算法通用性问题,打破"一星一系统"的管控现状。具体地,模型、算法的通用性包含以下三个方面:①模型通用性,即模型需满足遥感卫星、中继通信卫星、导航卫星和卫星测控等多类卫星任务调度问题的建模需求;②算法通用性,即在模型通用性基础上,算法需满足各类卫星任务调度问题的求解需求;③模型与算法接口的通用性,即模型与算法需以一种"松耦合"的方式完成数据与流程衔接,摆脱诸多相关研究与现役系统中"模型即算法、算法即模型"的固化思路。因此,卫星任务调度引擎应解决以上模型与算法通用化的技术难点,满足卫星任务调度引擎的通用应用需求。

(3)常规调度与应急调度的双重应用需求。一方面,卫星管控部门每日、每周需处理常规的任务调度需求,在一定的时间内优化任务调度方案,制定任务调度日计划、周计划。另一方面,在卫星管控的长期过程中,增减任务、卫星故障等动态事件频发，卫星管控部门在极短的时间内再次优化任务调度方案，制定应急任务计划。因此，卫星任务调度引擎还需满足常规调度与应急调度的双重应用需求。值得注意的是，卫星常规任务调度问题的复杂性与应急任务调度所需的时效性往往是冲突的，即"常规—应急"矛盾，在许多组合优化问题研究及应用中也十分常见。在此情况下，卫星任务调度引擎框架需统筹兼顾，既要满足卫星常规复杂任务调度场景中的充分优化需求，又要满足卫星应急任务调度场景下的快速响应需求，实现"常规—应急"应用需求的有机统一。此外，卫星载荷技术已经历深刻变革，越来越多的卫星具备自主运算、响应的硬件条件，在动态多变的太空环境和快速响应的需求下，在一定范围内的卫星自主任务调度也尤为重要。

（4）长期管控过程中对模型灵活调整的管理需求。我国卫星设计寿命短则几年，长则数十年，而实际使用寿命往往更长。在卫星长期管控的过程中，卫星使命任务、约束条件、与其他卫星的组网情况等均非一成不变。同时，在特殊的情况下，相关管控要求也会发生调整。例如，出于对卫星及其载荷的保护，某卫星单轨最大成像次数为 10 次，但在应对自然灾害、军事行动等重大突发情况时，其最大成像次数可放宽至 20 次，并与其他几颗卫星组成临时星座，实施联合的任务调度。因此，卫星任务调度引擎应支撑卫星管控部门对任务调度模型、约束进行一定程度的调整和管理，满足卫星管控部门灵活、自主的管控需要。与此同时，在卫星系统一体化管控的背景下，卫星任务调度引擎中良好的模型、系统通用性也有利于长期管控过程中实施灵活的模型调整和管理。此外，卫星任务调度系统也可通过这一过程实现迭代、升级，进一步营造良好的模型、系统兼容环境，形成"增量式"系统研发、使用的新格局。

（5）人为地对任务调度结果灵活调整的主观应用需求。正如前文所述，卫星任务调度问题存在计算机优化的客观性与人为优化的主观性共存的矛盾情况。虽然当前大部分卫星管控方案可由计算机（调度系统）生成，但管控部门始终要求系统保留人为地、手动地调整任务调度结果的功能。值得注意的是，在人为地对任务调度方案进行调整后，原方案可能出现违反约束、收益下降等情况。因此，为迅速实施整体方案调整，保障卫星的正常运行，本需求同时也包含了前文所述的应急调度、快速调度需求，这对卫星任务调度引擎框架、算法的设计均提出了更高的要求。

不难发现，以上卫星任务调度引擎功能需求始终围绕卫星任务调度模型，以及不同调度需求下的优化算法，本质上没有脱离组合优化技术的需求框架。因此，在后文卫星任务调度引擎框架设计与后续研究工作中，本书仍将遵循组合优化模型与算法研究的一般逻辑，围绕通用化设计与应用目标，开展相应的设计与研究工作。

综上所述，本节明确给出了卫星任务调度引擎的定义，分析了卫星任务调度引擎的特征与功能需求，阐明了本书组合优化模型与算法研究的基本逻辑，为 2.3 节卫星任务调度引擎框架设计与本书研究工作的开展提供了参考依据。

2.3　卫星任务调度引擎框架设计

在问题界定和功能定位的基础上，本节首先给出了卫星任务调度引擎框架的设计思路，进而设计一种"模型—常规算法—应急算法"解耦的卫星任务调度建模与求解的顶层性框架，阐释了框架优势与可行性，为卫星任务调度问题提供了一种通用化、模块化的建模与求解新思路，为本书模型与算法研究工作指明了具体方向。

2.3.1　设计思路

根据卫星任务调度引擎功能定位及需求，本着"立足实际，面向应用"的基本原则，本节首先给出卫星任务调度引擎框架的设计思路，如表 2.3 所示。

表 2.3　卫星任务调度引擎功能需求与框架设计思路

序号	需求	设计思路
1	优化需求	1. 通过卫星任务调度建模方法，将问题抽象为组合优化问题； 2. 通过卫星任务调度求解方法，满足组合优化需求
2	模型与算法的通用化应用需求	1. 搭建"模型—算法"解耦的通用建模与求解框架； 2. 设计面向遥感卫星、中继通信卫星、导航卫星和卫星测控等任务调度的通用化建模方法，提升模型通用性； 3. 设计通用化模型求解算法，提升算法通用性
3	常规调度与应急调度的双重需求	1. 在框架中进一步实现"常规算法—应急算法"的解耦； 2. 面向卫星常规任务调度问题，设计高性能的优化算法； 3. 面向卫星应急任务调度问题，设计灵活、有效的动态优化算法
4	长管过程中对模型灵活调整需求	1. 在通用化建模的基础上，实现"决策—约束—收益"松耦合； 2. 设计约束模板，开放功能接口，进一步提升模型灵活性
5	人为对调度结果灵活调整的需求	1. 进一步开放模型调整的功能接口； 2. 通过应急调度算法，支持调整后快速实施二次优化

以上思路可以总结为：①在框架层面，卫星任务调度引擎需具备一定的灵活性，解耦模型与算法；②在模型层面，卫星任务调度模型需同时具备通用性和灵活性，解耦决策、约束与收益模型；③在算法层面，需分别设计卫星常规、应急任务调度算法。由此实现"模型—常规算法—应急算法"解耦，满足引擎功能需求。

2.3.2　引擎框架

基于上述思路，本节给出了"模型—常规算法—应急算法"解耦的引擎框架，如图 2.4 所示。由图中可知，卫星任务调度引擎框架包含：①卫星任务调度通用化建模方法；②面向卫星常规任务调度的通用化求解方法；③面向卫星应急任务调度的通用化求解方法等三个"松耦合"的模块，各模块主要内容如下。

（1）模块一：卫星任务调度通用化建模方法

卫星任务调度通用化建模方法是卫星任务调度引擎中的首个模块。该模块包含以下几项主要内容：①精细化问题描述，描述任务调度问题中的任务集、资源集、评分集（含约束集和收益集）等；②决策模型构建，梳理卫星任务调度问题中"任务集—资源集"（即"事件—事件执行时机"）之间存在的决策关系，构建了通用的 0-1 混合整数决策模型，为后续卫星任务调度算法提供通用的模型接口；③约束模型构建，为后续卫星任务调度算法提供约束值计算接口；④收益模型构建，为后续卫星任务调度算法提供收益值计算接口。该模块的详细内容将在第 3 章进行阐述。这里，通用 0-1 混合整数决策模型及约束、收益计算方法就是本框架中模型与算法的"关键耦合点"，形成一种"松耦合"的数据流程衔接方式。另一方面，该模块在构建卫星任务调度模型过程中还实现了"决策—约束—收益"解耦，为后续算法分别提供了决策变量修改、约束计算、收益计算的功能接口，满足了卫星任务调度模型通用化构建与灵活管理的需求，同时为后续算法提供了通用、灵活的模型支撑。

（2）模块二：面向卫星常规任务调度的通用化求解方法

面向卫星常规任务调度的通用化求解方法是卫星任务调度引擎中的首个问题求解模块。面向卫星常规任务调度问题，基于卫星任务调度通用化建模方法及其提供的模型接口，该模块通过通用化的算法、算子迭代更新以上 0-1 决策矩阵，优化卫星任务调度方案。该模块搭建了一种自适应并行模因演化的通用算法框架，集成了构造、并行、竞争和演化等一系列优化算法策略，为卫星常规任务调度问题提供通用、高效的求解手段，输出高质量的调度方案，满足常规情况下管控部门对卫星任务调度日计划、周计划的基本优化需要。该模块的详细内容将在第 4 章进行阐述。

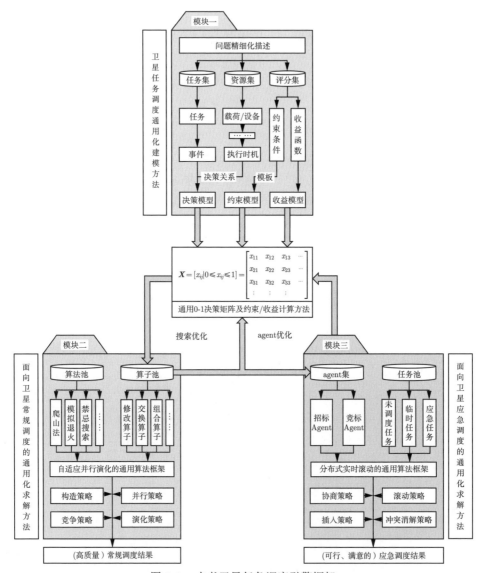

图 2.4　本书卫星任务调度引擎框架

（3）模块三：面向卫星应急任务调度的通用化求解方法

面向卫星应急任务调度的通用化求解方法是卫星任务调度引擎中的第二个问题求解模块，是专门用于求解卫星应急任务调度问题的求解模块。虽然模块二可以求解卫星常规任务调度问题，但在卫星长期管控过程中，增减任务、卫星故障等动态事件频发，模块二求解方法的时效性不足。由此，面向卫星应急任务调度问题，该模块通过智能体（agent）对当前任务调度方案进行实时应急优化，为应急任务提供可行调度方案。该模块搭建了一种分布式实时滚动的通用算法框架，集成了协商、滚动、插入和冲突消解等应急优化算法策略，为卫星应急任务调度问题提供通用、灵活的求解手段，输出可行、满意的应急调度方案；满足管控部门在特殊情况下对调度方案的应急优化需要，以及部分卫星在自主运行过程中对调度方案的自我优化需要。该模块的详细内容将在第 5 章进行阐述。

2.3.3 优势分析

基于上述流程，面向卫星常规、应急任务调度需求，本节卫星任务调度引擎框架可以表现出以下三点优势：

（1）在总体框架层面，实现了"模型—算法"的解耦，打破了"模型即算法"的设计思路，有助于模型与算法的灵活管理与柔性拓展。本框架明确地将建模与优化分为两个独立阶段，通过决策矩阵及约束、收益计算方法作为模型、算法松耦合的接口，打破了诸多相关研究与现役系统中"模型即算法、算法即模型"的固化思路。这样一来，在本框架长期应用的过程中，管控部门可以灵活地、自发地对其中模型或算法实施选配、修改与更新，实现灵活管理与柔性拓展，满足应用、维护与研发需求，对提升卫星系统长效管控水平、促进卫星任务调度算法研究成果转化和现役系统"增量式"研发具有重要积极意义。

（2）在模型层面，实现了"决策—约束—收益"的解耦，更加突出了模型管理，特别是约束条件管理的灵活性和实用性。卫星在轨运行周期长，随着时间的推移或在重大需求背景下，卫星的使命任务、约束条件、组网情况等均有可能发生改变。对此，在模型、算法解耦的基础上，本框架将通用化建模方法进一步分解为决策建模、约束、收益建模等三项内容，实现了"决策—约束—收益"的解耦，更加突出了模型管理，特别是约束条件管理的灵活性和实用性，更加满足管控部门的实际需求，更有利于卫星系统的长效管控与相关技术的"增量式"发展。

（3）在算法层面，实现了"常规—应急"优化的有机统一，兼顾了日常管控与应急响应的设计定位与应用场景，保障了不同场景下的可行性和有效性。卫星任务调度同时涉及常规调度和应急调度，前者需求尽可能充分的高质量优化，后者则需求快速、灵活的即时优化。对此，本书并不试图提供"一招通吃"的解决方案，而是直面卫星常规、应急任务调度的需求矛盾，给出常规调度在前、应急调度在后的合理优化机制，实现"常规—应急"的有机结合与统一，因时制宜地发挥卫星任务调度算法应用优势，满足卫星常规、应急任务调度的双重优化需要，对提升不同场景下卫星系统管控水平、促进卫星任务调度算法研究与成果转化具有重要积极意义。

综上所述，本节设计了一种"模型—常规算法—应急算法"解耦的卫星任务调度引擎框架，阐释了框架优势与可行性，为各类卫星任务调度问题提供了一种通用化、模块化的建模与求解思路，为本书模型与算法研究工作指明了方向。

2.4　本章小结

针对遥感卫星、中继通信卫星、导航卫星和卫星测控等四类主要的卫星任务调度问题，本章开展了卫星任务调度引擎顶层设计工作，主要内容包括：

（1）界定了各类卫星任务调度问题中涉及的任务、资源，阐明了研究范畴与问题特征，突出了"立足实际、面向应用"的研究原则，为工作的开展提供了基本前提；

（2）明确给出了卫星任务调度引擎的定义，指明了卫星任务调度引擎功能需求，揭示了组合优化模型与算法研究的基本逻辑，为下一步卫星任务调度建模与求解框架设计提供了参考依据；

（3）设计了"模型—常规算法—应急算法"解耦的卫星任务调度引擎框架，阐释了框架优势与可行性，为各类卫星任务调度问题提供了一种通用化、模块化的建模与求解新思路，为模型、算法研究工作指明了具体方向。

本章设计的卫星任务调度引擎框架突破了"模型即算法、算法即模型"的传统应用思路，实现了"常规—应急"求解方法的有机结合，为我国航天系统发展趋势下部署卫星任务调度引擎、因时制宜发挥卫星任务调度技术优势提供了一种全新的、可行的应用思路。

第3章

卫星任务调度通用化建模方法

　　针对卫星任务调度模型通用性、灵活性不足问题和"一星一系统"的管控现状，本章遵循"立足实际、面向应用"的研究原则，提出了"决策—约束—收益"松耦合的卫星任务调度通用化建模方法，成功将遥感卫星、中继通信卫星、导航卫星和卫星测控等四类主要的卫星任务调度问题纳入一套统一的建模体系，开辟了一条卫星任务调度问题通用化、精细化建模的新思路，为卫星任务调度引擎提供了重要的通用模型支撑。

　　本章首先将卫星任务调度问题统一描述为一个包含任务集、资源集、评分集和决策矩阵的四元组，系统地、层次化地描述了卫星任务调度问题；其次，创造性地阐释了"任务集—资源集"之间，即"卫星事件—事件执行时机"之间存在的决策关系，构建了通用 0-1 混合整数决策模型，给出了遥感卫星、中继通信卫星、导航卫星和卫星测控等任务调度问题的决策模型示例，为松耦合的卫星任务调度引擎框架提供了"关键耦合点"；再次，分析、总结了卫星任务调度问题主要约束条件，通过约束对象、约束阈值和约束关系设计了通用的约束模板，并进一步设计了基于约束网络的约束值计算方法；最后，建立了各类卫星任务调度问题的收益函数模型，指明了卫星任务调度的优化方向。

3.1　卫星任务调度通用化建模流程

3.1.1　需求分析

　　如何系统地、完整地建立任务调度问题模型，厘清问题中存在的组合优化关系，是卫星任务调度求解的首要步骤。前文已对卫星任务调度研究中常用模型进行了全面的综述，指出问题建模应当遵循"立足实际，面向应用"的基本原则。具体地，现阶段管控部门对卫星任务调度问题的建模主要有以下几方面的需求：

（1）系统性、真实性和完整性需求。前文已指出卫星任务调度研究中的模型简化程度往往较高，导致诸多研究成果难以满足卫星管控实际需要。现阶段，我国卫星规模日益增长、功能日趋多元化、任务调度的复杂性激增。因此，系统地、真实地、完整地描述卫星任务调度实际问题是现阶段卫星管控部门对调度模型的首要需求。相关研究中的模型简化主要体现在两个方面：①决策关系的简化。例如，大部分遥感卫星任务调度研究仅决策成像事件，少数研究同时决策了成像、数传事件，均极少考虑固存擦除事件。这些简化模型无法真实、准确地反映遥感卫星任务调度的实际需求，无法满足管控部门的应用需要。②约束条件的简化。一方面，随着决策关系的简化，相关的约束条件将被忽略；另一方面，卫星管控中大量繁琐、复杂的业务性约束也常被简化。脱离了卫星管控的实际情况，相关研究成果往往与应用"脱轨"。由此，需系统地、真实地、完整地描述卫星任务调度的决策关系、约束条件等，还原问题的本来特征，为卫星任务调度问题提供切实可用的模型支撑。

（2）通用性、可拓展性需求。在我国现行卫星管控体制下，管控部门往往需要同时管控多种型号、用途各异的卫星，甚至还需跨型号、跨部门地开展联合管控。因此，卫星任务调度模型能否兼容多种类型的卫星、能否适应多种任务调度场景也至关重要。值得注意的是，通用性并不代表用一个模型描述所有的卫星任务调度问题，而是体现为不同卫星任务调度问题在建模思想、方法上的统一；换而言之，通过一套通用的建模方法格式化地描述主要的卫星任务调度问题。具体地，针对遥感卫星、中继通信卫星、导航卫星和卫星测控等四类主要的卫星任务调度问题，设计一套通用的建模方法，统一地描述其中存在的组合优化问题。基于此，各型号、各类型、各部门的卫星可以被灵活地、一体化地调度，满足现阶段灵活组网、快速响应的卫星管控新要求，有助于促进卫星任务调度系统的增量式研发与柔性拓展，推进我国卫星系统一体化管控的进程。

（3）约束条件建模、管理的灵活性需求。模型的通用性通常也依赖于约束建模、管理的灵活性。各类卫星任务调度问题中约束条件不尽相同，这也是导致不同卫星的任务调度模型无法兼容、新型号卫星任务调度系统研发周期长的主要原因。同时，管控部门还可能针对某些卫星、任务甚至在某些特殊时候提出专门、个性化的约束要求，对此，管控部门急需一种灵活、自主的约束建模与管理的手段。长期实践表明，各类卫星任务调度问题中约束条件存在一些共性特征，可通过合理的分类、归纳实现统一的描述，从而降低建模复杂度、提升建模效率。同时，开放的、面向用户的约束条件建模环境也不可或缺，为卫星系统的长效管控提供良好环境支撑。

（4）收益函数的合理性需求。卫星管控部门的优化需求可能是模糊的、不准确的，如何将管控部门主观的优化需求合理转换为客观的、可量化的收益函数，也是卫星任务调度问题建模中的重要环节。例如，遥感卫星管控部门在最大化卫星成像数量的同时，还希望提升成像的质量，获取成像数量与质量的综合优化效果。导航卫星管控部门在最小化星间链路平均延迟的同时，还希望不同时隙内链路的拓扑更加多样、星间测距更加频繁。因此，需充分理解、分析管控部门的优化需求，合理、准确地建立收益函数模型，为卫星任务调度模型指明优化方向。

3.1.2　流程设计

基于上述需求分析，本节提出了一种"决策—约束—收益"松耦合的卫星任务调度通用化建模流程，如图 3.1 所示。该流程包括以下四个方面。

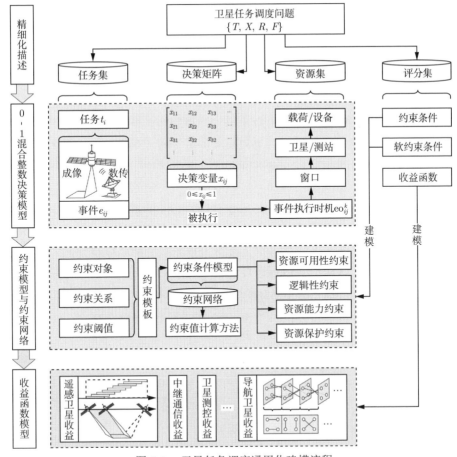

图 3.1　卫星任务调度通用化建模流程

（1）精细化、层次化地描述卫星任务调度问题，满足卫星任务调度模型系统性、真实性和完整性的需求。针对传统研究中模型简化程度高的问题，将卫星任务调度问题统一地描述为一个包含任务集、资源集、评分集和决策矩阵的四元组，系统地、精细化地描述卫星任务调度问题。特别地，针对资源的复杂性、多样性，阐明"事件执行时机"是卫星任务调度问题中最底层、最直接的资源，整理出"自下而上"的资源结构关系，为后续决策、约束与收益模型的构建提供客观依据。

（2）构建通用 0-1 混合整数决策模型，阐释"任务集—资源集"之间的决策关系，满足卫星任务调度模型通用性、可拓展性的需求。针对传统卫星任务调度模型通用性不足的问题，在卫星任务调度问题精细化描述的基础上，创造性地阐释"任务集—资源集"之间，即"卫星事件—事件执行时机"之间存在的决策关系，构建卫星任务调度通用 0-1 混合整数决策模型。基于此，给出遥感卫星、中继通信卫星、导航卫星和卫星测控等任务调度决策模型的具体示例，为各类卫星任务调度问题提供一种新的、通用决策模型，为后续通用约束、收益模型构建以及算法设计提供重要基础，为本书松耦合的卫星任务调度引擎框架提供"关键耦合点"。

（3）设计约束模板，构建约束模型与约束网络，提供通用、客观、灵活的约束描述手段，满足卫星任务调度约束建模与管理的需求。基于通用 0-1 混合整数决策模型，通过约束对象、约束阈值和约束关系等格式化描述卫星任务调度约束条件，设计通用的约束模板，给出详细示例及数学模型。在此基础上，阐明上述约束条件中形成的约束网络，并进一步设计基于约束网络的约束值计算方法，为卫星任务调度方案提供通用的约束评价依据和高效的约束值计算方法，为相关约束模型的实际应用与柔性拓展提供方法支撑。

（4）构建卫星任务调度收益模型，满足卫星实际管控的优化需要。针对卫星实际管控过程中的优化需要，分别建立遥感卫星、中继通信卫星、导航卫星和卫星测控任务的收益函数模型，特别介绍其中考虑成像质量的敏捷遥感卫星任务收益和导航卫星时延的计算方法，为卫星任务调度方案提供评价依据，为后续算法指明优化方向。

综上，决策模型、约束模型和收益模型共同构建了卫星任务调度模型，实现了"决策—约束—收益"松耦合、通用化的模型设计目的，为卫星任务调度引擎提供重要的通用模型支撑，为提升现阶段卫星任务调度模型通用性和可拓展性、推动我国卫星系统一体化管控进程提供了新思路。

3.2　卫星任务调度问题精细化描述

任务调度问题是一种典型的组合优化问题，通常包含任务、资源、约束、收益和决策关系等要素。对此，本节将卫星任务调度问题统一地描述为一个包含任务集、资源集、评分集和决策矩阵的四元组，系统地、层次化、精细化地描述了卫星任务调度问题。特别地，针对资源的复杂性、多样性，本节阐明"事件执行时机"是卫星任务调度问题中最底层、最直接的资源，构建了"自下而上"的资源结构关系，为后续决策、约束与收益模型的构建提供客观依据。同时，本节传达了实例化的、面向对象的建模思想，为基于本书研究成果的卫星任务调度系统设计与应用提供了参考依据。

3.2.1　四元组

卫星任务调度问题属于一类组合优化问题。为突出卫星任务调度问题的关键性元素，直观呈现其组合优化问题的特点，本节首先将卫星任务调度问题描述为由下式表示的一个四元组，即

$$\text{STSP} = \{T, R, X, F\} \tag{3-1}$$

式中，STSP 为卫星任务调度问题；T 为任务集；R 为资源集；X 为决策矩阵；F 为评分集。

可见，该四元组包含任务集、资源集、决策矩阵和评分集四个元素，各元素的含义如下：

（1）任务集

任务集是卫星任务调度问题中待调度任务及其属性的集合，是卫星任务调度问题的输入之一。在本书研究背景下，任务集由卫星管控部门，即卫星任务调度问题的提出者直接、完整地提供。3.2.2 节将对其进行详细的阐述。

（2）资源集

资源集是卫星任务调度问题中各层、各类资源及其属性的集合，是卫星任务调度问题的另一重要输入。在本书研究背景下，资源集也由卫星管控部门（预先处理、计算）直接、完整地提供。在该集合中，资源分为不同的层级、类型，既有卫星、测站等具体的、顶层性的资源，也有卫星轨道、时间窗口、事件执行时机等抽象的、底层性的资源。任务集和资源集的规模共同决定卫星任务调度问题的解空间规模，俗称问题规模，将显著影响任务调度问题的复杂度和求解效率。3.2.3 节将对该集合中各层、各类资源进行详细的阐述。

（3）决策矩阵

决策矩阵是卫星任务调度问题中联系任务集和资源集的关键元素，用于描述"任务—资源"之间的决策关系，即建立二者之间的组合优化关系。决策矩阵为卫星任务调度问题的方案（解）提供了数学化描述手段；换而言之，在任务集和资源集的基础上，一个决策矩阵代表了一个卫星任务调度方案，即卫星任务调度问题的一个解，是卫星任务调度问题求解与输出的对象。另一方面，决策矩阵也是问题求解过程中算法迭代搜索、优化的对象，为算法提供通用的编码方式和邻域结构，是算法、算子及策略设计的重要依据，是本书卫星任务调度引擎框架下衔接模型、算法的重要桥梁。3.3 节将详细阐述上述决策矩阵与决策关系，构建一种通用的卫星任务调度决策模型。

（4）评分集

评分集包含了卫星任务调度问题中约束条件（含软约束条件）、收益函数等，以及由上述任务集、资源集和决策矩阵计算所得的当前调度方案的约束、收益情况。其中，约束条件、收益函数统称为评分函数，是卫星任务调度问题的另一重要输入；约束、收益情况统称为评分值，是该问题的另一输出。3.2.4 节将详细阐述相关的定义、分类；3.4 节、3.5 节将系统地构建卫星任务调度问题的约束模型与收益模型。

3.2.2　任务集

针对卫星任务调度问题四元组中的任务集，本节结合卫星管控实际情况，真实、准确地描述任务的组成要素，为卫星任务调度问题的建模提供客观依据。

首先，将卫星任务调度四元组中的任务集 T 及其中的任务 t_i 分别表示为

$$T = \{t_i | i = 1, 2, 3, \cdots\} \tag{3-2a}$$

$$t_i = \left\{E_i, P_i^{\mathrm{C}}, P_i^{\mathrm{V}}\right\} \tag{3-2b}$$

式中，t_i 为第 i 个任务，i 为任务编号，$i = 1, 2, \cdots$；E_i 为任务 t_i 的事件集；P_i^{C} 为任务 t_i 的属性集（常量）；P_i^{V} 为任务 t_i 的变量集。

为直观说明式中事件集 E_i、属性集 P_i^{C} 和变量集 P_i^{V} 等任务组成，本节以"高景一号"遥感卫星任务调度问题为例，给出了如图 3.2 所示的卫星任务组成及相互关系示例，并依次阐明事件集、属性集和变量集的具体含义。

3.2.2.1　事件集

事件集即任务所包含的事件集合。任务 t_i 的事件集 E_i 可表示为

$$E_i = \{e_{ij} | j = 1, 2, \cdots\}, i \leqslant |T| \tag{3-3}$$

式中，e_{ij} 为任务 t_i 的第 j 个事件，j 为事件编号（从 1 开始）；$|T|$ 为任务集 T 的模。

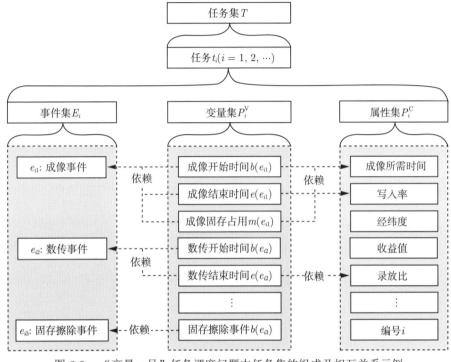

图 3.2　"高景一号"任务调度问题中任务集的组成及相互关系示例

在图 3.2 中，遥感卫星任务 t_i 的事件集 E_i 包含成像事件 e_{i1}、数传事件 e_{i2} 和固存擦除事件 e_{i3} 等。值得注意的是，大部分遥感卫星任务调度研究仅考虑成像事件，少数相关研究同时考虑了成像、数传事件，极少有研究考虑固存擦除事件。这些研究虽然降低了卫星任务调度问题的复杂性，但也因忽略数传、固存擦除事件及相关约束条件，研究成果往往与应用"脱轨"。对此，本节专门地将数传、固存擦除事件归入遥感卫星的任务中，旨在客观、真实、完整地描述遥感卫星任务调度问题，为管控部门提供切实可用的任务调度建模与求解技术。

3.2.2.2　属性集

属性（property）集即卫星管控部门预先赋予任务的固有属性（常量）的集合。在图 3.2 中，遥感卫星任务 t_i 的属性集 P_i^C 包含任务编号 i、收益值、目标经纬度、写入率、录放比、成像所需时间等元素。属性集通常包含元素众多，且因问题而异，这里不再详细介绍。

3.2.2.3　变量集

在卫星任务调度问题中，还存在一些依赖属性变量与任务事件的变量（variable），由属性常量与任务事件共同决定。例如，在图 3.2 中，遥感卫星任务的成像事件 e_{i1} 决定了成像开始时间 $b(e_{i1})$，其与成像所需时间共同决定了成像结束时间 $e(e_{i1})$，与写入率共同决定了成像固存占用量 $m(e_{i1})$；数传事件 e_{i2} 决定了数传开始时间 $b(e_{i2})$，其与成像所需时间、录放比等共同决定了数传结束时间 $e(e_{i2})$；固存擦除事件 e_{i3} 决定了固存擦除时间 $b(e_{i3})$ 等。可见，上述变量的值将随着不同任务事件的组合而改变，反映了任务调度问题组合优化的特点。由此，本节将上述变量归入变量集，旨在任务调度过程中提供开放式的访问接口和计算途径，为任务调度方案的评价提供数据支撑。

3.2.3　资源集

任务调度问题的本质是为任务分配资源。如何清晰地、系统地描述各类型资源，是任务调度问题建模与求解的重要环节。针对卫星任务调度问题四元组中的资源集 R，本节首先将其进一步分为平台集、载荷/设备集、窗口集和事件执行时机集等，即

$$R = \{P, Q, W, \mathrm{EO}\} \tag{3-4}$$

式中，P 为平台集；Q 为载荷/设备集；W 为窗口集；EO 为事件执行时机集。

下面，再次以"高景一号"任务调度问题为例，本节围绕如图 3.3 所示的资源集 R 的组成及相互关系示例，依次阐明平台集 P、载荷/设备集 Q、窗口集 W、事件执行时机集 EO 以及各元素的具体含义与内在关系。

3.2.3.1　平台集

平台（platform）集是平台类资源的合集，记为 P。在本书中，平台类资源指卫星和测站（含承担测站功能的中继卫星），是执行任务的主要载体。为方便后文建模，这里将平台集 P 进一步分为卫星集 S 和测站集 G，即

$$P = \{S, G\} \tag{3-5}$$

式中，S 为卫星集；G 为测站集。

进一步地，卫星集 S 和测站集 G 可分别由下式表示：

$$S = \{s_i | i = 1, 2, 3, \cdots\} \tag{3-6a}$$

$$G = \{g_i | i = 1, 2, 3, \cdots\} \tag{3-6b}$$

$$s_i = \{Q(s_i)\}, i \leqslant |S| \tag{3-7a}$$

$$g_i = \{G(s_i)\}, i \leqslant |G| \tag{3-7b}$$

式中，s_i 为第 i 颗卫星，i 为测站编号（$i = 1, 2, \cdots$）；g_i 为第 i 座测站，i 为测站编号（$i = 1, 2, \cdots$）；$Q(s_i)$ 为卫星 s_i 所搭载的载荷/设备集；$G(s_i)$ 为测站 g_i 所配备的载荷/设备集。

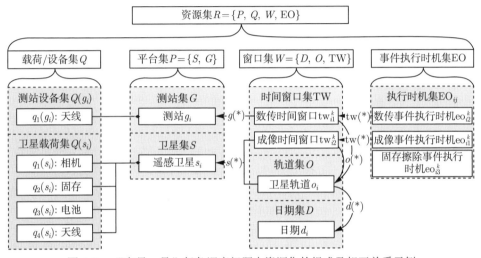

图 3.3　"高景一号"任务调度问题中资源集的组成及相互关系示例

例如，在图 3.3"高景一号"遥感卫星任务调度问题中，平台集就包含了遥感卫星和测站等。通常情况下，平台类资源是卫星任务调度问题中最顶层的资源，是涵盖其他各类资源、执行卫星任务的一类整体性资源。

3.2.3.2　载荷/设备集

载荷/设备（payload）集是载荷/设备类资源的合集，记为 Q。在本书中，载荷/设备类资源是指平台类资源搭载/配备的仪器、设施、分系统等，是平台类资源的重要组成部分，是执行任务的直接工具。卫星任务调度问题的载荷/设备集 Q，以及卫星 s_i、测站 g_i 各自的载荷/设备集 $Q(s_i)$、$Q(g_i)$ 可分别表示为

$$Q = \bigcup_{i \leqslant |S|} Q(s_i) + \bigcup_{i \leqslant |G|} Q(g_i) \tag{3-8a}$$

$$Q(s_i) = \{q_j(s_i) | j = 1, 2, 3, \cdots\}, i \leqslant |S| \tag{3-8b}$$

$$Q(g_i) = \{q_j(g_i) | j = 1, 2, 3, \cdots\}, i \leqslant |G| \tag{3-8c}$$

式中，$q_j(s_i)$ 为卫星 s_i 所搭载的第 j 个载荷，j 为载荷编号（从 1 开始）；$q_j(g_i)$ 为测站 g_i 所配备的第 j 个设备，j 为载荷编号（从 1 开始）。

例如，图 3.3 中"高景一号"卫星包含了相机、电池、固存和数传天线等四类载荷资源，分别承担着拍摄、供电、存储和数传等实际功能；测站包含了数传天线等设备资源，负责接收来自遥感卫星的数据。需要说明的是，卫星与测站还包含了众多其他的载荷或设备，如备用电池、备份固存、温度传感器等，但与任务调度问题无直接关系，在本书任务调度建模与求解过程中可不考虑。

3.2.3.3　窗口集

窗口（window）集是窗口类资源的合集，记为 W。在本书中，窗口类资源是指一个包含开始时间、结束时间、所属平台类资源或上级窗口等信息的一个实例化的时间区间，是卫星任务调度问题中的抽象资源之一。在卫星任务调度问题研究中，任务在时、空、频域上的时间窗口往往是建模与求解的出发点，但相关研究通常仅用开始、结束时间简单地描述一个时间窗口，简化了窗口与其他类型资源之间存在的内在联系，不利于复杂卫星任务调度问题的系统化建模。

对此，根据以天、轨道为时间单位的卫星管控实际情况，本节将窗口集 W 进一步分为了时间窗口集 TW、卫星轨道集 O 和日期集 D，即

$$W = \{D, O, \text{TW}\} \tag{3-9}$$

进一步地，日期集 D 可以表示为

$$D = \{d_i | i = 1, 2, 3, \cdots\} \tag{3-10}$$

式中，d_i 为卫星任务调度周期内的第 i 天（从 1 开始）。

可见，与仅涵盖一轨、一天的传统卫星任务调度研究相比，本书对调度周期的考虑更加全面，为实际卫星任务调度问题中以天、轨道为时间单位的相关约束建模与计算提供依据。

在此基础上，轨道集 O 可以表示为：

$$O = \{o_i | i = 1, 2, 3, \cdots\} \tag{3-11a}$$

$$o_i = \{b(o_i), e(o_i), d(o_i), s(o_i)\} \tag{3-11b}$$

式中，o_i 为第 i 条卫星轨道，i 为轨道圈号，$i = 1, 2, \cdots$；$b(o_i)$ 为轨道 o_i 的开始时间；$e(o_i)$ 为轨道 o_i 的结束时间；$d(o_i)$ 为轨道 o_i 所属的日期，$d(o_i) \in D$；$s(o_i)$ 为轨道 o_i 所属的卫星，$s(o_i) \in S$。

这里，轨道 o_i 包含了其开始时间 $b(o_i)$ 和结束时间 $e(o_i)$，后文也将使用 $b(*)$ 和 $e(*)$ 表示相关对象的开始时间和结束时间。此外，轨道 o_i 还包含了其所属的日期 $d(o_i)$，以及其所属的卫星 $s(o_i)$，体现了实例化建模的思想，提供了由轨道集 O 向日期集 D、卫星集 S 的访问渠道，为后续涉及不同层级、不同类型资源的约束与收益计算提供了重要途径。

进一步地，时间窗口集 TW 可以表示为

$$\mathrm{TW} = \bigcup_{i \leqslant |T|} \bigcup_{j \leqslant |E_i|} \mathrm{TW}_{ij} \tag{3-12a}$$

$$\mathrm{TW}_{ij} = \left\{ \mathrm{tw}_{ij}^k | k = 1, 2, 3, \cdots \right\}, i \leqslant |T|, j \leqslant |E_i| \tag{3-12b}$$

$$\mathrm{tw}_{ij}^k = \left\{ b(\mathrm{tw}_{ij}^k), e(\mathrm{tw}_{ij}^k), o(\mathrm{tw}_{ij}^k), g(\mathrm{tw}_{ij}^k) \right\}, i \leqslant |T|, j \leqslant |E_i|, k \leqslant |\mathrm{TW}_{ij}| \tag{3-12c}$$

式中，TW_{ij} 为事件 e_{ij} 的时间窗口集；tw_{ij}^k 为事件 e_{ij} 的第 k 个时间窗口，k 为窗口编号（从 1 开始）；$b(\mathrm{tw}_{ij}^k)$ 为时间窗口 tw_{ij}^k 的开始时间；$e(\mathrm{tw}_{ij}^k)$ 为时间窗口 tw_{ij}^k 的结束时间；$o(\mathrm{tw}_{ij}^k)$ 为时间窗口 tw_{ij}^k 所属的卫星轨道，$o(\mathrm{tw}_{ij}^k) \in O$；$g(\mathrm{tw}_{ij}^k)$ 为时间窗口 tw_{ij}^k 所属的测站（如有），$g(\mathrm{tw}_{ij}^k) \in G$。

以图 3.3"高景一号"任务调度问题为例，卫星每天绕地飞行 15 圈，即提供了 15 条卫星轨道（每轨约 96min）；其中部分轨道可见任务目标，为成像事件提供了时间窗口（数十秒至数百秒）。类似地，轨道、测站为数传事件提供了时间窗口（约数百秒）。由此，本节窗口类资源不仅包含了开始、结束时间等基本要素，还包含了所属卫星、测站以及上级窗口等实例化、层次化的信息，形成了由下层资源访问上层资源，即"由下而上"的数据渠道，体现了面向复杂问题的实例化建模思想，为卫星任务调度问题系统化的描述提供重要支撑。

3.2.3.4　事件执行时机集

尽管时间窗口反映了卫星事件可以被执行的机会，但在敏捷型遥感卫星、高轨卫星测控等卫星任务调度问题中，事件在其时间窗口内可被执行的机会不止一次，即事件可在时间窗口内"滑动"。因此，仅通过时间窗口还无法确定事件开始、结束的具体时间。对此，本节将时间窗口进一步离散、抽象为一系列的事件执行时机，作为决策事件开始、结束时间的直接依据。

定义 3.1 事件执行时机（event executable opportunity, EO）　卫星任务中的事件在其时间窗口内可以被执行的一次机会，简称执行时机。

以遥感卫星为例，根据卫星成像、数传事件的所需时间，以 1s 为精度（目前我国遥感卫星任务管控的最小精度通常为 1s），将成像、数传时间窗口进一步离散为一系列的事件执行时机,如图 3.4 所示。可见,事件执行时机既包含了事件开始、结束的具体时间,也包含了所属的时间窗口,可以更加直观、精准地反映事件被执行的实际情况,是卫星任务调度问题中亟待调度的最底层、最直接的资源。

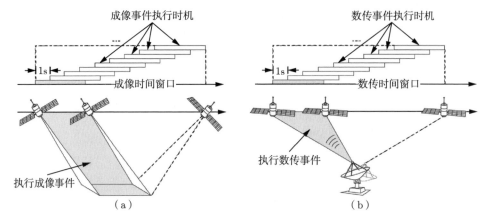

图 3.4   "高景一号"任务调度问题中任务集的组成及相互关系示例

(a) 成像事件;(b) 数传事件

鉴于此,事件执行时机的集合称为事件执行时机集,记为 EO,其表达式如下:

$$\mathrm{EO} = \bigcup_{i \leqslant |T|} \bigcup_{j \leqslant |E_i|} \mathrm{EO}_{ij} \tag{3-13a}$$

$$\mathrm{EO}_{ij} = \left\{ \mathrm{eo}_{ij}^k | k = 1, 2, 3, \cdots \right\}, i \leqslant |T|, j \leqslant |E_i| \tag{3-13b}$$

$$\mathrm{eo}_{ij}^k = \left\{ b(\mathrm{eo}_{ij}^k), \mathrm{tw}(\mathrm{eo}_{ij}^k), A(\mathrm{eo}_{ij}^k) \right\}, i \leqslant |T|, j \leqslant |E_i|, k \leqslant |\mathrm{EO}_{ij}| \tag{3-13c}$$

式中,EO_{ij} 为事件 e_{ij} 的执行时机集;eo_{ij}^k 为事件 e_{ij} 的第 k 个执行时机,k 为执行时机编号(从 1 开始);$b(\mathrm{eo}_{ij}^k)$ 为执行时机 eo_{ij}^k 的开始时间;$\mathrm{tw}(\mathrm{eo}_{ij}^k)$ 为执行时机 eo_{ij}^k 所属的时间窗口,$\mathrm{tw}(\mathrm{eo}_{ij}^k) \in \mathrm{TW}_{ij}$;$A(\mathrm{eo}_{ij}^k)$ 为执行时机 eo_{ij}^k 所对应的卫星姿态或测站天线的欧拉角 $\{\theta, \phi, \psi\}$。

以图 3.3"高景一号"卫星任务调度问题为例,本节系统地、层次化地描述了卫星任务调度问题中各层、各类资源。值得注意的是,图 3.3 还给出了资源之间存在的联系,建立了由底层资源(事件执行时机)访问顶层资源(平台与载荷)的数据通道。这里,通过式(3-14a)和式(3-14b)作进一步说明:

$$\mathrm{eo}_{i1}^k \xrightarrow{\mathrm{tw}(*)} \mathrm{tw}_{i1}^k \xrightarrow{o(*)} o_i \xrightarrow{s(*)} s_i \longrightarrow Q(s_i) \tag{3-14a}$$

$$\mathrm{eo}_{i2}^k \xrightarrow{\mathrm{tw}(*)} \mathrm{tw}_{i2}^k \xrightarrow{g(*)} g_i \longrightarrow Q(g_i) \tag{3-14b}$$

在式（3-14a）中，针对成像事件执行时机 eo_{i1}^k，通过其所属时间窗口即可访问时间窗口集 TW 中相应的时间窗口 tw_{i1}^k；基于时间窗口 tw_{i1}^k，通过其所属卫星轨道即可访问轨道集 O 中相应的轨道 o_i；基于轨道 o_i，通过其所属卫星即可访问卫星集 S 中相应的卫星 s_i；最后，基于卫星 s_i，可访问其所搭载的载荷集 $Q(s_i)$。这里，i 表示仅代表各资源编号，并不相等。

类似地，在式（3-14b）中，针对数传事件执行时机 eo_{i2}^k，通过其所属时间窗口即可访问时间窗口集 TW 中相应的时间窗口 tw_{i2}^k；基于时间窗口 tw_{i2}^k，通过其所属测站即可访问测站集 G 中相应的测站 g_i；最后，基于测站 g_i，可访问其所搭载的载荷集 $Q(g_i)$。

由此可见，本节系统地、层次化地描述了卫星任务调度问题四元组中的资源集，梳理了资源集中各元组、元素之间的内在联系，建立了"自下而上"的数据通道，充分还原了卫星任务调度问题中资源的复杂性、多样性，为卫星任务调度问题建模提供了客观依据。同时，本节内容充分体现了实例化的、面向对象（C++、Java 等）的思路，与数据管理与程序设计环节契合度高，为基于本书研究成果的卫星任务调度系统的设计提供了参考依据。

3.2.4 评分集

在组合优化问题中，约束条件与收益函数是评价一个解的质量的重要依据。在优化过程中，约束条件通常拥有更高的优先级，即优先满足约束条件，然后再尽可能地优化收益函数。由此，收益函数可视为一种具有较低优先级的约束条件；反之，约束条件也可视为一种具有较高优先级的收益函数。在一些相关研究中，约束条件还有硬约束、软约束之分，反映了不同优先程度的约束或收益需求。

鉴于此，针对卫星任务调度问题四元组中的评分集 F，本节将其进一步地分为约束条件集、收益函数和软约束条件集等，即

$$F = \left\{ F^{\mathrm{H}}, f, F^{\mathrm{S}} \right\} \tag{3-15}$$

式中，F^{H} 为约束条件集；f 为收益函数；F^{S} 为软约束条件集。

3.2.4.1 约束条件集

约束条件集是约束条件，即硬约束条件的集合，记为 F^{H}，可以通过下式进行表示：

$$F^{\mathrm{H}} = \left\{ f_i^{\mathrm{H}} \mid i = 1, 2, 3, \cdots \right\} \tag{3-16a}$$

$$F^{\mathrm{H}}(X) = \sum_{i=1}^{|F^{\mathrm{H}}|} f_i^{\mathrm{H}}(X) \tag{3-16b}$$

式中，f_i^{H} 为第 i 项约束条件，i 为约束编号（从 1 开始）；X 为决策矩阵；$f_i^{\mathrm{H}}(X)$ 为基于决策矩阵 X 计算的当前调度方案违反约束条件 f_i^{H} 的数值（$\leqslant 0$），简称约束值；$F^{\mathrm{H}}(X)$ 为基于决策矩阵 X 计算的当前调度方案违反约束条件的总数值（$\leqslant 0$），称为当前调度方案的约束值。

以遥感卫星任务调度某约束条件 f_i^{H} 为例，该约束条件要求卫星单轨执行成像事件的总次数为 10 次，若当前卫星任务调度方案中存在卫星某轨执行了 12 次成像事件，则约束值 $f_i^{\mathrm{H}}(X) = -2$。若当前方案未违反任何约束条件，则约束值 $F^{\mathrm{H}}(X) = 0$，该方案为可行方案。

3.2.4.2　收益函数

收益函数即卫星任务调度问题的优化目标函数，记为 f；基于决策矩阵 X 计算的当前调度方案收益函数值记为 $f(X)$，简称收益值。常见的卫星任务调度问题收益函数包括调度成功的任务数量、时长、优先级等，以及上述指标的加权值等。

需要说明的是，本书涉及的所有优化问题均为单目标优化目标，即只有一个目标函数。本书不讨论多目标优化的原因主要为：①需求方面，卫星管控部门根本上只需要并最终执行一个卫星任务调度方案，而非涉及多目标的帕累托（Pareto）方案集，故本书根据实际管控需求研究单目标的建模与求解技术；②算法方面，以进化算法为主的多目标优化算法时间复杂性较高、约束优化效率较低，在复杂的卫星任务调度约束背景下，难以满足管控部门对优化质量、效率的双重需要。

3.2.4.3　软约束条件集

与约束条件集类似，软约束条件集是软约束的集合，记为 F^{S}，其表达式如下：

$$F^{\mathrm{S}} = \left\{ f_i^{\mathrm{S}} \mid i = 1, 2, 3, \cdots \right\} \tag{3-17a}$$

$$F^{\mathrm{S}}(X) = \sum_{i=1}^{|F^{\mathrm{S}}|} f_i^{\mathrm{S}}(X) \tag{3-17b}$$

式中，f_i^{S} 为第 i 条软约束条件，i 为软约束编号（从 1 开始）；$f_i^{\mathrm{S}}(X)$ 为基于决策矩阵 X 计算的当前调度方案违反软约束条件 $f_i^{\mathrm{S}}(X)$ 的数值（$\leqslant 0$），简称软约束值；$F^{\mathrm{S}}(X)$ 为基于决策矩阵 X 计算的当前调度方案违反软约束条件的总数值（$\leqslant 0$），称为当前调度方案的软约束值。

软约束条件通常用于表示软约束要求、次要收益或其他辅助算法优化的指标。在组合优化的过程中，软约束条件虽然不会直接改变约束值或收益值，但可以一定程度地引导算法搜索的方向，进而起到间接消解约束、优化收益的作用。例如，在"高景一号"任务调度问题中，管控部门希望缩短卫星成像数据在星载固存中的存储时间，尽可能满足"早成像、早下传"这一业务习惯。在该软约束条件的影响下，固存相关约束条件的违反概率将被降低，算法优化的效率将得到提升。

3.2.4.4　比较方法

基于上述约束值 $F^{\mathrm{H}}(X)$、收益值 $f(X)$ 和软约束值 $F^{\mathrm{S}}(X)$，定义 $F(X)$ 为评分值，作为本书卫星任务调度方案（解）的评价依据，其表达式如下：

$$F(X) = \left\{ F^{\mathrm{H}}(X), f(X), F^{\mathrm{S}}(X) \right\} \tag{3-18}$$

给定两个卫星任务调度方案，其决策矩阵分别为 X_1 和 X_2，在比较这两个方案评分值 $F(X_1)$ 和 $F(X_2)$ 大小的过程中，约束值具有最高的优先级，收益值次之，软约束值优先级最低。这里，约定本书卫星任务调度问题均为最大化问题，故评分值 $F(X_1)$ 和 $F(X_2)$ 的比较方法见算法 3.1。

算法 3.1　　评分值大小比较方法

Input: 评分值 $F(X_1)$ 和 $F(X_2)$

Output: $F(X_1) > F(X_2)$ 或 $F(X_1) = F(X_2)$ 或 $F(X_1) < F(X_2)$

1 **if** $F^{\mathrm{H}}(X_1) > F^{\mathrm{H}}(X_2)$ **then**
2 　｜ return $F(X_1) > F(X_2)$
3 **else if** $F^{\mathrm{H}}(X_1) = F^{\mathrm{H}}(X_2)$ & $f(X_1) > f(X_2)$ **then**
4 　｜ return $F(X_1) > F(X_2)$
5 **else if** $F^{\mathrm{H}}(X_1) = F^{\mathrm{H}}(X_2)$ & $f(X_1) = f(X_2)$ & $F^{\mathrm{S}}(X_1) > F^{\mathrm{S}}(X_2)$ **then**
6 　｜ return $F(X_1) > F(X_2)$
7 **else if** $F^{\mathrm{H}}(X_1) = F^{\mathrm{H}}(X_2)$ & $f(X_1) = f(X_2)$ & $F^{\mathrm{S}}(X_1) = F^{\mathrm{S}}(X_2)$ **then**
8 　｜ return $F(X_1) = F(X_2)$
9 **else**
10 　｜ return $F(X_1) < F(X_2)$
11 **end**

综上所述，针对卫星任务调度建模系统性、真实性和完整性的需求，本节通过一个包含任务集、资源集、评分集和决策矩阵的四元组，层次化、精细化地描述了卫星任务调度问题。特别地，针对资源的复杂性、多样性，阐明了"事件执行时机"是卫星任务调度问题中最底层、最直接的资源，理清了"自下而上"的资源关系，为后续决策、约束与收益建模提供了客观依据。另一方面，本节传达了实例化的、面向对象（C++、Java 等）的建模思想，为基于本书研究成果的卫星任务调度数据管理与系统设计提供参考依据。

3.3 卫星任务调度通用 0-1 混合整数决策模型

针对卫星任务调度问题四元组中的决策矩阵，基于前文任务集、资源集的描述，本节通过一个 0-1 混合整数决策变量，创造性地阐释了"任务集—资源集"之间，即"卫星事件—事件执行时机"之间存在的决策关系。在此基础上，构建了卫星任务调度通用 0-1 混合整数决策模型，给出了遥感卫星、中继通信卫星、导航卫星和卫星测控等任务调度问题决策模型的具体示例，为各类卫星任务调度问题提供了一种新的、通用决策模型，为后续通用约束、收益建模和算法设计提供了重要基础，为本书松耦合的卫星任务调度引擎框架提供了"关键耦合点"。

3.3.1 决策变量与决策矩阵

基于任务集 T 与资源集 R，本节首先通过一个 0-1 整数变量阐明二者之间存在的组合优化关系，即决策关系；进一步地，构造 0-1 混合整数决策变量与决策矩阵，建立通用的 0-1 混合整数决策模型。

3.3.1.1 决策关系

针对任务集 T 中的任务 t_i，有多个需要被执行的事件，而每个事件 e_{ij} 可于其执行时机集 $\mathrm{EO}_{ij}(\mathrm{EO}_{ij} \subseteq R)$ 中任意一个执行时机 eo_{ij}^k 被执行（尚不考虑约束条件），如图 3.5 所示。由此，本节首先通过一个 0-1 整数变量 x_{ij}^k 描述这一关系，其表达式如下：

$$x_{ij}^k = \begin{cases} 1, & \text{若事件}e_{ij}\text{于执行时机}\mathrm{eo}_{ij}^k\text{被执行} \\ 0, & \text{其他} \end{cases}, \quad \forall i \leqslant |T|, j \leqslant |E_i|, k \leqslant |\mathrm{EO}_{ij}|$$

$$(3\text{-}19)$$

式中，T 为任务集；E_i 为第 i 个任务的事件集；e_{ij} 为第 i 个任务的第 j 个事件；EO_{ij} 为事件 e_{ij} 的执行时机集；eo_{ij}^k 为执行时机集 EO_{ij} 中第 k 个执行时机。

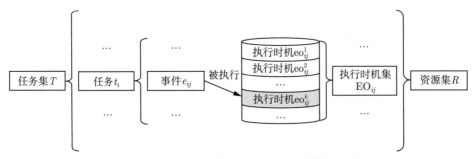

图 3.5　卫星任务调度问题中任务集与资源集存在的关系

变量 x_{ij}^k 反映了事件 e_{ij} 与其某个执行时机 eo_{ij}^k 之间存在的组合优化关系，即决策关系。同时，在卫星任务调度问题中，由于事件 e_{ij} 至多只能被执行一次，故变量 x_{ij}^k 还需满足式（3-20）描述的内在条件，即

$$\sum_{i=1}^{|\mathrm{EO}_{ij}|} x_{ij}^k \leqslant 1, \forall i \leqslant |T|, j \leqslant |E_i| \tag{3-20}$$

3.3.1.2　0-1 混合整数决策变量

在上述决策关系及 0-1 整数变量 x_{ij}^k 的基础上，为进一步统一变量值域、简化形式、便于算法构造邻域，本节对其进行标准化处理，转化为一个新的 0-1 混合整数变量 $x_{ij}(0 \leqslant x_{ij} \leqslant 1)$，作为本书卫星任务调度问题的决策变量，其表达式如式（3-21）所示。该决策变量自然地满足式（3-20）的内在条件。

$$x_{ij} = \begin{cases} \dfrac{k}{|\mathrm{EO}_{ij}|}, & \text{若事件} e_{ij} \text{于执行时机} \mathrm{eo}_{ij}^k \text{被执行} \\ 0, & \text{若事件} e_{ij} \text{不被执行} \end{cases}, \quad \forall i \leqslant |T|, j \leqslant |E_i| \tag{3-21}$$

式中，由于执行时机编号 k 得由 1 算起，即 $1 \leqslant k \leqslant \mathrm{EO}_{ij}$，本书约定当事件 e_{ij} 不被执行时 $x_{ij} = 0$，故决策变量 x_{ij} 的值域可被成功标准化为 $[0, 1]$。反之，执行时机编号 k 也可由决策变量 x_{ij} 推算，其表达式如下：

$$k = \lceil x_{ij} \cdot |\mathrm{EO}_{ij}| \rceil, \forall i \leqslant |T|, j \leqslant |E_i|, 0 < x_{ij} \leqslant 1 \tag{3-22}$$

式中，$\lceil \cdot \rceil$ 表示向上取整。由此，卫星任务调度问题中任务集 T 与资源集 R 之间，即事件 e_{ij} 与事件执行时机 eo_{ij}^k 之间存在的决策关系可以更加直观地表示为

$$e_{ij} \xrightarrow{k = \lceil x_{ij} \cdot |\mathrm{EO}_{ij}| \rceil} \mathrm{eo}_{ij}^k, 0 < x_{ij} \leqslant 1 \tag{3-23}$$

3.3.1.3　决策矩阵

在此基础上，卫星任务调度问题的决策矩阵 X 可由式（3-24）表示。作为卫星任务调度问题四元组之一，决策矩阵 X 即可决定一个卫星任务调度方案。

$$X = (x_{ij}) = \begin{pmatrix} x_{11} & x_{12} & \cdots & x_{1|E_1|} \\ x_{21} & x_{22} & \cdots & x_{2|E_1|} \\ \vdots & \vdots & & \vdots \\ x_{|T|1} & x_{|T|2} & \cdots & x_{|T||E_{|T|}|} \end{pmatrix} \tag{3-24}$$

由以上卫星任务调度问题描述和 0-1 混合整数决策模型可知，任务集 T 包含 $|T|$ 个任务，其中任务 t_i 包含 $|E_i|$ 个事件，各事件 e_{ij} 又对应了 $|\text{EO}_{ij}|$ 个事件执行时机。换而言之，决策矩阵 X 中各决策变量 x_{ij} 有 $|\text{EO}_{ij}|$ 个取值的可能。基于此，各决策变量可能出现的取值组合的总数为

$$\prod_{i=1}^{|T|}\prod_{j=1}^{|E_i|}|\text{EO}_{ij}| \tag{3-25}$$

上式即卫星任务调度问题的解空间规模，其中 $|T|$ 为任务规模，$|E_i|$ 和 $|\text{EO}_{ij}|$ 均为有限的常数。对此，若采用暴力搜索的方式求解卫星任务调度问题，时间复杂度为 $O(2n)$，是指数级时间的。

另一方面，虽然式 (3-25) 中事件执行时机的数量 $|\text{EO}_{ij}|$ 不受任务规模影响，但随卫星任务调度问题中资源数量的增加或时间窗口的扩大，$|\text{EO}_{ij}|$ 也将激增，其对解空间规模的影响甚至将超过任务规模。由此，基于本章方法将时间窗口离散为事件执行时机的过程中，选择合适的离散精度，进行适当的筛选、合并等预处理工作，也是降低解空间规模、保障模型有效性的必要手段。

综上，本节构造了卫星任务调度 0-1 混合整数决策变量与决策矩阵，建立了卫星任务调度通用 0-1 混合整数决策模型。该模型形式简洁、便于理解，统一了决策变量的形式和值域，自然地为后文约束、收益建模提供了通用的数据接口，体现了本书通用化、松耦合的建模思想，也为后续算法邻域设计提供了便利。

3.3.1.4　决策模型示例

为进一步说明上述通用 0-1 混合整数决策模型，直观呈现不同卫星任务调度问题中具体的决策关系，本节分别以遥感卫星、中继通信卫星、导航卫星和卫星测控等卫星任务调度问题为例，给出了相应的 0-1 混合整数决策模型示例，如表 3.1 和图 3.6 所示。

（1）遥感卫星任务

针对遥感卫星任务 t_i 及其成像事件 e_{i1}、数传事件 e_{i2} 和固存擦除事件 e_{i3}，表 3.1 将决策变量表示为 x_{i1}, x_{i2} 和 x_{i3}。根据决策变量表达式（3-21）及式（3-22），该遥感卫星任务 t_i 的成像事件 e_{i1}、数传事件 e_{i2} 和固存擦除事件 e_{i3} 将分别于执行时机 eo_{i1}^k，eo_{i2}^k 和 eo_{i3}^k 被执行，如图 3.6 (a) 所示。可见，上述决策变量直观、清晰地描述了遥感卫星任务调度问题中的决策关系，体现了任务调度问题中组合优化的特点。

表 3.1 卫星任务调度引擎功能需求与框架设计思路

任务 t_i	事件 e_{ij}	决策变量 x_{ij}	实际含义
遥感卫星任务 t_i	成像事件 e_{i1}	x_{i1}	该事件于执行时机 eo_{i1}^k 被执行
	数传事件 e_{i2}	x_{i2}	该事件于执行时机 eo_{i2}^k 被执行
	固存擦除事件 e_{i3}	x_{i3}	该事件于执行时机 eo_{i3}^k 被执行
中继通信卫星任务 t_i	数传事件 e_{i1}	x_{i1}	该事件于执行时机 eo_{i1}^k 被执行
	固存擦除事件 e_{i2}	x_{i2}	该事件于执行时机 eo_{i2}^k 被执行
	数传事件 e_{i1}	x_{i1}	该事件于执行时机 eo_{i1}^k 被执行
导航卫星任务 t_i	数传事件 e_{i2}	x_{i2}	该事件于执行时机 eo_{i2}^k 被执行
	$\vdots$	$\vdots$	$\vdots$
	数传事件 e_{i30}	x_{i30}	该事件于执行时机 eo_{i30}^k 被执行
卫星测控任务 t_i	数传事件 e_{i1}	x_{i1}	该事件于执行时机 eo_{i1}^k 被执行

注: 根据式 (3-22), 表中执行时机编号 $k = \lceil x_{ij} \cdot |EO_{ij}| \rceil$。

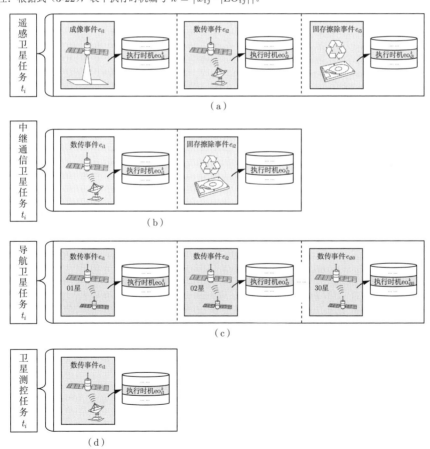

图 3.6 各类卫星任务调度问题中事件与执行时机的决策关系图例

(a) 遥感卫星任务; (b) 中继通信卫星任务; (c) 导航卫星任务; (d) 卫星测控任务

（2）中继通信卫星任务

类似地，针对中继通信卫星任务 t_i 及其数传事件 e_{i1} 和固存擦除事件 e_{i2}，表 3.1 将决策变量表示为 x_{i1} 和 x_{i2}。根据决策变量表达式，中继通信卫星任务 t_i 的数传事件 e_{i1} 和固存擦除事件 e_{i2} 将分别于执行时机 eo_{i1}^k 和 eo_{i2}^k 被执行，如图 3.6 (b) 所示。

（3）导航卫星任务

根据 2.1 节的问题界定，导航卫星任务 t_i 表示"构建第 i 个导航时隙内的星间链路网络"，其数传事件 e_{ij} 表示"第 j 颗卫星与其他卫星建立星间链路"。面对我国"北斗三号"导航系统中的 30 颗导航卫星，表 3.1 将决策变量表示为 $x_{i1} \sim x_{i30}$。根据决策变量表达式，导航卫星任务 t_i 的数传事件 $e_{i1} \sim e_{i30}$ 将分别于执行时机 $\mathrm{eo}_{i1}^k \sim \mathrm{eo}_{i30}^k$ 被执行，如图 3.6 (c) 所示。

（4）卫星测控任务

最后，针对卫星测控任务 t_i 及其数传事件 e_{i1}，表 3.1 将决策变量表示为 x_{i1}，表明卫星测控任务 t_i 于执行时机 eo_{i1}^k 被执行，如图 3.6(d) 所示。

可见，本节通用 0-1 混合整数决策模型可以直观、清晰地描述不同卫星任务调度问题中的决策关系，反映了任务调度问题中组合优化的本质特点，满足卫星任务调度建模的实际需要。同时可以发现，在不同卫星任务调度问题的决策模型中，遥感卫星任务涉及事件最多（成像、数传和固存擦除），一定程度上增加了问题的复杂性；卫星测控任务涉及事件最少（仅数传事件），故与其他卫星任务调度问题相比，测控任务调度问题的求解难度一般较低。

3.3.2　优势分析

与传统卫星任务调度问题相关研究相比，本节所构建的决策模型主要有以下两个方面的优点：

（1）更加客观地阐释了决策关系，避免了主观的编、解码环节，传达了本书"立足实际、面向应用"的基本原则。以遥感卫星任务调度问题为例，一方面，传统研究中通常仅决策卫星成像事件，很少考虑数传事件或固存擦除事件，无法真实、客观地反映实际问题中的决策关系，与实际"脱轨"。另一方面，如绪论中所述，针对敏捷遥感卫星任务调度问题，传统研究通常根据"成像质量优先""成像时间优先"等主观原则决策时间窗口内成像事件具体的开始时间，产生了一种主观的、计算成本可能较高的编、解码环节，一定程度上也影响了决策关系的客观性。在精细化问题描述的基础上，本节决策模型真实、客观地阐释了实际卫星任务调度问题中的决策关系。特别地，模型中通过事件—事件决策时机的决策关系直接决策了事件的开始时间，避免了主观的编、解码环节，为卫星任务调度决策关系的客观描述提供了一条新思路。

（2）更加通用地构建了决策模型，涵盖了四类主要的卫星任务调度问题，形成了一套统一的决策体系，体现了本书通用化、松耦合的建模思想。本节决策模型适用于遥感卫星、中继通信卫星、导航卫星和卫星测控等四类主要卫星任务调度问题。相比于传统各类卫星任务调度问题研究中独立的决策模型，本节模型的通用性、可拓展性更强，适用范围更广，更加符合当前卫星系统一体化管控要求，更有利于突破"一星一系统"的管控壁垒、推进卫星系统一体化发展进程。同时，在模型表示方面，本节将决策变量的值域标准化为 $[0, 1]$，统一地构造了通用 0-1 混合整数决策矩阵，自然地为后文约束、收益建模提供了通用的数据接口，也为后续算法邻域设计提供了便利，为本书"模型—常规算法—应急算法"和"决策—约束—收益"松耦合的卫星任务调度引擎框架提供了"关键耦合点"。

综上所述，本节面向遥感卫星、中继通信卫星、导航卫星和卫星测控等四类主要的卫星任务调度问题，阐释了"任务集—资源集"之间，即"卫星事件—事件执行时机"之间存在的决策关系，构建了卫星任务调度通用 0-1 混合整数决策模型，为各类卫星任务调度问题提供了一种新的、通用决策模型，为后续通用约束、收益建模和算法设计提供了重要基础，为本书松耦合的卫星任务调度引擎框架提供了"关键耦合点"。

3.4　卫星任务调度约束模型与约束网络

针对卫星管控过程中约束建模、管理的实际需要，在前文通用 0-1 混合整数决策模型的基础上，本节首先分析了卫星任务调度问题中资源可用性、逻辑性、资源能力和资源保护等四类常见的约束条件。其次，通过约束对象、约束阈值和约束关系格式化地描述了卫星任务调度约束条件，设计了通用的约束模板，给出了详细示例及数学模型。在此基础上，阐明了上述约束条件中形成的约束网络，并进一步设计了基于约束网络的约束值计算方法，为卫星任务调度方案提供了通用的约束评价依据和高效的约束值计算方法，为约束模型的实际应用与柔性拓展提供方法支撑，同时也为卫星管控部门提供缺省的、便捷的约束建模手段。

3.4.1　约束分析与分类

卫星任务调度问题存在众多复杂的约束，例如在"高景一号"任务调度问题中，约束条件多达 100 余项。实际上，这些约束条件往往有着不同的形成原因，有些看似不合理、不规律的约束条件也有其内在的逻辑。因此，对约束条件及其成因进行合理的分析、分类，有助于系统地建立卫星任务调度问题约束模型，掌握卫星任务调度问题的约束体系。

实践表明，卫星任务调度问题中约束条件的主要成因有：①确保卫星、测站等资源处于可见、可用状态；②确保卫星、测站等执行任务过程中的逻辑合理性；③反映卫星、测站等执行任务的实际能力；④保护卫星及其载荷，延长卫星及其载荷的使用寿命。鉴于此，本节将现阶段卫星任务调度问题中的主要约束条件分为以下四类：

（1）资源可用性约束

此类约束主要用于确保卫星、测站等资源处于可见、可用状态。根据定义 3.1，事件执行时机是卫星事件在其时间窗口内可以被执行的一次机会。故在卫星任务调度问题中，只有可见、可用的资源能为事件提供执行时机，事件才有可能被执行。换而言之，此类约束是卫星任务调度问题建模过程中事件执行时机产生、筛选的条件。针对任意一个卫星事件，其执行时机集内的执行时机均应满足此类约束，未满足约束的执行时机均应剔除。也正因如此，此类约束是卫星任务调度问题中唯一一类可被预处理的约束。在此类约束中，最为典型的是可见时间窗口约束。例如，遥感卫星任务的成像事件只能在"目标—卫星"的可见时间窗口内执行，数传事件只能在"卫星—测站"可见时间窗口内执行；导航卫星、中继通信卫星和卫星测控等任务中的事件也均需满足相应的可见时间窗口约束。

（2）逻辑性约束

此类约束主要用于保证任务执行过程中的逻辑合理性。在任务调度的过程中，任何调度方案都应遵循基本的事实逻辑和卫星管控的业务流程。因此，此类约束是卫星任务调度方案可行性评价的首要依据。例如，遥感卫星只有先拍摄任务目标，才能将获取的目标图像数据下传至测站，故同一任务的数传事件必须晚于成像事件；否则，则违反了基本的事实逻辑。

（3）资源能力约束

在卫星任务调度问题中，资源的能力通常是有限的。因此，资源能力约束反映了资源执行任务的能力，是限制任务调度上限的"卡脖子"约束。在此类约束下，如何最大化资源的利用率、最大限度地发挥资源能力，是各类组合优化问题研究中共同的主题。在卫星任务调度问题中，资源能力约束的范畴更为广泛。例如，在遥感卫星任务调度问题中，资源能力约束不仅涉及卫星的电池、固存容量，还涉及其连续执行成像、数传事件之间的转换时间约束（含姿态转换、工作模式切换、载荷开关机等）。例如，在"高景一号"卫星任务调度问题中，资源能力约束多达 50 余项，通过后文的约束模板将其归纳、整理为 3 项约束条件。由此，在卫星领域知识和组合优化问题特点的基础上，对资源能力约束进行一定的整理与分类，也是卫星任务调度问题约束建模的必要环节。

（4）资源保护约束

此类约束主要用于保护卫星及其载荷、延长卫星的使用寿命。由于卫星在轨服务周期长、故障维修难度与成本大，出于对卫星及其载荷的保护，管控部门通常会设置一些保守性的约束，避免卫星长期处于极限使用状态。例如，在遥感卫星任务调度问题中，通常会约束卫星单轨、单日执行成像、数传事件的最大次数、时间等，以防止卫星相机、天线等载荷工作时间过长、频率过高而影响使用寿命。值得注意的是，资源保护约束也可理解为一种人为设置的资源能力约束，客观上也反映了对资源执行任务能力的限制。由此，在卫星任务调度约束建模过程中，可将此类约束纳入资源能力约束的范畴。同时，正由于此类约束是人为设置的，随着时间的推移或突发情况的出现，此类约束通常也是弹性、可变的。例如，在卫星任务规模激增、时间要求紧迫的情况下，卫星单轨执行任务的次数、时间等相关约束可能会被适当松弛。换言之，在长期管控过程中，卫星任务调度问题的约束条件并非一成不变，如何搭建一个开放的、灵活的约束环境也是约束条件建模的重要内容。

除上述四类约束以外，卫星任务调度问题中可能还存在一些其他的约束条件，主要用于满足卫星管控（或使用）部门的个性化需求。一方面，部分个性化约束可纳入以上四种约束的范畴，例如，将任务执行的特殊时间、特殊资源、特殊角度等需求视为一种资源可用性约束；将任务执行的特殊顺序需求视为一种逻辑性约束等。另一方面，针对其他无法通过以上四类约束表示的专门的、奇怪的个性化约束，只能建立专门的约束条件模型。

基于上述约束分析与分类，下面将设计一套通用的卫星任务调度约束模板，给出以上四类约束条件的具体示例和数学模型，为相关约束模型的构建与柔性拓展提供方法支撑，也为管控部门提供缺省的、便捷的约束建模途径。

3.4.2 约束模板与示例

3.4.2.1 模板组成

约束模板有助于规范、直观地描述卫星任务调度问题中复杂多样的约束条件，通用、便捷地构建约束条件模型，灵活地配置约束参数，提升约束模型的可拓展性。对此，围绕前文约束分析与分类，本节将卫星任务调度问题中的约束条件模板化地分为约束对象、约束阈值和约束关系，三者定义如下：

定义 3.2 约束对象（constrained object）　在约束条件中，被约束的实例化对象或函数化指标称为约束对象。

定义 3.3 约束阈值（constraint threshold）　约束对象恰好满足约束条件时的值称为约束阈值。

定义 3.4 约束关系（constraint relationship）　在约束条件中，约束对象与约束阈值需满足的对象匹配关系或指标大小关系称为约束关系。

基于此，在卫星任务调度问题约束条件集 F^{H} 中，任意约束条件 f_i^{H} 可以模板化地表示为

$$f_i^{\mathrm{H}} = \{c_i^{\mathrm{H}}, y_i^{\mathrm{H}}, \omega_i^{\mathrm{H}}\}, i \leqslant |F^{\mathrm{H}}| \tag{3-26}$$

式中，c_i^{H} 为约束条件 f_i^{H} 的约束对象；y_i^{H} 为约束条件 f_i^{H} 的约束阈值；ω_i^{H} 为约束条件 f_i^{H} 的约束关系。

基于上述约束模板，以及前文约束分析与分类，本节以"高景一号"遥感卫星任务调度问题约束条件为例，分别给出了资源可用性、逻辑性、资源能力和资源保护等 4 大类、12 小类约束条件的示例及说明，如表 3.2 所示，并于后文进一步给出了各约束条件的数学模型。

3.4.2.2　资源可用性约束示例

表 3.2 所列资源可用性约束可由式 (3-27) 表示：

$$0 \leqslant x_{ij} \leqslant 1, \forall i \leqslant |T|, j \leqslant |E_i| \tag{3-27}$$

式中，x_{ij} 为关于第 i 个任务的第 j 个事件的决策变量，$x_{ij} \in X$。

该约束条件限制了决策变量 x_{ij} 的取值范围；换而言之，事件被执行的执行时机必须属于该事件的执行时机集。该约束与决策变量定义式（3-21）和式（3-22）是一致的。需要说明的是，决策变量 $x_{ij} = 0$ 时表明相应的事件不被执行，后文约束、收益模型将均不考虑决策变量 $x_{ij} = 0$ 的情况。

3.4.2.3　逻辑性约束示例

表 3.2 所列的 3 条逻辑性约束分别由式 (3-28)～ 式 (3-30) 表示：

$$e(e_{ij}) \leqslant b(e_{i'j'}), 若 \mathrm{Seq}(e_{ij}) > \mathrm{Seq}(e_{i'j'}), \forall i, i' \leqslant |T|, j \leqslant |E_i|, j' \leqslant |E_{i'}| \tag{3-28}$$

$$s(e_{i1}) = s(e_{i2}), \forall i \leqslant |T| \tag{3-29}$$

$$b(e_{i2}) < b(e_{i'3}), 若 b(e_{i1}) \leqslant b(e_{i'3}) \text{ 和 } s(e_{i1}) = s(e_{i'1}), \forall i, i' \leqslant |T| \tag{3-30}$$

表 3.2　基于约束模板的"高景一号"遥感卫星任务调度约束条件示例及说明

序号	类型	子类	约束对象	约束条件		公式
				约束关系	约束阈值	
1	一般性	资源可用性约束	任务事件被执行的执行时机	属于	该任务事件的可执行时机集	(3-27)
2	逻辑性	事件顺序约束	任务事件的结束时间	小于等于	执行该事件预定顺序之后的某一事件的开始时间	(3-28)
3		数据连贯性约束	执行某一任务成像事件的卫星	等于	执行该任务数传事件的卫星	(3-29)
4		固存擦除约束	处于卫星任意固存擦除事件之前的成像事件,其所属任务的数传事件结束时间	小于等于	固存擦除事件的开始时间	(3-30)
5	资源能力	固存容量约束	处于卫星两次固存擦除事件之间的成像事件,其所产生的数据总量	小于等于	该卫星的固存阈值	(3-31)
6		电量消耗约束	卫星单轨执行事件所消耗的总电量	小于等于	该卫星的电量阈值	(3-32)
7		执行事件转换时间约束	卫星或测控站执行的两个事件间隔时间	小于等于	该卫星或测控站执行两事件所需的转换时间	(3-33)
8	资源保护	载荷单轨执行次数、时间	卫星载荷单轨执行事件的总次数、时间	小于等于	卫星载荷单轨执行事件的最大次数、时间	(3-34)
9		载荷单日执行次数、时间	卫星载荷单日执行事件的总次数、时间	小于等于	卫星载荷单日执行事件的最大次数、时间	(3-35)

续表

序号	类型	子类	约束条件			公式
			约束对象	约束关系	约束阈值	
10	资源保护	卫星单轨机动次数、时间	卫星平台单轨机动的总次数、时间	小于等于	卫星平台单轨机动的最大次数、时间	(3-36)
11		卫星单日机动次数、时间	卫星平台单日机动的总次数、时间	小于等于	卫星平台单日机动的最大次数、时间	(3-37)
12		卫星连续机动次数、时间	卫星平台连续机动的总次数、时间	小于等于	卫星平台连续机动的最大次数、时间	(3-38)

式中，e_{ij} 为第 i 个任务的第 j 个事件（在遥感卫星任务调度问题中，e_{i1}、e_{i2} 和 e_{i3} 分别为成像、数传和固存擦除事件），$e_{ij} \in E_i$；$b(e_{ij})$ 为事件 e_{ij} 的开始时间；$e(e_{ij})$ 为事件 e_{ij} 的结束时间；$\mathrm{Seq}(e_{ij})$ 为事件 e_{ij} 的预定开始顺序；$s(e_{ij})$ 为执行事件 e_{ij} 的卫星，由式（3-11b）、式（3-12c）、式（3-13c）可得 $s(e_{ij}) = s(o(\mathrm{tw}(e_{ij}))) \in S$。

综上，约束条件（3-28）的逻辑性体现为：事件执行必须满足预定顺序。

约束条件（3-29）的逻辑性体现为：成像事件 e_{i1} 所产生的数据将存储于执行该事件的卫星 $s(e_{i1})$ 上，只能由该卫星执行相应的数传事件 e_{i2}。

约束条件（3-30）的逻辑性体现为：为避免星上存储的成像事件 e_{i1} 的数据在其数传事件 e_{i2} 前被固存擦除事件 $e_{i'3}$ 误擦，其数传事件的结束时间 $e(e_{i2})$ 必须早于固存擦除事件时间 $b(e_{i'3})$。

3.4.2.4　资源能力约束示例

表 3.2 所列的 3 条资源能力约束分别由式 (3-31)～ 式 (3-33) 表示：

$$\sum_{e_{i1} \in \{e_{i1} | b(e_{i'3}) \leqslant b(e_{i1}) \leqslant b(e_{i''3})\}} m(e_{i1}) < M(s(e_{i1})), 若 s(e_{i1}) \tag{3-31}$$
$$= s(e_{i'1}) = s(e_{i''1}), \forall i, i', i'' \leqslant |T|$$

$$\sum_{e_{ij} \in \{e_{ij} | o(e_{ij}) = o_k\}} \epsilon(e_{ij}) \leqslant E(o_k), \forall i \leqslant |T|, j \leqslant |E_i|, k \leqslant |O| \tag{3-32}$$

$$\delta(e_{ij}, e_{i'j'}) \geqslant \Delta(e_{ij}, e_{i'j'}), 若 o(e_{ij}) \tag{3-33}$$
$$= o(e_{i'j'}) || g(e_{ij}) = g(e_{i'j'}), \forall i, i' \leqslant |T|, j \leqslant |E_i|, j' \leqslant |E_{i'}|$$

式中，$s(e_{ij})$ 为执行事件 e_{ij} 的卫星；$m(e_{ij})$ 为事件 e_{ij} 产生的数据量；$M(s(e_{ij}))$ 为执行事件 e_{ij} 的卫星 $s(e_{ij})$ 的固存阈值；$o(e_{ij})$ 为执行事件 e_{ij} 的卫星轨道，由式（3-12c）、式（3-13c）可得，$o(e_{ij}) = o(\mathrm{tw}(e_{ij})) \in O$；$\epsilon(e_{ij})$ 为事件 e_{ij} 的电量消耗；$E(o(e_{ij}))$ 为执行事件 e_{ij} 的卫星轨道 $o(e_{ij})$ 的电量阈值；$g(e_{ij})$ 为执行事件 e_{ij} 的测站，由式（3-12c）、式（3-13c）可得，$g(e_{ij}) = g(\mathrm{tw}(e_{ij})) \in G$；$\delta(e_{ij}, e_{i'j'})$ 为事件 e_{ij} 与 $e_{i'j'}$ 之间实际的间隔时间；$\Delta(e_{ij}, e_{i'j'})$ 为事件 e_{ij} 与 $e_{i'j'}$ 之间所需的转换时间。

综上，约束条件（3-31）反映了卫星资源的数据存储能力。卫星在两次固存擦除事件 $e_{i'3}$ 和 $e_{i''3}$ 之间执行成像事件产生的数据总量，不得超过卫星星上的固存阈值。

约束条件（3-32）反映了卫星轨道资源的供电能力。一般情况下，卫星在南北极等高维度地区不执行任务，星载电池在此期间充电，供下一轨道圈次内卫星所需的电量，故这里以轨道为单位进行约束建模。

约束条件（3-33）反映了卫星、测站等资源先后执行两个不同事件的转换能力。例如，卫星执行两个成像事件的姿态转换、工作模式切换、载荷开机准备等；测站执行两个数传事件的天线仰角转换等。本节将两个不同事件 e_{ij} 与 $e_{i'j'}$ 之间所需的转换时间统一记为 $\Delta(e_{ij}, e_{i'j'})$，由实际情况计算；将二者实际的间隔时间记为 $\delta(e_{ij}, e_{i'j'})$，由式（3-34）计算。

$$\delta(e_{ij}, e_{i'j'}) = \begin{cases} b(e_{ij}) - e(e_{i'j'}), & \text{若} b(e_{ij}) > e(e_{i'j'}) \\ b(e_{i'j'}) - e(e_{ij}), & \text{若} b(e_{i'j'}) > e(e_{ij}) \\ 0, & \text{其他} \end{cases}, \forall i, i' \leqslant |T|, j \leqslant |E_i|, j' \leqslant |E_{i'}| \tag{3-34}$$

3.4.2.5　资源保护约束示例

表 3.2 所列的 5 条资源保护约束由式 (3-35)~ 式 (3-39) 表示。其中，约束条件（3-35）和约束条件（3-36）保护了卫星载荷和测站设备，约束了载荷/设备执行事件的次数与时间，它们的表达式分别为

$$\sum_{e_{ij} \in \{e_{ij} | o(e_{ij})=o_k, q(e_{ij})=q_m\}} \begin{bmatrix} 1 \\ l(e_{ij}) \end{bmatrix} \leqslant \begin{bmatrix} n_{\max}^{\mathrm{E}}(o_k, q_m) \\ l_{\max}^{\mathrm{E}}(o_k, q_m) \end{bmatrix}, \forall i \leqslant |T|, j \leqslant |E_i|, k \leqslant |O|, m \leqslant |Q| \tag{3-35}$$

$$\sum_{e_{ij} \in \{e_{ij} | d(e_{ij})=d_k, q(e_{ij})=q_m\}} \begin{bmatrix} 1 \\ l(e_{ij}) \end{bmatrix} \leqslant \begin{bmatrix} n_{\max}^{\mathrm{E}}(d_k, q_m) \\ l_{\max}^{\mathrm{E}}(d_k, q_m) \end{bmatrix}, \forall i \leqslant |T|, j \leqslant |E_i|, k \leqslant |D|, m \leqslant |Q| \tag{3-36}$$

式中，$o(e_{ij})$ 为执行事件 e_{ij} 的卫星轨道；$q(e_{ij})$ 为执行事件 e_{ij} 所需的载荷或设备，$q(e_{ij}) \in Q$；$l(e_{ij})$ 为事件 e_{ij} 的持续时间，$l(e_{ij}) = e(e_{ij}) - b(e_{ij})$；$n_{\max}^{\mathrm{E}}(o_k, q_m)$ 为载荷 q_m 在轨道 o_k 内执行事件的最大次数，$o_k \in O, q_m \in Q$；$l_{\max}^{\mathrm{E}}(o_k, q_m)$ 为载荷 q_m 在轨道 o_k 内执行事件的最长时间；$d(e_{ij})$ 为执行事件 e_{ij} 的日期，由式（3-11b）可得，$d(e_{ij}) = d(o(e_{ij})) \in D$；$n_{\max}^{\mathrm{E}}(d_k, q_m)$ 为载荷 q_m 在日期 d_k 内执行事件的最大次数，$d_k \in D$；$l_{\max}^{\mathrm{E}}(d_k, q_m)$ 为载荷 q_m 在日期 d_k 内执行事件的最长时间。

类似地，下面的约束条件（3-37）和约束条件（3-38）保护了卫星平台，约束了其机动（即先后执行两次事件之间的转换）次数与时间，它们的表达式分别为

$$\sum_{e_{ij} \in \{e_{ij} | o(e_{ij}) = o_k\}} \left[\begin{array}{c} n^{\Delta}(e_{ij}) \\ \Delta(e_{ij}, \text{next}(e_{ij})) \end{array} \right]$$

$$\leqslant \left[\begin{array}{c} n^{\Delta}_{\max}(o_k) \\ l^{\Delta}_{\max}(o_k) \end{array} \right], \forall i \leqslant |T|, j \leqslant |E_i|, k \leqslant |O| \tag{3-37}$$

$$\sum_{e_{ij} \in \{e_{ij} | d(e_{ij}) = d_k, s(e_{ij}) = s_k\}} \left[\begin{array}{c} n^{\Delta}(e_{ij}) \\ \Delta(e_{ij}, \text{next}(e_{ij})) \end{array} \right]$$

$$\leqslant \left[\begin{array}{c} n^{\Delta}_{\max}(d_k, s_m) \\ l^{\Delta}_{\max}(d_k, s_m) \end{array} \right], \forall i \leqslant |T|, j \leqslant |E_i|, k \leqslant |D|, m \leqslant |S| \tag{3-38}$$

式中，$n^{\Delta}(e_{ij})$ 为执行事件 e_{ij} 所需的卫星机动次数，通常为 1 或 0；$n^{\Delta}_{\max}(o_k)$ 为轨道 o_k 内允许其所属卫星机动的最大次数；$l^{\Delta}_{\max}(o_k)$ 为轨道 o_k 内允许其所属卫星机动的最长时间；$\text{next}(e_{ij})$ 为执行事件 e_{ij} 的卫星将执行的下一个事件；$n^{\Delta}_{\max}(d_k, s_m)$ 为日期 d_k 内允许卫星 s_m 机动的最大次数，$s_m \in S$；$l^{\Delta}_{\max}(d_k, s_m)$ 为日期 d_k 内允许卫星 s_m 机动的最长时间。

此外，为避免卫星在短时间内过于频繁地连续机动，约束条件（3-39）进行了进一步的保护，其表达式为

$$\sum_{e_{ij} \in \{e_{ij} | o(e_{ij}) = o_k, \Delta(e_{ij}, \text{next}(e_{ij})) < \Delta_{\text{C}}(o_k)\}} \left[\begin{array}{c} n^{\Delta}(e_{ij}) \\ \Delta(e_{ij}, \text{next}(e_{ij})) \end{array} \right]$$

$$\leqslant \left[\begin{array}{c} n^{\Delta_{\text{C}}}_{\max}(o_k) \\ l^{\Delta_{\text{C}}}_{\max}(o_k) \end{array} \right], \forall i \leqslant |T|, j \leqslant |E_i|, k \leqslant |O| \tag{3-39}$$

式中，$\Delta_{\text{C}}(o_k)$ 为轨道 o_k 内认定为一次连续机动的时间阈值；$n^{\Delta_{\text{C}}}_{\max}(o_k)$ 为轨道 o_k 内允许其所属卫星连续机动的最大次数；$l^{\Delta_{\text{C}}}_{\max}(o_k)$ 为轨道 o_k 内允许其所属卫星连续机动的最长时间。

综上，本节构建了卫星任务调度问题通用的约束模板，并以"高景一号"遥感卫星任务调度问题为例，给出了资源可用性、逻辑性、资源能力和资源保护等4 大类、12 小类约束条件的数学模型。基于本节约束模板，可以直观、便捷地构建约束条件模型，灵活地配置约束参数，为卫星任务调度问题中复杂多样的约束条件提供了规范、通用的建模手段。

此外，中继通信卫星、导航卫星和卫星测控任务调度问题也涉及上述部分约束，如表 3.3 所示。值得注意的是，资源可用性和执行事件转换时间等两项约束

是四类卫星任务调度问题中共通的，是各型、各类卫星管控中最常见、最重要的约束条件。具体地，表 3.3 中约束内容与前文约束条件示例内容原理一致，本节不再进行详细描述。

表 3.3　各类卫星任务调度问题涉及的约束条件类型总结

序号	类型	子类	卫星任务调度问题			
			遥感卫星	中继通信	导航卫星	卫星测控
1	—	资源可用性约束	●	●	●	●
2		事件顺序约束	●	●		●
3	逻辑性	数据连贯性约束	●		●	
4		固存擦除约束	●	●		
5		固存容量约束	●	●		
6	资源能力	电量消耗约束	●	●	●	
7		执行事件转换时间约束	●	●	●	●
8		载荷单轨执行次数、时间	●	●		
9		载荷单日执行次数、时间	●	●		
10	资源保护	卫星单轨机动次数、时间	●	●		
11		卫星单日机动次数、时间	●	●		
12		卫星连续机动次数、时间	●	●		

3.4.3　约束网络与约束值计算

3.4.3.1　约束网络

基于前文约束模板与各类约束条件的示例，可以发现：①卫星任务调度问题约束条件种类多、计算复杂；特别是在后续算法迭代搜索的过程中，约束条件计算可能占用较多时间，影响算法迭代效率。②各类约束条件中的约束对象、阈值与任务事件 e_{ij}，即决策变量 x_{ij} 紧密相关，自然地形成了一种以决策变量 x_{ij} 为节点的约束网络，为复杂约束条件的计算提供了一种思路。对此，本节首先直观地解释了这一约束网络，并进一步设计了基于约束网络的约束值计算方法，为后续算法迭代搜索过程中增量式的、高效的约束计算提供重要前提。

这里，以图 3.7 (a) 所示的 2×2 的决策矩阵 X 为例，在约束条件（3-33）的作用下，任意两个事件 e_{ij} 的组合均可能被涉及，即决策矩阵 X 中任意两个决策变量 x_{ij} 的组合均可能被涉及，如图 3.7 (b) 所示。

进一步地，图 3.7 (b) 中每一个决策变量组合即构成一个决策矩阵 X 的子集，也就是图 3.7 (c) 中 $X_{i1}^2 \sim X_{i6}^2$。在此基础上，可以通过下式表示这些决策矩阵的

子集，即

$$Z_i(X) = \left\{ X_{ij}^{\mathrm{Z}} \middle| X_{ij}^{\mathrm{Z}} \subset X, j = 1, 2, 3, \cdots \right\}, i \leqslant |F^{\mathrm{H}}| \tag{3-40}$$

式中，F^{H} 为约束条件集；X_{ij}^{Z} 为第 i 项约束条件可能涉及的决策矩阵 X 的第 j 个子集；$Z_i(X)$ 为第 i 项约束条件可能涉及的决策矩阵 X 的子集集合，$Z_i(X) \supseteq X_{ij}^{\mathrm{Z}}$。

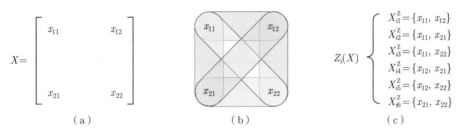

图 3.7　卫星任务调度问题约束网络示例

(a) 决策矩阵 X；(b) 第 i 项约束条件可能涉及的决策变量 x_{ij} 的组合；
(c) 第 i 项约束条件可能涉及的决策矩阵子集

需要说明的是，任意决策矩阵 X 中各子集 X_{ij}^{Z} 只与第 i 项约束条件有关，不随决策矩阵 X 中决策变量值的变化而改变。换而言之，给定问题约束条件的情况下，筛选、获取各决策子集 X_{ij}^{Z} 是一项预处理工作，将为后续所需的频繁的约束值计算提供重要依据。

3.4.3.2　约束值计算

在上述约束网络的作用下，基于当前决策矩阵 X 及各子集 X_{ij}^{Z}，第 i 项约束条件的约束值 $f_i^{\mathrm{H}}(X)$ 可以通过式（3-41）计算：

$$f_i^{\mathrm{H}}(X) = \sum_{j=1}^{|Z_i(X)|} f_i^{\mathrm{H}}(X_{ij}^{\mathrm{Z}}), i \leqslant |F^{\mathrm{H}}| \tag{3-41}$$

式中，$f_i^{\mathrm{H}}(X)$ 为基于决策矩阵 X 或其子集所计算的违反第 i 项约束条件的数值（$\leqslant 0$），简称约束值。

可见，通过分别计算决策矩阵 X 中各子集 X_{ij}^{Z} 的约束值，卫星任务调度问题原本复杂、多次的约束值计算过程被拆分为了多个独立的、单次的约束值计算行为。该计算方式的优势体现为：

（1）客观反映了约束条件的作用机理。一项约束条件通常需要循环地计算多次，其原因是约束条件本质上作用于多种不同的决策变量 x_{ij} 的组合，即多个决策矩阵子集 X_{ij}^{Z}。式（3-41）客观呈现了这一循环计算的机理。

（2）化繁为简，降低了单次约束值计算的复杂性。每当一个决策变量 x_{ij} 被改变、约束值需重新计算时，式（3-41）只需重新计算包含该决策变量 x_{ij} 的决策矩阵子集 X_{ij}^Z 的约束值；其余大部分子集 X_{ij}^Z 及其约束值不受影响，无需重新计算。因此，该计算方式显著降低了单次约束值计算的复杂性，进而大幅缩减约束值计算时间、提升计算效率，为后续设计高效的算法提供重要保障。

3.4.4　优势分析

基于以上内容，与传统卫星任务调度问题相关研究相比，本节所构建的约束模型及约束网络主要有以下两个方面的优点：

（1）更加通用地描述了复杂的约束条件，将各类卫星任务调度约束条件纳入了一套统一的体系。卫星任务调度问题存在众多复杂的约束条件，但出于简化或理论研究的目的，传统研究中所建立的约束模型往往不全面、也不通用。例如，相关遥感卫星任务调度研究中的约束模型无法适用于"高景一号"卫星管控部门提出的 100 余项约束条件，也很难适用于其他类型的卫星任务调度问题。基于"立足实际、面向应用"的基本原则和通用的决策模型，本节对卫星任务调度问题主要约束条件进行了分析、分类，设计了通用的约束模板，格式化地描述了遥感卫星、中继通信卫星、导航卫星和卫星测控等四类任务调度问题的约束条件，成功将其纳入一套统一的体系，为各类卫星任务调度问题的约束建模提供了通用的方法，也为管控部门提供了缺省、便捷的约束建模手段。

（2）更加高效地计算约束值，为卫星任务调度问题的求解节约了计算时间。虽然相关研究中通常没有具体地说明约束计算的方法，但据了解，许多研究和现役卫星任务调度系统中对约束计算方法的重视程度不足，计算复杂性偏高。考虑到实际卫星任务调度问题的复杂约束环境，约束计算的时间成本将被算法的迭代过程进一步放大，严重影响卫星任务调度问题的求解效率。如 3.3 节所述，本节通过约束网络化繁为简，客观反映了约束条件的作用机理，降低了单次约束计算的复杂性。特别是在复杂约束环境或大量算法迭代的情况下，该方法可以大幅地节约约束计算时间，对于高效的算法设计尤为重要。

综上所述，在约束分析、分类的基础上，本节为各类卫星任务调度问题设计了通用的约束模板和高效的约束计算方法，为约束模型的实际应用与柔性拓展，以及后续卫星任务调度问题求解算法的设计提供了重要支撑。

此外，针对卫星任务调度问题中的软约束条件，相关约束模板、网络以及约束值的计算方法与本节内容一致，不再单独介绍。

3.5　卫星任务调度收益模型

针对卫星管控过程中的优化需要，基于前文通用的 0-1 混合整数决策模型，本节分别建立了遥感卫星、中继通信卫星、导航卫星和卫星测控等任务调度问题的收益函数模型，特别介绍了其中考虑成像质量的敏捷遥感卫星任务收益和导航卫星时延的计算方法，为任务调度方案提供了评价依据，为后续算法指明了优化方向。

3.5.1　遥感卫星任务调度收益函数

3.5.1.1　一般收益函数

在大部分遥感卫星任务调度研究与实际应用场景中，遥感卫星任务调度收益函数可由式（3-42）表示，即最大化遥感卫星执行任务的总收益值：

$$\max \quad f(X) = \sum_{i=1}^{|T|} f_i \cdot \lceil x_{i1} \rceil \tag{3-42}$$

式中，T 为任务集；X 为决策矩阵；f_i 为遥感卫星任务 t_i 的收益值，由卫星管控部门预先给定，$t_i \in T$；x_{i1} 为遥感卫星任务 t_i 成像事件 e_{i1} 的决策变量，$0 \leqslant x_{i1} \leqslant 1, x_{i1} \in X$；$\lceil \ \rceil$ 表示向上取整。

常见的任务收益值 f_i 有：①恒为 1，则式（3-42）表示最大化卫星执行任务的总数；②任务成像时长，则式（3-42）表示最大化卫星的成像时长；③任务优先级或重要性指标，则式（3-42）表示最大化任务的优先级或重要性指标总和；④上述指标的加权值，则式（3-42）表示最大化任务成像时长、优先级等加权所得的综合性指标。

3.5.1.2　考虑成像质量的收益函数

近年来，遥感卫星及载荷技术快速发展，在轨成像能力不断增强，一些学者指出在遥感卫星任务调度过程中应进一步考虑卫星成像质量的影响。

根据是否具备俯仰成像能力，遥感卫星又可分为敏捷遥感卫星和非敏捷遥感卫星。基于本章问题描述，二者主要区别为：非敏捷遥感卫星的成像时间窗口内仅包含一个事件执行时机，卫星俯仰角恒为 0，如图 3.8 (a) 所示；而敏捷遥感卫星的成像时间窗口内则包含多个事件执行时机，分别对应了一个卫星俯仰角，如图 3.8 (b) 所示。换而言之，敏捷遥感卫星的成像事件于不同执行时机被执行时，卫星俯仰角各不相同，成像质量也不相同。

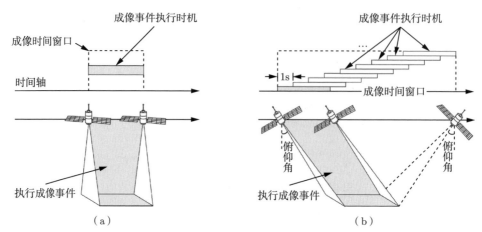

图 3.8　非敏捷遥感卫星与敏捷遥感卫星示例

(a) 非敏捷遥感卫星；(b) 敏捷遥感卫星

针对这一现象，在现阶段相关研究与应用中通常有两种处理方法：

（1）在约束条件中考虑成像质量。例如，在"高景一号"卫星任务调度问题中，管控部门要求卫星成像事件需达到一定的成像质量，即只能于满足成像质量要求的执行时机被执行。由此，该约束条件属于一类资源可用性约束，管控部门已预先"裁剪"了成像事件的时间窗口，排除了不满足约束条件的事件执行时机，确保了成像事件于其任意执行时机被执行时均满足成像质量的要求。在此情况下，遥感卫星任务调度收益函数不受影响，仍为式（3-42）。该方法适合于对成像质量有明确约束条件的敏捷遥感卫星任务调度问题。值得注意的是，由于预先排除了一定数量的事件执行时机，该处理方法缩减了原问题的决策空间，在一定程度上提高了问题求解效率。

（2）在收益函数中考虑成像质量。Peng 等[174] 在收益函数中直接地考虑了成像质量的影响，即根据卫星成像时的俯仰角对任务收益值进行一定比例的惩罚。由此，在式（3-42）的基础上，遥感卫星任务调度收益函数被改写为

$$\max \quad f(X) = \sum_{i=1}^{|T|} f_i \cdot \lceil x_{i1} \rceil \cdot \left[1 - \frac{|\theta(x_{i1})|}{0.5\pi} \right] \tag{3-43}$$

式中，$\theta(x_{i1})$ 为成像事件 e_{i1} 被执行时卫星的俯仰角（rad），由式（3-22）、式（3-13c）可知，$\theta(x_{i1}) = A_\theta(e_{i1}^k), k = \lceil x_{i1} \cdot |\mathrm{EO}_{i1}| \rceil$。

可见，$\dfrac{|\theta(x_{i1})|}{0.5\pi}$ 项即为惩罚系数，与俯仰角 $\theta(x_{i1})$ 成正比。当俯仰角为 0 时，成像质量最高，惩罚系数为 0，即无惩罚；随着俯仰角的增加，惩罚系数随之增

加，任务收益值降低；当俯仰角达到 0.5π（90°）时，惩罚系数达到 1，收益值降为 0。该处理方法直接量化了成像质量对任务收益的影响，适合于对成像质量有严格优化需要的敏捷遥感卫星任务调度问题。Peng 等 [174] 称该收益函数为时间依赖的收益函数，即任务收益值依赖于任务被执行的时间。

针对上述两种不同的处理方法，在实际的遥感卫星任务调度问题中，需结合管控部门的具体要求，有选择性地构建合适的收益函数模型。

3.5.2　中继通信卫星任务调度收益函数

与遥感卫星任务相比，中继通信卫星任务包含的事件相对较少，通常包含数传事件和固存擦除事件。同时，鉴于相关业务的实际情况，可暂不考虑执行任务的时间依赖特性。由此，中继通信卫星任务调度问题中的收益函数可由式（3-44）表示：

$$\max \quad f(X) = \sum_{i=1}^{|T|} f_i \cdot \lceil x_{i1} \rceil \tag{3-44}$$

式中，f_i 为中继通信卫星任务 t_i 的收益值，由卫星管控部门预先给定，$t_i \in T$；x_{i1} 为中继通信卫星任务 t_i 数传事件 e_{i1} 的决策变量，$0 \leqslant x_{i1} \leqslant 1, x_{i1} \in X$。

与遥感卫星任务的收益值类似，中继通信卫星任务的收益值 f_i 也由管控部门预先给定。常见的收益值包括 1、数传时长、优先级或各类指标的加权值等。

3.5.3　导航卫星任务调度收益函数

在导航卫星系统中，卫星分布较为分散，许多卫星长期或周期性地处于测控弧以外，故这些卫星的导航数据只能通过星间链路回传至测站。由此，导航系统中的卫星可分为境内星和境外星，定义如下：

定义 3.5　境内星（anchor satellite）　在导航卫星系统中，与境内测站建立星地链路、可将星上数据实时下传的导航卫星称为境内星，又称"锚星"。

定义 3.6　境外星（non-anchor satellite）　在导航卫星系统中，除境内星以外的其他导航卫星称为境外星。境外星的导航数据只能先由星间链路（含其他境外星中转的情况）传给境内星，再由境内星传回测站。

定义 3.7　导航数据回传时间延迟（time delay）　在导航卫星系统中，卫星在某一时隙内产生的导航数据传至境内星所经历的时间（单位：s）或时隙数（单位：时隙）称为导航数据回传时间延迟，简称时延。

根据上述定义，导航系统中境内星的时延均为 0，境外星的时延至少为 1 时隙。以我国"北斗三号"导航系统 30 颗卫星为例，大部分时间内境外星数量超过 15 颗。由此，导航卫星任务调度目的是建立有效的星间链路，帮助境外星回传导航数据，降低时延，进而提升导航卫星系统的总体精度。

由此，以最小化各时隙内导航系统中境外星时延的平均值（简称平均时延）为目标，导航卫星任务调度问题的收益函数可由式（3-45）表示，反映了管控部门对降低导航数据时延、提高导航精度的优化需求。

$$\max f(X) = -\frac{\sum\limits_{i=1}^{|T|}\sum\limits_{j=1}^{|S|} f(x_{ij})}{\sum\limits_{i=1}^{|T|}\sum\limits_{j=1}^{|S|} [1 - a(x_{ij})]} \tag{3-45}$$

式中，$f(x_{ij})$ 为第 i 个时隙内卫星 s_j 的时延，由式（3-46）计算；$a(x_{ij})$ 为 0-1 变量，表示第 i 个时隙内卫星 s_j 是否为境内星。

值得注意的是，由于本书已约定卫星任务调度问题均为最大化问题，故上式中的平均时延被设为负值。

为更加清晰地呈现式（3-45）中境外星时延 $f(x_{ij})$ 的计算方法，本节以 3 时隙/4 卫星的导航卫星任务调度问题进行说明，如图 3.9 所示。在该导航卫星任务调度问题中，共有 3 个时隙，任务集 $T = t_1, t_2, t_3$；4 颗相互可见的导航卫星，卫星集 $S = s_1, s_2, s_3, s_4$。基于图 3.9 (a) 所示的决策矩阵 X，可获得导航卫星系统在各时隙内的星间链路链接情况，如图 3.9 (b) 所示。

为计算各时隙内导航卫星的时延，图 3.9 (c) 从另一视角展示了导航卫星数据在不同时隙间的传输路径。以第 1 个时隙内的卫星 s_1 为例（图中加粗），其产生的数据将首先于传至卫星 s_2，再由卫星 s_2 于第 2 个时隙内传至卫星 s_4，再由卫星 s_4 于第 3 个时隙内传回卫星 s_1。这里，假设卫星 s_4 为境内星，则该数据传至境内星的路径为：$s_1 \rightarrow s_2 \rightarrow s_4$；共经历 2 个时隙，故时延为 2 时隙。由此，基于决策矩阵 X，第 i 个时隙内第 j 颗导航卫星的时延 $f(x_{ij})$ 可以表示如下：

$$f(x_{ij}) = \begin{cases} 0, & 若 a(x_{ij}) = 1 \\ f(x_{i(i+1)k}) + 1, & 其他 \end{cases}, \ i \leqslant |T|, j \leqslant |S|, k = \lceil x_{ij} \cdot |\mathrm{EO}_{ij}| \rceil$$

$$\tag{3-46}$$

式中：$a(x_{ij})$ 为 0-1 变量，表示第 i 个时隙内卫星 s_j 是否为境内星；$f(x_{ij})$ 为第 i 个时隙内卫星 s_j 的时延。

由此，将式（3-46）代入式（3-45），即可计算导航系统的平均时延。综上，本节介绍了导航卫星任务调度的收益函数以及时延计算的具体方法，为导航卫星任务调度方案，即星间链路网络的演化方案提供了评价依据。

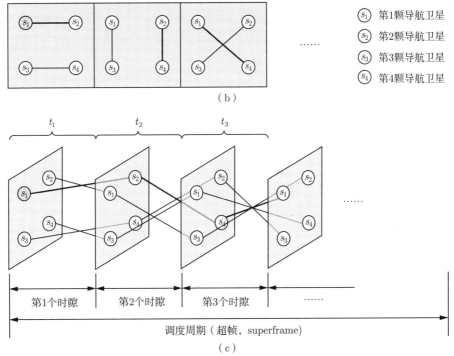

$$X = \begin{pmatrix} x_{11}=2/4 & x_{21}=3/4 & x_{31}=4/4 \\ x_{12}=1/4 & x_{22}=4/4 & x_{32}=3/4 \\ x_{13}=4/4 & x_{23}=1/4 & x_{33}=2/4 \\ x_{14}=3/4 & x_{24}=2/4 & x_{34}=1/4 \end{pmatrix}^{\mathrm{T}} \quad \cdots\cdots \quad \begin{matrix} x_{ij}=k/|S| \\ (x_{ik}=j/|S|) \end{matrix}$$

（a）

s_1 第1颗导航卫星
s_2 第2颗导航卫星
s_3 第3颗导航卫星
s_4 第4颗导航卫星

（b）

（c）

图 3.9　3 时隙/4 卫星的导航卫星任务调度问题

（a）决策矩阵 X；（b）各时隙内星间链路链接图；（c）导航卫星数据在不同时隙间的传输路径

3.5.4　卫星测控任务调度收益函数

与遥感卫星和中继通信卫星任务调度问题相似，卫星测控任务调度问题以最大化测控任务的总收益值为优化目标，故卫星测控任务调度的收益函数可表示如下：

$$\max \quad f(X) = \sum_{i=1}^{|T|} f_i \cdot \lceil x_{i1} \rceil \tag{3-47}$$

式中，x_{i1} 为卫星测控任务 t_i 数传事件 e_{i1} 的决策变量。

综上所述，本节面向卫星任务调度问题的实际优化需要，分别建立了遥感卫星、中继通信卫星、导航卫星和卫星测控等任务调度问题的收益函数模型，特别介绍了其中考虑成像质量的敏捷遥感卫星任务收益和导航卫星时延的计算方法，为卫星任务调度方案提供了评价依据，为后续算法指明了优化方向。

3.6   本章小结

针对卫星任务调度模型通用性的问题和"一星一系统"的管控现状，本章遵循"立足实际、面向应用"的基本原则，提出了"决策—约束—收益"松耦合的卫星任务调度通用化建模方法，主要内容包括：

（1）系统地、层次化地描述了卫星任务调度问题。将卫星任务调度问题统一描述为一个包含任务集、资源集、评分集和决策矩阵的四元组，阐明"事件执行时机"是问题中最底层、最直接的资源，为本章建模工作提供了客观依据。

（2）构建了卫星任务调度通用 0-1 混合整数决策模型。创造性阐释了"任务集—资源集"之间，即"卫星事件—事件执行时机"之间存在的决策关系，为各类卫星任务调度问题提供一种新的、通用决策模型，为后续约束、收益建模以及算法设计提供了重要基础，为本书松耦合的卫星任务调度引擎框架提供了"关键耦合点"。

（3）构建了卫星任务调度约束模型与约束网络。格式化地描述了卫星任务调度约束条件，设计了基于约束网络的约束计算方法，为卫星任务调度约束条件提供了通用的评价依据和高效的计算方法，为约束模型应用与柔性拓展提供了方法支撑。

（4）构建了卫星任务调度收益模型。特别介绍了其中考虑成像质量的敏捷遥感卫星任务收益和导航卫星时延的计算方法，指明了算法优化方向。

在上述建模过程中，本章均给出了遥感卫星、中继通信卫星、导航卫星和卫星测控等任务调度问题的示例。通过以上"决策—约束—收益"松耦合的建模方法，本章成功将四类主要的卫星任务调度问题纳入一套统一的建模体系，开辟了一条卫星任务调度问题通用化、精细化建模的新思路，为本书卫星任务调度引擎提供了重要的通用模型支撑。

第4章

面向卫星常规任务调度的
通用化求解方法

面向卫星管控部门每日、每周的常规任务调度需求，本章提出了一种通用的自适应并行模因演化算法（APMA），为遥感卫星、中继通信卫星、导航卫星和卫星测控等卫星常规任务调度问题提供了通用、高效的求解手段，为本书卫星任务调度引擎提供核心算法支撑。

首先，本章分析了卫星常规任务调度算法在初始解质量、局部寻优、全局寻优、自适应性、通用性以及时间复杂性等方面的需求，设计了 APMA 通用算法框架。为满足算法需求，该框架集成了以下四种策略：①基于启发式的快速初始解构造策略；②基于并行搜索的通用局部优化策略；③基于竞争的算法算子自适应选择策略；④基于种群演化的全局优化策略。本章详细阐述了上述四种策略的实现方式，呈现了多种策略相互协同、优势互补的算法特色。在此基础上，通过定向问题、简化版遥感卫星任务调度问题等标准测试集（benchmark）测试了 APMA，阐明了其求解标准问题的通用性和有效性，对算法性能进行了客观的实验验证。

4.1 自适应并行模因演化的通用算法框架

4.1.1 需求分析

如何设计高效的优化算法，是组合优化问题研究中不变的主题。绪论中已全面综述卫星任务调度研究中常用的精确求解算法、启发式算法和元启发式算法。其中，Xiao 等 [19]、Liu 等 [41]、Bensana 等 [56] 和 Peng 等 [174] 通过实验证明精确算法求解卫星任务调度的效率十分有限，例如，在 7200s 的计算时间内仅能调度 20 个遥感卫星任务，远不能满足实际卫星任务调度的优化要求[19]。同时，上述文献中卫星任务调度模型通常经过较大程度的简化，故实际应用中算法效率还将大幅降低。另一方面，启发式算法虽然可以快速地给出可行方案，但也由于缺乏迭代、搜索的优化机制，优化能力十分有限，通常只作为初始解的构造策略等算法辅助策略。可见，精确求解算法和启发式算法并不能满足当前卫星管控部门每日、每周的常规任务调度需求，故本章将基于元启发式算法设计卫星常规任务调度算法。

近年来，以局部搜索、演化算法为代表的元启发式算法已成为求解组合优化问题的重要手段，在工业、物流、航空、航天等领域得到广泛使用。研究与实践表明，元启发式算法的性能通常受以下五个方面影响：

（1）初始解（initial solution）质量

初始解是元启发式算法搜索的起点。高质量的初始解有助于引导元启发式算法快速进入可行域空间，提升算法的早期搜索效率。在计算时间紧缺、约束条件复杂的卫星任务调度问题中，初始解的作用将更加凸显。相关研究中，任务分配算法、冲突消解算法等启发式算法是构造初始解的常用算法。因此，设计快速、有效的启发式初始解构造算法是卫星任务调度算法设计的必要环节。

（2）局部寻优（local optimization）能力

局部寻优能力，又称勘探（exploitation）能力，是指算法在较小邻域空间内搜索优化的能力。在复杂约束环境下，卫星任务调度问题的可行域空间较小，局部寻优能力起到十分重要的作用。鉴于邻域搜索的特点，爬山算法、禁忌搜索、模拟退火和逾期接受算法等局部搜索算法往往具有较好的局部寻优能力和较快的收敛速度，但也因此易较早地陷入邻域内的局部最优，俗称"早熟"。对此，上述禁忌搜索、模拟退火和逾期接受算法等算法分别采用了禁忌表、概率性接受劣解和回溯等元启发式策略，为算法提供了跳出局部最优的手段。

（3）全局寻优（global optimization）能力

全局寻优能力，又称探索（exploration）能力，是指算法在更大解空间范围内的搜索优化能力，是影响算法能否跳出局部最优的重要因素。上述禁忌表、概率性接受劣解和回溯等策略均为各局部搜索算法为提升全局寻优能力的改进措施。此外，近年来大邻域搜索算法[41,53]得到诸多研究和应用，其中大邻域的搜索目的也是提升算法的全局寻优能力。与局部搜索算法相反，鉴于种群演化和多样性的特点，遗传算法、粒子群算法等演化算法通常具有较好的全局寻优能力，但也表现出早期收敛速度慢、时间复杂性高、复杂约束条件下搜索效率低等问题。对此，诸多学者设计了局部搜索与演化算法相互结合的模因算法（MA），又称文化基因算法，提供了一种兼顾局部寻优和全局寻优能力的混合算法设计思路。

（4）自适应性（adaptability）与通用性（generality）

在算法求解实际问题的过程中，问题规模、求解难度，甚至连约束条件都可能发生改变，故算法的自适应能力也将影响其实际应用效果。算法的自适应能力通常包括两个方面：①算法、算子层面的自适应能力，即算法、算子及相关参数可以伴随着优化过程适当调整，具有一定的自组织性，例如自适应大邻域搜索算法根据算子的寻优效果动态地调整算子的使用概率；②问题层面的自适应能力，即算法可以适用于不同问题的求解，具有一定的通用性。本研究涵盖遥感卫星、中继通信卫星、导航卫星和卫星测控等不同的卫星任务调度问题，差异性、复杂性高，故算法的自适应能力与通用性尤为重要。

（5）时间复杂性（complexity）

尽管上述内容可以增强元启发式算法的优化能力，但也不同程度地增加了算法的时间复杂性。例如，以演化算法为主循环、以局部搜索算法为个体改进策略的 MA 虽然兼顾了局部和全局寻优能力，但也导致每一次演化迭代的时间激增。同时，算法的时间复杂性也包含了其在迭代过程中约束、收益计算的时间复杂性，约束计算时间也不容忽视。在本书背景下，求解卫星任务调度的时间极其有限，例如，一个导航卫星任务调度场景的求解时间通常不足 1min，一个遥感卫星任务调度场景的求解时间也仅有 3~10min。因此，算法的时间复杂性也是算法研究与设计过程中不可忽略的重要因素。另一方面，近年来计算机技术经历深刻变革，高性能计算、并行计算的普及为算法设计与应用创造了良好的硬件环境。对此，诸多学者开展了并行优化算法设计与应用研究，为降低算法时间复杂性、加速算法寻优过程提供了简单、可行的技术途径。

针对以上初始解质量、局部寻优能力、全局寻优能力、自适应性、通用性和时间复杂性等方面，本节将依据表 4.1 所示的对策开展算法设计，提出一种通用的自适应并行模因演化算法 APMA，为卫星常规任务调度问题提供一种通用、高效的求解手段。

4.1.2　算法框架

基于前文分析，本节设计了一种通用化的自适应并行模因演化算法 APMA，算法框架如图 4.1 所示。APMA 主要集成了以下四种通用策略：

（1）基于启发式的快速初始解构造策略，简称"构造"策略。该策略是 APMA 的初始化策略。在前文卫星任务调度通用 0-1 混合整数决策模型的基础上，该策略根据"预分配＋紧前安排"的启发式算法，依次为任务事件"安排"最早的、满足约束的执行时机，帮助算法快速进入高质量的可行域空间，为 APMA 开展迭代寻优提供重要基础。

表 4.1   卫星常规任务调度算法设计要素及对策

序号	算法要素	设计思路与对策
1	初始解质量	设计高质量初始解快速构造策略
2	局部寻优能力	使用爬山算法、禁忌搜索、模拟退火、逾期接受、迭代局部搜索等局部搜索算法，实现小邻域快速搜索
3	全局寻优能力	1. 多种局部搜索算法共同寻优，增强解的多样性； 2. 引入演化策略，促进大邻域优化，避免陷入局部最优
4	自适应性与通用性	1. 定量评估法、算子寻优效果，实现算法、算子的"优胜劣汰"，增强算法、算子的自适应能力； 2. 基于通用 0-1 决策矩阵，设计通用的基本算法、算子，增强算法、算子的通用性
5	时间复杂性	1. 并行地运行局部搜索算法，节省搜索时间； 2. 以局部搜索算法为主循环，以演化策略为全局寻优策略，避免传统模因算法中局部搜索与演化算法时间复杂性的叠加； 3. 使用前文基于约束网络的约束计算方法，提高约束计算效率

（2）基于并行搜索的通用局部优化策略，简称"并行"策略。"并行"策略是 APMA 内循环的第一步。该策略根据当前最优解集（或初始解集）和算法、算子的使用概率，并行地运行不同的局部搜索算法，调用不同的邻域算子，通过不同的搜索轨迹开展快速的、高效的搜索寻优，获取多样化的局部寻优结果。同时，记录产生历史最优解的算法、算子，为 APMA 后续算法、算子竞争与全局优化策略提供重要依据。

（3）基于竞争的算法算子自适应选择策略，简称"竞争"策略。"竞争"策略是 APMA 内循环的第二步。该策略收集"并行"策略中各算法所得的历史最优解集，挑选其中高质量者构建当前最优解集。在此基础上，定量地评估算法、算子的贡献程度，更新其使用概率，实现算法、算子层面的"优胜劣汰"，赋予 APMA 自组织、自适应的能力，为算法性能提供重要保障。

（4）基于种群演化的全局优化策略，简称"演化"策略。"演化"策略是 APMA 内循环的最后一步。继"并行"和"演化"策略之后，该策略通过交叉、修复等演化算子在当前最优解集的基础上进行一次全局寻优，赋予 APMA 跳出局部最优、开辟更大解空间的全局寻优能力，为算法性能提供又一保障。至此，若满足终止条件则输出当前最优解；否则返回"并行"策略，进行新一轮的内循环。

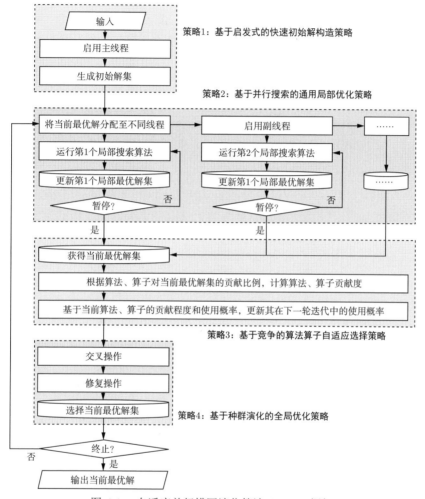

图 4.1　自适应并行模因演化算法 APMA 框架

4.1.3　优势分析

在上述 APMA 算法框架中，四种策略共同协作，优势互补，可以满足卫星常规任务调度算法对初始解质量、局部寻优能力、全局寻优能力、自适应性、通用性和时间复杂性等方面的需要，具体表现为：

（1）"构造"策略提供快速、高质量的初始解，满足算法对初始解质量的需要。作为一类快速启发式方法，"构造"策略可以通过较小的时间成本获得满足约束的可行方案。同时，该策略涉及的"紧前安排"启发式算法是工业部门求解复杂任务调度问题的常用启发式策略，在诸多现役卫星任务调度系统中得到广泛应用，对提高初始解构造效率、质量起到重要帮助，为后续策略的迭代寻优提供重要基础。

（2）"并行"策略帮助算法加速，赋予算法良好的局部寻优能力、多样性和可拓展性，满足算法对局部寻优能力和时间复杂性的需要。首先，参与竞争的局部搜索算法以并行方式运行，大幅降低算法耗时，充分发挥局部搜索算法的局部寻优能力。其次，不同的局部搜索算法共同工作，可以通过不同的搜索轨迹搜寻更多样、更丰富的解，满足后续"演化"策略对种群多样性的需求。此外，一个新的算法、算子可通过增加新线程的简单方式加入竞争、拓展算法，算法更加灵活、易用。换言之，"并行"策略是一种通过硬件手段充分发挥计算机算力、增强算法优势的重要策略。

（3）"竞争"策略赋予算法良好的自适应性，满足算法对自适应能力的需要。该策略中算法、算子使用概率的更新有助于保留并更频繁地使用适合的算法、算子，淘汰不适合者，实现算法、算子层面的"优胜劣汰"，为算法的自适应能力和综合性能提供重要保障。

（4）"演化"策略帮助算法跳出局部最优、开辟更大解空间，满足算法对全局寻优能力的需要。鉴于局部搜索和演化算法的混合框架，APMA 属于一类 MA。但在 Moscato 等 [220] 最早提出的，以及大多数以演化算法为主循环、以局部搜索为改进算子的 MA[182,191−192,202] 中，局部搜索与演化算法的时间复杂性叠加，算法每一代运行时间激增；同时，演化算法的约束优化能力不及局部搜索算法，以其为主循环并不适合于约束条件复杂的卫星任务调度问题。相反，APMA 以局部搜索为主循环、以"演化"策略为改进算子，不仅继承了 MA 综合的局部与全局寻优能力，满足了算法对全局寻优能力的需要，同时避免了时间复杂性的叠加，更适合于本书卫星任务调度问题的求解，为算法性能提供又一保障。

综上所述，在 APMA 算法框架中，"构造""并行""竞争"和"演化"等四种策略共同协作，优势互补，满足卫星常规任务调度算法的设计需要，为本书复杂、多样的卫星任务调度问题提供通用、高效的求解手段。

4.2　基于启发式的快速初始解构造策略

基于启发式的快速初始解构造策略（简称"构造"策略）将为 APMA 提供初始解集。该策略基于"预分配＋紧前安排"的启发式算法，帮助算法快速进入可行域空间，构造了快速、高质量的初始解，为 APMA 进一步的迭代优化提供重要基础。

4.2.1　通用流程

本策略通用流程如图 4.2 所示，主要包括以下四个步骤：

步骤 1　任务排序。按照任务收益值降序原则，对任务集进行重新排序。

步骤 2　预分配。从任务集中依次选择一个任务事件，遍历事件执行时机集，记录各卫星、测站为该事件提供的执行时机数量，并根据"轮盘赌"的方式将事件"预分配"给其中一个卫星、测站。

步骤 3　紧前安排。在"预分配"的基础上，根据"紧前安排"的启发式原则，为该事件"安排"最早的、满足约束条件的事件执行时机。若未遍历全部任务事件，则返回步骤 2；否则进入步骤 4。

步骤 4　输出初始解集。在此基础上，为增强算法随机性，随机生成 $n_T - 1$（n_T 为下一阶段共启用的线程数）个初始解，共同组成初始解集。

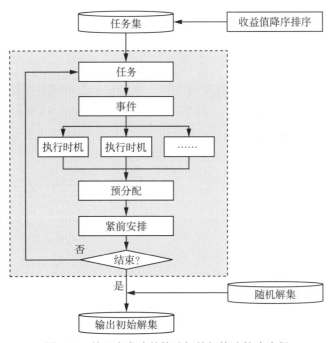

图 4.2　基于启发式的快速初始解构造策略流程

可见，在该策略具有两个重要特点：①快速构造性。从上述步骤可以看出，本策略属于一种快速启发式算法，通过较小的时间成本获得满足约束的可行方案。②紧密性。步骤 3 中逐一为各任务、各事件"安排"最早的、满足约束条件的事件执行时机，一定程度上促使任务调度方案更加紧密，有助于提高初始解质量，为后续算法开展迭代优化提供重要基础。

下面，本节将具体阐述步骤 2 与步骤 3 中涉及的"预分配+紧前安排"启发式算法，并进一步分析本策略的时间复杂性，说明其快速构造初始解的特点。

4.2.2 启发式算法

根据前文所构建的卫星任务调度通用 0-1 混合整数决策模型及约束条件模型，本策略步骤 2、步骤 3 涉及的"预分配 + 紧前安排"启发式算法如算法 4.1 所示。

算法 4.1 "预分配 + 紧前安排"启发式算法
Input: 任务集 T，事件执行时机集 EO，约束条件函数 $F^{\mathrm{H}}(X)$
Output: 初始解 X_0

1 $X_0 \leftarrow \{x_{ij}|x_{ij}=0, 0 \leqslant i \leqslant |T|, 0 \leqslant j \leqslant |E_i|\}$ // 决策矩阵初始化，决策变量均为 0
2 **for** $i = 1 : |T|$ **do**　　　　　　　　　　　　　　　　　　// 遍历任务集 T
3 　**for** $j = 1 : |E_i|$ **do**　　　　　　　　　　// 遍历任务 t_i 的事件集 E_i
4 　　$P \leftarrow \{p_m|p_m=0, 0 \leqslant m \leqslant |P|\}$ // 空的卫星或测站集，记录事件执行时机数
5 　　**for** $k = 1 : |\mathrm{EO}_{ij}|$ **do**　　　// 遍历事件 e_{ij} 的执行时机集合 EO_{ij}
6 　　　$m \leftarrow \mathrm{id}(p(\mathrm{eo}_{ij}^k))$　　　// 获得提供该执行时机的卫星或测站 id
7 　　　$p_m{+}{+}$　　　　　// 卫星或测站提供的事件执行时机数 +1
8 　　**end**
9 　　$m \leftarrow \mathrm{roulette}(P)$ // 通过"轮盘赌"获取"预分配"的卫星或测站 id
10 　　**for** $k = 1 : |\mathrm{EO}_{ij}|$ **do**　　// 再次遍历事件 e_{ij} 的执行时机集合 EO_{ij}
11 　　　$x_{ij} \leftarrow \dfrac{k}{|\mathrm{EO}_{ij}|}$　　　　　　// 决策变量赋值
12 　　　**if** $\mathrm{id}(p(\mathrm{eo}_{ij}^k)) = m$ & $F^{\mathrm{H}}(X) = 0$ **then**
13 　　　　break　　// 若执行时机属于"预分配"的卫星或测站且满足约束，则"安排"成功，返回第 3 行
14 　　　**else**
15 　　　　$x_{ij} \leftarrow 0$　　　　// 否则决策变量重置为 0，返回第 10 行
16 　　　**end**
17 　　**end**
18 　**end**
19 **end**
20 return X_0

在该算法中，第 4~9 行为"预分配"步骤：其中 4~8 行依次统计了各卫星或测站为当前事件提供的事件执行时机总数；第 9 行则通过"轮盘赌"的方式选定该事件"预分配"的一个卫星或测站。这里，卫星、测站提供的事件执行时机

总数反映了其执行任务的能力，总数越多，能力越大，在上述算法被选择的概率也越大。这一"预分配"机制符合卫星管控的主观经验，同时缩小了下一步"紧前安排"中事件执行时机的安排范围，降低了计算的复杂度，提升了初始解构造的效率。

基于此，第 10~17 行为"紧前安排"步骤，依次遍历当前事件的执行时机集，为决策变量赋值。其中，12~14 行：若执行时机属于"预分配"的卫星或测站且满足约束条件，则该事件安排成功，算法返回第 3 行继续安排其他任务事件；否则，14~16 行：决策变量被重置为 0，算法返回第 10 行继续遍历该事件其他执行时机。值得注意的是，"紧前安排"是工业部门求解复杂任务调度的常用启发式策略，在诸多现役卫星任务调度系统中得到广泛应用。本策略以此为基础构造算的初始解，与卫星管控实际情况及本书卫星任务调度通用 0-1 混合整数决策模型契合度高，满足 APMA 对初始解速度、质量的需要。

4.2.3 时间复杂度

为直观地说明本策略快速构造初始解的特点，本节对其时间复杂度进行分析。由上述策略步骤与流程图可知，该策略的时间复杂度主要来源于以下三个方面：

（1）任务排序的复杂度。采用传统的排序算法，时间复杂度至多为 $O(n^2)$。

（2）"预分配"的复杂度。任务集 T 包含 $|T|$ 个任务，其中每一个任务 t_i 包含 $|E_i|$（常量）个事件，算法 4.1 第 4~9 行的"预分配"步骤将遍历各事件的执行时机集 EO_{ij}，故该部分的时间复杂度为 $O(n)$。

（3）"紧前安排"的复杂度。算法 4.1 第 10~17 行的"紧前安排"步骤也将遍历各事件的执行时机集 EO_{ij}，暂不考虑这一过程中约束条件计算的复杂度，其时间复杂度也为 $O(n)$。

上述三方面累计的时间复杂度为 $O(n^2)$，表明本策略的主循环是多项式时间的。同时，该策略具体的时间复杂度还将受约束计算复杂度的影响，故设计高效、快速的约束计算方法也尤为重要。对此，基于 3.4.3 节中约束网络和约束计算方法，4.3.4 节还将给出增量式的约束计算方法，为本策略初始解构造效率提供重要保障。

综上所述，本节详细阐述了"构造"策略及"预分配+紧前安排"启发式算法。该策略帮助 APMA 快速进入可行域空间，构造了满足约束条件的高质量初始解，为 APMA 进一步的迭代优化提供了重要基础。

4.3 基于并行搜索的通用局部优化策略

基于并行搜索的通用局部优化策略（简称"并行"策略）是 APMA 内循环的第一部分。该策略并行地运行不同的局部搜索算法，通过不同的搜索轨迹快速、高效地寻优，获取多样化的优化结果，满足 APMA 对局部寻优能力和时间复杂性的需要，为后续策略中算法、算子竞争与全局优化提供重要依据。下面，本节将详细阐述该策略流程和通用的算法、算子，以及算法迭代过程中高效、增量式的约束计算算法。

4.3.1 通用流程

设 APMA 中共启用 n_T 条计算线程，该策略通用流程如图 4.3 所示，主要包括以下四个步骤：

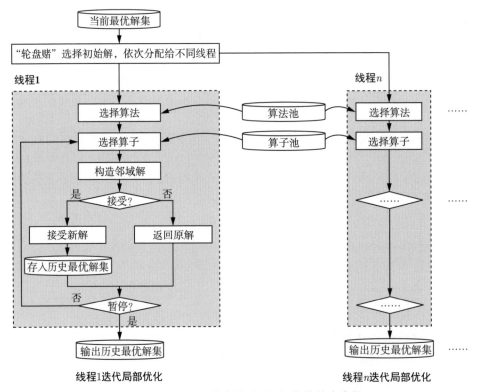

图 4.3 基于并行搜索的通用局部优化策略流程

步骤 1 初始解分配。给定当前最优解集，线程 1 根据解的评分值和"轮盘赌"的方式从中挑选出 n_T 个解，并将这些解逐一分配给 n_T 条线程，作为各线程中局部搜索算法的初始解。

步骤 2　（并行）**选择算法**。给定算法池，各线程根据算法池中各算法的使用概率，从算法池中挑选出一个局部搜索算法。

步骤 3　（并行）**运行算法**。给定算子池，各线程并行地运行所选择的局部搜索算法。在每一次迭代过程中，各算法根据算子池中算子的使用概率，从算子池中挑选出一个邻域算子并构造邻域解。同时，每当新解被接受时，该新解将被存入历史部最优解集，产生该解的邻域算子也将被记录。若历史最优解集大小超过预设值，则采用先进先出（first-in-first-out，FIFO）的方式更新历史最优解集。

步骤 4　（并行）**输出历史最优解集**。在限定时间或迭代次数后，各线程输出历史最优解集。

可见，并行搜索是该策略的主要内容，其作用可总结为以下两个方面：①快速迭代寻优。通过启用多条计算机线程，可以在同等时间获得更多的寻优结果，提升获取高质量解的可能性。②提升解的多样性。鉴于邻域搜索的特点，局部搜索算法通常难以获得多样化的解集，但不同的算法可以产生不同的搜索轨迹和解集，进而提升解的多样性，为后续"演化"策略提供多样化的种群基础。同时，产生历史最优解的算法、算子均将被记录，为后续"竞争"策略提供评估依据。

4.3.2　算法池

在该策略中，算法池储存了多种局部搜索算法，供各线程选用。在算法池中，每一个算法均被赋予了一个使用概率。起初，各算法的使用概率是相同的，在后续"竞争"策略将被逐代更新。基于此，本节在算法池中加入以下五种常用的局部搜索算法。特别地，由于算法迭代优化的过程可视为不断优化决策矩阵，即前文卫星任务调度通用化建模中通用 0-1 混合整数矩阵 X 的过程，故本书以该决策矩阵 X 表示一个通用化的卫星任务调度方案（解）。

4.3.2.1　爬山算法

爬山（hill climbing, HC）算法是最简单、通用的局部搜索算法，是所有局部搜索算法的原型。算法的具体步骤如算法 4.2 所示。

其中，算法 4.2 第 3~4 行：算法需根据算子池 O（将于下节介绍）中各算子使用概率，采用"轮盘赌"的方式选择一个算子，进而构造邻域解。后续算法也将沿用该算子选择方式。评分函数 $F(X)$ 于 3.2.4 节中已介绍，同时包含约束值、收益值和软约束值，是对卫星任务调度解的综合、完整的评价。

HC 算法原理简单、易于实现，但缺点也十分明显，缺乏跳出局部最优的机制。本节给出的 HC 算法接受非劣解，即接受条件为 $F(X') > F(X)$，可一定程度上帮助算法过渡梯度平缓区，避免过早地陷入局部最优解。尽管如此，HC 算法跳出局部最优的可能性依旧较低。对此，本节在算法池中还加入四种元启发式局部搜索算法，为"并行"策略提供丰富、有效的算法支撑。

算法 4.2　　爬山算法

Input: 初始解 X_0，评分函数 $F(X)$，算子池 O，空的历史最优解集 U_X，
　　　　终止条件

Output: 当前解 X，历史最优解集 U_X

1 $X \leftarrow X_0$

2 **while** 未满足终止条件 **do**

3 　　根据算子使用概率，从算子池中选择一个算子 $o \in O$

4 　　构造邻域解 $X' \leftarrow o(X)$

5 　　**if** $F(X') \geqslant F(X)$ **then**　　　　　　// 若 $F(X')$ 大于等于 $F(X)$

6 　　　　$X \leftarrow X'$　　　　　　　　　　　// 则接受新解 X'

7 　　　　根据 FIFO 原则将 X 存入历史最优解集 U_X　// 并更新历史最优解集

8 　　**end**

9 **end**

10 return X, U_X

4.3.2.2　禁忌搜索算法

禁忌搜索（TS）算法是由 Glover[203-204] 于 1986 年提出的一种带有记忆策略的局部搜索算法。TS 算法以 HC 算法为基础开展搜索优化，并通过禁忌表记录优化过程中的局部最优解或产生局部最优解的操作，以避免对局部最优空间的重复搜索，达到跳出局部最优、开辟优质解空间的效果。TS 算法操作简单、实用性好，是最早用于卫星任务调度问题求解的算法之一。

TS 算法发展至今也有多种不同的版本，但其中记录局部最优、避免重复搜索的禁忌思想是一致的。对此，基于本书卫星任务调度通用化模型，本节以局部最优解作为禁忌对象，用禁忌解集代替禁忌表，设计了 TS 算法。它的具体步骤如算法 4.3 所示。

其中，算法 4.3 第 6~8 行：若获得的邻域解被禁忌，则 TS 算法将直接舍弃该解，重新进行搜索，以避免对局部最优空间的重复搜索。该禁忌策略在后续算法中也将沿用。算法 4.3 第 12~14 行：若邻域解不及当前最优解，但优于或等于历史最优解集 U_X 中未被禁忌的最优解 X^*，TS 算法也会接受该解，并将该解记入禁忌解集，以实现跳出局部最优、开辟更大解空间的目的。

在 TS 算法中，禁忌长度即禁忌解集的大小是影响算法性能的主要因素。为增

强算法求解不同规模的卫星任务调度问题的适应能力,本节设禁忌长度为问题中任务集 T 规模的某一比例。其中,α_T 为比例系数,在后文实验中取值为 0.1~0.3:

$$|U_T| \leqslant \alpha_T \cdot |T| \tag{4-1}$$

算法 4.3 禁忌搜索算法

　　Input: 初始解 X_0,评分函数 $F(X)$,算子池 O,空的禁忌解集 U_T,历史最优解集 U_X,终止条件

　　Output: 当前解 X,历史最优解集 U_X

1 $X \leftarrow X_0$

2 $X^* \leftarrow X_0$ 　　　　　　　　　　// X^* 为历史最优解集 U_X 中未被禁忌的最优解

3 **while** 未满足终止条件 **do**

4 　　根据算子使用概率,从算子池中选择一个算子 $o \in O$

5 　　构造邻域解 $X' \leftarrow o(X)$

6 　　**if** $X' \in U_T$ **then**

7 　　　　continue 　　　　　　　　　　// 邻域解被禁忌,重新搜索

8 　　**end**

9 　　**if** $F(X') \geqslant F(X)$ **then**

10 　　　　$X \leftarrow X'$

11 　　　　根据 FIFO 原则将 X 分别存入禁忌解集 U_T 和历史最优解集 U_X

12 　　**else if** $F(X') \geqslant F(X^*)$ **then** // 接受历史最优解集 U_X 中未被禁忌的最优解

13 　　　　$X \leftarrow X'$

14 　　　　根据 FIFO 原则将 X 存入禁忌解集 U_T

15 　　**end**

16 **end**

17 **return** X, U_X

4.3.2.3　模拟退火算法

模拟退火(SA)算法最早由 Metropolis 等[210] 于 1953 年提出,并由 Kirkpatrick 等[211] 于 1983 年应用于组合优化领域,在卫星任务调度问题中也得到诸多应用。SA 算法是一种源于固体退火原理的局部搜索算法,在模拟退火降温的过程中概率性地接受劣解,以实现跳出局部最优的效果。SA 算法的具体步骤如算法 4.4 所示:

由于 SA 算法跳出局部最优解的原理与 TS 算法不同,故算法 4.4 第 6~8 行沿用了 TS 算法中的禁忌策略,以增强 SA 算法跳出局部最优的能力。禁忌长度的设置与式(4-1)一致。算法 4.4 第 9 行为退火操作,当前温度将通过退火操作

逐渐降低。为一定程度地提升 SA 算法的通用性，本书给出了以下三种退火函数：

算法 4.4 模拟退火算法（含禁忌策略）

Input: 初始解 X_0，评分函数 $F(X)$，算子池 O，初始温度 t_0，空的禁忌解集 U_T，历史最优解集 U_X，终止条件

Output: 当前解 X，历史最优解集 U_X

1 $X \leftarrow X_0$

2 $t \leftarrow t_0$

3 **while** 未满足终止条件 **do**

4   根据算子使用概率，从算子池中选择一个算子 $o \in O$

5   构造邻域解 $X' \leftarrow o(X)$

6   **if** $X' \in U_\mathrm{T}$ **then**

7   continue   // 邻域解被禁忌，重新搜索

8   **end**

9     $t \leftarrow$ annealing(t) // 退火，计算当前温度

10   **if** $F(X') \geqslant F(X)$ **then**

11         $X \leftarrow X'$

12   根据 `FIFO` 原则将 X 分别存入禁忌解集 U_T 和历史最优解集 U_X

13   **else if** random$(0,1) < \exp\left[\dfrac{F(X') - F(X)}{t}\right]$ **then**   // 概率性接受劣解

14         $X \leftarrow X'$

15   根据 `FIFO` 原则将 X 存入禁忌解集 U_T

16   **end**

17 **end**

18 return X, U_X

（1）等差退火函数，也称线性退火函数，如式（4-2a）所示，式中 Δt 为退火温差，使算法迭代 $k_{\max}$ 代结束时当前温度 t 恰好为 0；

（2）等比退火函数，如式（4-2b）所示，式中 ξ 为退火比例系数，使算法迭代 $k_{\max}$ 代结束时当前温度下降 1000 倍；

（3）对数退火函数，如（4-2c）所示，其中 k 为当前迭代次数，使算法迭代 $k_{\max}$ 代结束时当前温度 t 恰好为 0。

$$\mathrm{annealing}_1(t) = t - \Delta t, \Delta t = \frac{t_0}{k_{\max}} \tag{4-2a}$$

$$\mathrm{annealing}_2(t) = \xi \cdot t, \xi = 1000^{-\frac{1}{k_{\max}}} \tag{4-2b}$$

$$\mathrm{annealing}_3(t) = t \cdot \frac{\log_{k_{\max}} k}{\log_{k_{\max}} k - 1}, 2 \leqslant k \leqslant k_{\max} \tag{4-2c}$$

根据当前温度 t，算法 4.4 在第 13 行中计算接受劣解的概率，并通过 0-1 随机数 random(0, 1) 决定是否接受该劣解。可见，温度越高，算法接受劣解的概率也越高，有助于算法跳出局部最优；相反，随着算法的迭代收敛，温度逐渐降低，接受劣解的概率也随之降低，有助于算法收敛和局部寻优。

此外，SA 算法的初始退火温度 t_0 也将影响算法优化结果。本节采用常用的初始温度设置方法，以 30 次随机初始解的平均值作为初始退火温度 t_0。

4.3.2.4　逾期接受算法

逾期接受爬山（late acceptance hill climbing, LAHC）算法是由 Burke 等 [244-245] 于 2012 年提出一种元启发式算法，又称逾期接受（LA）算法。这里，"逾期接受"意为算法可接受一定时间（步）以前的解，并以此作为跳出局部最优的途径。该算法原理简单，既保留了 HC 算法的渐进收敛性，又具有跳出局部最优的智能性，在诸多经典运筹学 benchmark 问题中取得出色的求解效果。LA 算法的具体步骤如算法 4.5 所示：

算法 4.5　逾期接受算法（含禁忌策略）

Input: 初始解 X_0，评分函数 $F(X)$，算子池 O，空的逾期解集 U_L，禁忌解集 U_T，历史最优解集 U_X，终止条件

Output: 当前解 X，历史最优解集 U_X

1　$X \leftarrow X_0$
2　**while** 未满足终止条件 **do**
3　　根据算子使用概率，从算子池中选择一个算子 $o \in O$
4　　构造邻域解 $X' \leftarrow o(X)$
5　　**if** $X' \in U_T$ **then**
6　　　continue　　　　　　　　　　　　　// 邻域解被禁忌，重新搜索
7　　**end**
8　　**if** $F(X') \geqslant F(X)$ **then**
9　　　$X \leftarrow X'$
10　　　根据 FIFO 原则将 X 分别存入禁忌解集 U_T 和历史最优解集 U_X
11　　**else if** $F(X') \geqslant F(X_L)$ **then**　　// X_L 为逾期解集 U_L 中首个元素
12　　　$X \leftarrow X'$
13　　　根据 FIFO 原则将 X 存入禁忌解集 U_T
14　　**end**
15　　根据 FIFO 原则将 X 存入逾期解集 U_L　// 每代均将当前解存入逾期解集
16　**end**
17　return X, U_X

其中，算法 4.5 第 5~7 行沿用了 TS 算法中的禁忌策略，以增强 LA 算法跳

出局部最优的能力。LA 算法与 TS 算法有一定的相似之处，均通过记录历史寻优情况的方式实现跳出局部最优的目的，但二者也有以下三点区别：①TS 算法中禁忌对象通常是不重复的，而 LA 算法中逾期解集内是可以重复的。如 LA 算法第 15 行，即使当前解 X 并未被改进，X 也将被重复地存入逾期解集。②TS 算法中禁忌解集内的全部元素均将参与禁忌的判断，而 LA 算法中只有逾期解集内首个元素 X_L 才参与判断。③TS 算法中判断禁忌的依据为解是否相同，而 LA 算法中判断是否接受逾期解 X_L 的依据是其评分函数 $F(X_\mathrm{L})$。正因为上述区别，LA 算法才可与禁忌策略共同工作，为算法提供更多跳出局部最优的机会。

与 TS 算法类似，为增强适应能力，本节设 LA 算法的逾期长度为任务集 T 规模的某一比例，如式（4-3）所示。其中，α_L 为比例系数，在后文实验中取值为 $1.0\sim2.0$。

$$|U_\mathrm{L}| = \alpha_\mathrm{L} \cdot |T| \tag{4-3}$$

4.3.2.5　迭代局部搜索算法

迭代局部搜索（iterated local search，ILS）算法是一种常见的基本局部搜索算法，在诸多经典运筹学 benchmark 和简化版遥感卫星任务调度问题中表现出良好的求解效果 [174]。ILS 算法通过定期地对当前解实施扰动和修复操作，实现大邻域搜索、跳出局部最优的目的。在本书卫星任务调度问题中，约束条件复杂性高，任意一次构造邻域解的过程都有较大可能违约束条件，获得违反约束或低收益的邻域解，即都可视为一次扰动操作。在此背景下，ILS 算法中的扰动与修复机制可视为一种接受劣解并修复的元启发式机制，如算法 4.6 所示。

其中，算法 4.6 第 5~7 行沿用了 TS 算法中的禁忌策略，以增强 ILS 算法跳出局部最优的能力。ILS 接受劣解并修复的机制与 SA 算法有一定的相似之处，但二者也以下两点区别：① SA 算法在每一次构造邻域时都有一定的概率接受劣解，而 ILS 算法则是每隔一段迭代次数（满足修复条件时，如算法第 11 行）才接受劣解。②在本书退火策略作用下，SA 算法接受的劣解也满足约束条件，无需对其修复，而 ILS 算法大部分情况下接受的劣解将违反约束条件，需对其进行修复，如算法第 12 行 repair() 算子。这里，repair() 算子将采用 4.5 节中所设计的修复算子，即一种启发式约束消解算子。在这一过程中，ILS 算法将跳出当前邻域空间，实现一次较大的邻域转换，以达到跳出局部最优、开辟优质解空间的效果。

以上，本节给出了 HC 算法、TS 算法、SA 算法、LA 算法和 ILS 算法等五种局部搜索算法及相关参数的设置方法。上述五种方法将被加入算法池中，在“并行”策略中供各线程选用，并在后续“竞争”策略中逐代更新使用概率，从而实现算法层面"优胜劣汰"的效果。

算法 4.6　迭代局部搜索算法（含禁忌策略）

Input: 初始解 X_0，评分函数 $F(X)$，算子池 O，禁忌解集 U_T，历史最优解集 U_X，迭代搜索内循环次数，修复条件，修复算法 repair()，终止条件

Output: 当前解 X，历史最优解集 U_X

1 $X \leftarrow X_0$

2 **while** 未满足终止条件 **do**

3 　根据算子使用概率，从算子池中选择一个算子 $o \in O$

4 　构造邻域解 $X' \leftarrow o(X)$

5 　**if** $X' \in U_T$ **then**

6 　　continue　　　　　　　　　　　　　　// 邻域解被禁忌，重新搜索

7 　**end**

8 　**if** $F(X') \geqslant F(X)$ **then**　　　　　// 邻域解为更优解，接受邻域解

9 　　$X \leftarrow X'$

10 　　根据 FIFO 原则将 X 分别存入禁忌解集 U_T 和历史最优解集 U_X

11 　**else if** 满足修复条件 **then**　　　// 邻域解非更优解，满足修复条件

12 　　$X \leftarrow \text{repair}(X')$　　　　　　　　// 修复并接受邻域解

13 　　根据 FIFO 原则将 X 存入禁忌解集 U_T

14 　**end**

15 **end**

16 **return** X, U_X

4.3.3　算子池

在上述局部搜索算法每一次构造邻域解的过程中，算子池将提供可用的局部搜索算子。在算子池中，每个算子也均被赋予了一个使用概率，各算法根据此概率进行算子选择。与算法池相似，各算子最初的使用概率是相同的，并在后续"竞争"策略被逐代更新。为直观展示算子对通用 0-1 决策矩阵中决策变量的修改情况，本节以 3×3 的决策矩阵为例介绍局部搜索算子，包括以下几种。

4.3.3.1　Move 算子

该算子可随机地更改决策矩阵中某一个决策变量的取值，如将图 4.4 中决策矩阵 X 中决策变量 x_{12} 的取值由 0.1 更改为 0.5，记为 $\text{Move}(x_{12})$。在本书卫星任务调度通用 0-1 混合整数决策模型中，该 Move 算子的实际含义是改变了第 1 个卫星任务中第 2 个事件的执行时机。同时，决策矩阵 X 中各决策变量的取值范围均为 $[0,1]$，故 Move 算子不会导致决策变量超出取值范围。这里，在局部搜

索算法运行的过程中，Move 算子是最基础的局部搜索算子，任何复杂的局部搜索算子均可以描述为多个 Move 算子的组合形式。

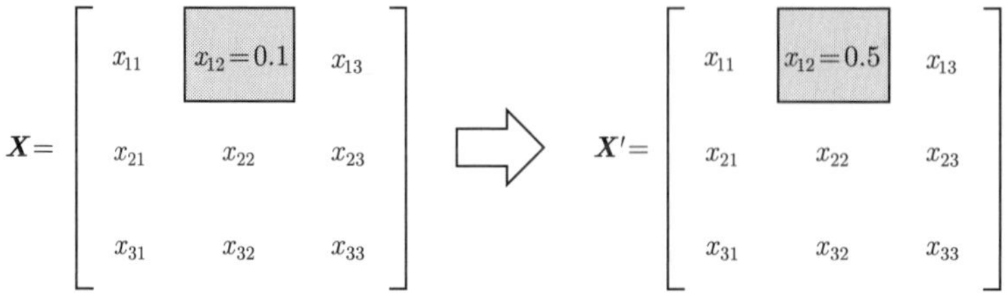

$$
\boldsymbol{X}=\begin{bmatrix} x_{11} & x_{12}=0.1 & x_{13} \\ x_{21} & x_{22} & x_{23} \\ x_{31} & x_{32} & x_{33} \end{bmatrix} \quad\Rightarrow\quad \boldsymbol{X'}=\begin{bmatrix} x_{11} & x_{12}=0.5 & x_{13} \\ x_{21} & x_{22} & x_{23} \\ x_{31} & x_{32} & x_{33} \end{bmatrix}
$$

图 4.4　"并行"策略中 Move 算子示意图

4.3.3.2　Swap 算子

该算子随机地交换决策矩阵中某一个，或一系列决策变量的取值，如图 4.5 所示，可进一步分为以下三种：

（1）随机 Swap 算子，即随机交换决策矩阵 X 中两个决策变量的取值。在图 4.5 (a) 中，该算子交换了决策变量 x_{11} 和 x_{33} 的取值。该算子也可描述为两个 Move 算子，即 $\text{Move}(x_{11}) + \text{Move}(x_{33})$ 的组合形式。基于本书卫星任务调度决策模型，该算子实际交换了两个卫星任务中某一事件的决策变量。

（2）同位 Swap 算子，即随机交换决策矩阵中位于同一列的两个决策变量的取值。在图 4.5 (b) 中，该算子交换了决策变量 x_{12} 和 x_{32} 的取值，可描述为 $\text{Move}(x_{12}) + \text{Move}(x_{32})$ 的组合形式。基于本书决策模型，该算子实际交换了两个卫星任务中同一事件的决策变量。

（3）整行 Swap 算子，即随机交换决策矩阵中某两行决策变量的取值。在图 4.5 (c) 中，该算子交换了第 1、3 行决策变量的取值，可视为六个 Move 算子的组合，即 $\text{Move}(x_{11})+\text{Move}(x_{12})+\text{Move}(x_{13})+\text{Move}(x_{31})+\text{Move}(x_{32})+\text{Move}(x_{33})$。基于本书决策模型，该算子实际交换了两个卫星任务中所有事件的决策变量。

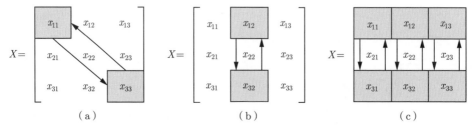

图 4.5　"并行"策略中 Swap 算子示意图

(a) 随机 Swap 算子；(b) 同位 Swap 算子；(c) 整行 Swap 算子

值得注意的是，上述局部搜索算子均是可逆的。以图 4.5 (b) 中同位 Swap 算子为例，正向操作（构造邻域解）为 $\mathrm{Move}(x_{12}) + \mathrm{Move}(x_{32})$，逆向操作（返回原解）则为 $\mathrm{Move}(x_{32}) + \mathrm{Move}(x_{12})$。在算法搜索邻域解的过程中，需频繁地执行因发现劣解而返回原解的逆向操作。由此，将 Swap 算子描述为多个 Move 算子的组合形式，有助于记录算法搜索过程中通过 Move 算子依次执行的一系列邻域操作，并在返回原解时快速、有序地执行逆向操作。

4.3.3.3　Replace 算子

在 3.4.3 节构建卫星任务调度约束模型与约束网络的过程中，已预先获取了一系列的决策子集 X_{ij}^{Z}（第 i 项约束条件可能涉及的决策矩阵 X 的第 j 个子集）。换而言之，各决策子集 X_{ij}^{Z} 中决策变量（对应的事件）相互之间存在潜在的违反约束条件的可能性。鉴于此，Replace 算子随机地将某一决策子集 X_{ij}^{Z} 中某一决策变量重置为 0（即取消相应事件），并随机地修改同一决策子集中另一决策变量的取值（即更改相应事件的执行时机）。与上述 Move 算子和 Swap 算子相比，Replace 算子聚焦于当前卫星任务调度方案中存在的约束网络，针对性更强，体现了冲突消解的思想。与 Swap 算子类似，该算子也可描述为多个 Move 算子的组合形式。

此外，还可以通过组合多个 Move 算子设计任意的其他算子。以上算子均将被加入算子池，供各线程运行局部搜索算法的过程中选用。算子池中各算子使用概率也将在后续"竞争"策略中逐代更新，进而实现算子层面"优胜劣汰"的效果。

4.3.4　增量式约束计算算法

在上述算法、算子设计的基础上，为保障本策略中局部搜索算法在复杂的卫星任务调度约束环境下的迭代效率，节省迭代过程中重复的约束计算时间，本节根据 3.4.3 节所设计的基于约束网络的约束值计算方法，以一个邻域算子 $\mathrm{Move}(x)$ 为例，给出增量式约束值计算算法，其具体步骤如算法 4.7 所示：

其中，X_{ij}^{Z} 为第 i 项约束条件可能涉及的决策矩阵 X 的第 j 个子集，$Z_i(X)$ 为 X_{ij}^{Z} 的合集，均由 3.4.3 节所述的约束网络提前获取。该约束计算算法的特点体现在第 4~7 行：由于邻域算子 $\mathrm{Move}(x)$ 仅改变了决策矩阵 X 中一个决策变量 x 的值，故仅需重新计算与之有关的决策子集 $X_{ij}^{\mathrm{Z}}(x \in X_{ij}^{\mathrm{Z}})$ 的约束值；相反地，其他决策子集不含被改变的决策变量 x，约束值不会发生改变，无需重新计算。这样一来，通过本节增量式的约束计算算法可以避免邻域构造过程中重复的约束计算操作，节约了计算时间，大幅提高每一次邻域构造的计算效率，进而提升局部搜索算法在约束条件环境下，特别是本书复杂的卫星任务调度约束条件环境下的迭代与优化效率。

算法 4.7   增量式约束值计算算法

    Input: 原解 X，新解 X'，约束条件集 F^{H}，原解约束值 $F^{\mathrm{H}}(X)$，邻域算子
          $\mathtt{Move}(x)$

    Output: 新解约束值 $F^{\mathrm{H}}(X')$

1   $F^{\mathrm{H}}(X') \leftarrow F^{\mathrm{H}}(X)$

2   **for** $i = 1 : |F^{\mathrm{H}}|$ **do**   // 遍历约束条件集 F^{H}

3   **for** $j = 1 : |Z_i(X)|$ **do**   // 遍历第 i 项约束条件可能涉及的决策子集

4   **if** $x \in X_{ij}^{\mathrm{Z}}$ **then**   // 若被改变的决策变量 x 属于子集 X_{ij}^{Z}

5            $F^{\mathrm{H}}(X') \leftarrow F^{\mathrm{H}}(X') - f_i^{\mathrm{H}}(X_{ij}^{\mathrm{Z}})$ // 先减去原解 X 中子集 X_{ij}^{Z} 的
               约束值

6            $F^{\mathrm{H}}(X') \leftarrow F^{\mathrm{H}}(X') - f_i^{\mathrm{H}}(X_{ij}'^{\mathrm{Z}})$ // 先减去原解 X' 中子集 $X_{ij}'^{\mathrm{Z}}$
               的约束值

7   **end**

8   **end**

9 **end**

10 **return** $F^{\mathrm{H}}(X')$

综上所述，本节详细阐述了"并行"策略的流程和通用的算法、算子，设计了增量式的约束计算算法。该策略通过并行的局部搜索算法获取多样化的优化结果，满足了 APMA 对局部寻优能力和时间复杂性的需要，也为 APMA 后续策略中算法、算子竞争与全局优化提供了重要依据。

4.4   基于竞争的算法算子自适应选择策略

基于竞争的算法算子自适应选择策略（简称"竞争"策略）是 APMA 内循环的第二部分。该策略基于"并行"策略的优化结果构建当前最优解集，定量地评估算法、算子的贡献程度，逐代更新其使用概率，实现算法、算子层面的竞争与"优胜劣汰"，满足 APMA 对自适应能力的需要，为算法性能提供重要保障。下面，本节将详细阐述该策略流程，介绍其中算法、算子的使用概率更新方法与淘汰机制等。

4.4.1   通用流程

设算法后续"演化"策略所需的种群规模为 n_{P}，则"竞争"策略需为其提供规模为 n_{P} 的解集。该策略通用流程如图 4.6 所示，主要包括以下四个步骤：

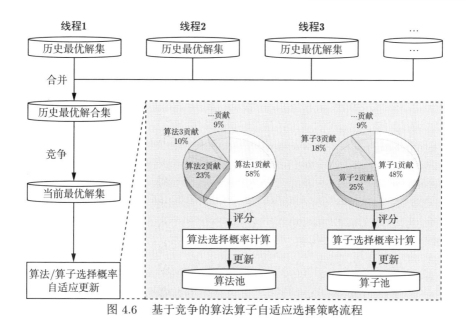

图 4.6　基于竞争的算法算子自适应选择策略流程

步骤 1　合并历史最优解集。"并行"策略完成之后，各线程均输出了一个历史最优解集。首先，线程 1（主线程）将这些历史最优解集合并，获得"并行"策略的历史最优解合集。

步骤 2　遴选当前最优解集。按照评分降序原则，对历史最优解合集进行排序，并挑选前 n_P 个解构建一个当前最优解集。若历史最优解合集中解的数量小于 n_P，则直接记历史最优解合集为当前最优解集。

步骤 3　算法、算子竞争与使用概率更新。针对当前最优解集，逐一查询获得这些解的算法、算子，计算各算法、算子对当前最优解集的贡献比例，记为贡献度。基于当前算法、算子的贡献度和使用概率，更新各算法、算子在下一次"并行"策略中的使用概率。

步骤 4　算法、算子淘汰。淘汰个别贡献度持续较低的算法、算子，并将其从算法池、算子池中移除，实现算法、算子层面的"优胜劣汰"。

可见，"竞争"策略是一个承上启下的策略，主要作用可总结为以下两个方面：①构建种群。由于后续"演化"策略是基于种群的，有固定的种群规模，故"竞争"策略通过合并"并行"策略所得的解集，并挑选出其中高质量者，构建了满足"演化"需要的种群解集。②增强自适应性。不同算法、算子表现各异，该策略定量地评估了算法、算子在"并行"策略中的贡献程度，调整其下次迭代中的使用概率，自适应地引导算法使用更有效的算法、算子，实现算法、算子的"优胜劣汰"。下面，本节将分别介绍该策略的具体步骤。

4.4.2　当前最优解集

当前最优解集是"并行"策略优化结果的集中体现，是"竞争"策略开展算法和算子贡献度评价、使用概率更新的依据，同时也是后续"演化"策略的种群基础。对此，本节采用如下方式获得当前最优解集。

如 4.4.1 节步骤 1 和步骤 2 所述，首先，记在"并行"策略中 n_T 条线程所得的历史最优解集分别为 $U_X^1, U_X^2, U_X^3, \cdots, U_X^{n_T}$，则这些历史最优解集的合集 U_X 可表示为

$$U_X = \bigcup_{i=1}^{n_T} U_X^i \tag{4-4}$$

式中，n_T 为线程数；U_X^i 为第 i 条线程所得的历史最优解集；U_X 为历史最优解合集。

其次，按照评分降序原则，对历史最优解集 U_X 中的解进行重新排序。由于本书采用评分函数 $F(X)$ 评价解的质量，并定义了评分的大小关系，故排序后的历史最优解集 U_X 满足：

$$U_X = \{X_i | F(X_{i_1}) \geqslant F(X_{i_2}), \forall i_1 \leqslant i_2 \leqslant |U_X|\} \tag{4-5}$$

最后，选取历史最优解集 U_X 中前 n_P 个解，构建当前最优解集 P_X。若历史最优解合集 U_X 中解的数量小于 n_P，则直接记历史最优解合集 U_X 为当前最优解集 P_X，即

$$P_X = \begin{cases} \{X_i | X_i \in U_X, i \leqslant n_P\}, & |U_X| \geqslant n_P \\ U_X, & |U_X| < n_P \end{cases} \tag{4-6}$$

式中，n_P 为预设的当前最优解集大小，即后续"演化"策略的种群规模；U_X 为历史最优解合集；P_X 为当前最优解集；X_i 为 U_X 和 P_X 中第 i 个解。

4.4.3　竞争与使用概率更新

基于当前最优解集 P_X，本节对算法、算子进行定量评价，并更新其在下一次"并行"策略中的使用概率。如 4.4.1 节步骤 3 所述，记算法池 A 中第 i 个算法共为当前最优解集中 P_X 贡献了 n_A^i 个解，算子池 O 中第 i 个算子共为 P_X 贡献了 n_O^i 个解，则第 i 个算法、算子的贡献度 g_A^i 和 g_O^i 可分别由下式表示：

$$g_A^i = \frac{n_A^i}{|P_X|}, \forall i \leqslant |A| \tag{4-7a}$$

$$g_O^i = \frac{n_O^i}{|P_X|}, \forall i \leqslant |O| \tag{4-7b}$$

式中，P_X 为当前最优解集；A, O 分别为算法、算子池；n_A^i, n_O^i 分别为算法、算子池中第 i 个算法、算子在 P_X 中贡献的解的个数；g_A^i, g_O^i 分别为算法、算子池中第 i 个算法、算子在 P_X 中的贡献度（比例）；

　　进一步地，通过算法、算子的贡献度更新其使用概率。考虑到优化过程的随机性，仅根据一次"并行"策略的优化结果可能并不能对算法、算子做出客观地评价。因此，针对第 i 个算法和算子，本节在更新第 $k+1$ 代算法和算子使用概率 $p_A^i(k+1)$ 和 $p_O^i(k+1)$ 时，分别取其当前使用概率（$p_A^i(k)$ 和 $p_O^i(k)$）与贡献度（$g_A^i(k)$ 和 $g_O^i(k)$）的平均值，即

$$p_A^i(k+1) = \frac{1}{2}\left[p_A^i(k) + g_A^i(k)\right] \tag{4-8a}$$

$$p_O^i(k+1) = \frac{1}{2}\left[p_O^i(k) + g_O^i(k)\right] \tag{4-8b}$$

式中，$g_A^i(k), g_O^i(k)$ 分别为第 k 代，算法、算子池中第 i 个算法、算子的贡献度；$p_A^i(k), p_O^i(k)$ 分别为第 k 代，算法、算子池中第 i 个算法、算子的使用概率。

　　由此，可一定程度上避免某次"并行"策略效果欠佳导致算法、算子使用概率过低的情况。同时，若第 i 个算法或算子未在第 k 次迭代中使用，也不更新其使用概率。这里，约定各算法、算子的初始使用概率均相等，即 $p_A^i(0) = \frac{1}{|A|}$，$p_O^i(0) = \frac{1}{|O|}$。

　　最后，对所有算法、算子的使用概率进行 0-1 标准化：

$$p_A^i = \frac{p_A^i}{\sum\limits_{i \in A} p_A^i}, \forall i \leqslant |A| \tag{4-9a}$$

$$p_O^i = \frac{p_O^i}{\sum\limits_{i \in O} p_O^i}, \forall i \leqslant |O| \tag{4-9b}$$

　　以上，本节定量评估了算法、算子的贡献程度，逐代地更新算法、算子的使用概率，为增强算法自组织、自适应能力提供了重要支撑。

4.4.4　淘汰机制

　　在上述算法、算子竞争和贡献度评估的基础上，也有必要对迭代过程中长期贡献较小、表现欠佳的算法、算子进行淘汰，避免计算资源的浪费，进一步促进算法、算子层面的"优胜劣汰"。

本节约定，针对算法、算子池中第 i 个算法、算子，若在第 k 代时，其以往连续 n_E 代的贡献度均低于阈值 $g_{\min}$，即满足式（4-10a）和式（4-10b），则将其从算法池、算子池中移除，视为"淘汰"。

$$g_A^i(k-n) \leqslant g_{\min}, \forall i \leqslant |A|, n \leqslant n_E \leqslant k \tag{4-10a}$$

$$g_O^i(k-n) \leqslant g_{\min}, \forall i \leqslant |O|, n \leqslant n_E \leqslant k \tag{4-10b}$$

式中，$g_A^i(k), g_O^i(k)$ 分别为第 k 代，算法、算子池中第 i 个算法、算子的贡献度；$p_A^i(k), p_O^i(k)$ 分别为第 k 代，算法、算子池中第 i 个算法、算子的使用概率。

综上所述，本节详细阐述了"竞争"策略的流程。作为 APMA 内循环的第二部分，该策略收集第一部分"并行"策略所获得的历史最优解集，在此基础上定量评估了算法、算子贡献程度，逐代更新其使用概率，实现了算法、算子层面的"优胜劣汰"，满足了 APMA 对自适应性和通用性的需要，为算法性能提供了重要保障。

4.5　基于种群演化的全局优化策略

基于种群演化的全局优化策略（简称"演化"策略）是 APMA 内循环的最后一步。继"并行"和"竞争"策略之后，"演化"策略通过交叉、修复等演化算子对当前最优解集进行一次全局范围的寻优，帮助 APMA 跳出局部最优解、开辟更大的解空间，满足算法对全局寻优能力的需要，为算法的综合性能提供又一保障。下面，本节将详细阐述该策略的具体流程，介绍其中交叉、修复等算子的具体实现方法。

4.5.1　通用流程

该策略与常用的演化算法流程相似，通用流程如图 4.7 所示，主要包括以下四个步骤：

步骤 1　构建父代种群。 将"竞争"策略所得的当前最优解集作为父代种群，种群规模为 n_P，并随机地将父代种群中的个体（解）两两配对。

步骤 2　交叉与修复。 根据交叉概率，对父代种群中两两配对的个体实施交叉算子，得到子代个体。若子代个体违反约束，则采用修复算子对其进行修复。

步骤 3　构建子代种群。 将步骤 2 所得的子代个体逐一存入子代种群。

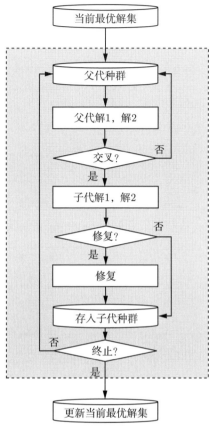

图 4.7　基于种群演化的全局优化策略流程

步骤 4　当前最优解集更新。合并父代、子代种群，挑选出其中评分最高的 n_P 个个体，构建新的当前最优解集。

作为算法内循环的最后一部分，"演化"策略的主要作用可以总结为以下两个方面：①全局寻优。通过交叉、修复算子构建更大邻域，开辟更大解空间，帮助算法跳出局部最优，实现全局优化的效果。②增强解的多样性。当前最优解集由"并行"策略中的局部搜索算法优化所得，而"并行"策略所能提供的多样性也是有限的。本策略通过概率性的交叉算子对当前最优解集进行"扰动"，再一次提升解的多样性，促进下一代"并行""演化"策略优化效果，形成良性循环。

在其他研究中，自适应大邻域搜索等局部搜索算法也通过"扰动""破坏"和"修复"等算子达到跳出局部最优、促进全局寻优的目的。本章采用"演化"策略实现这一目的，主要是希望充分利用多线程并行算法取得的丰富的优化结果，借助种群的多样性和自适应性优势，进一步增强算法全局寻优的效果。

4.5.2　交叉算子

在演化算法、演化策略的设计中，交叉算子应当具备以下两个条件：①不影响决策变量的取值，即交叉后决策变量不会超过原先的取值范围，影响解的表达。②尽可能少地违反约束条件。任何算子都有可能导致原本的可行解违反约束条件，而交叉算子通常一次性改变了较多的决策变量取值，违反约束条件的可能性更高。对此，在本书卫星任务调度通用 0-1 混合整数决策的基础上，本节给出了图 4.8 所示的两种交叉算子：

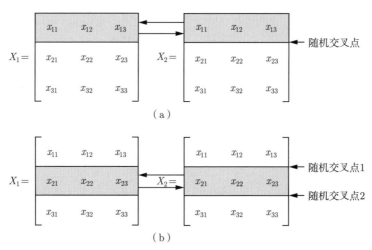

（a）

（b）

图 4.8　"演化"策略中交叉算子示意图

(a) 单点交叉算子；(b) 双点交叉算子

（1）单点交叉算子，即在决策矩阵 X_1 和 X_2 中随机选择一个相同位置，交换该位置以上全部决策变量的取值，如图 4.8 (a) 所示。基于本书卫星任务调度通用 0-1 混合整数决策模型中，该算子的实际含义为交换这部分卫星任务中所有事件的执行时机。

（2）双点交叉算子，即在决策矩阵 X_1 和 X_2 中随机选择两个相同位置，交换二者中间全部决策变量的取值，如图 4.8 (b) 所示。与单点交叉算子类似，双点交叉算子的实际含义也是交换一部分卫星任务中所有事件的执行时机。

值得注意的是，上述交叉算子也可描述为多个 Swap 或 Move 算子的组合形式，故交叉算子也不会导致决策变量超出取值范围。在决策矩阵 X_1 和 X_2 均满足约束的情况下，交叉算子可以保留一部分卫星事件的执行情况，满足一部分的约束条件，但仍然有可能违反其他约束条件。对此，有必要设计一种修复算子，对违反约束条件的解进行快速、适当的修复，以保障本节"演化"策略全局优化结果的可行性。

4.5.3　修复算子

鉴于卫星任务调度问题约束条件的复杂性,使用交叉算子产生子代的过程中,可能产生较多的违反约束条件的解,影响交叉算子效果和种群多样性。针对这些违反约束条件的解,在 4.3.4 节增量式约束计算算法的基础上,本节设计了一种修复算子,以较少的时间成本改善交叉算子效果、维持种群的多样性,保障本节"演化"策略全局优化结果的可行性。该修复算子的具体步骤如算法 4.8 所示。

算法 4.8　　基于增量式约束计算的修复算子

Input: 决策矩阵 X,交叉算子涉及的决策变量集合 $X_C(X_C \subset X)$,约束条件集 F^H

Output: 满足约束的决策矩阵 X

1　**for** $x \in X_C$ **do**　　　　　　　　　// 遍历交叉算子涉及的决策变量
2　　**for** $i = 1 : |F^H|$ **do** // 遍历约束条件及其可能涉及的决策矩阵子集,进行增量式的约束检查
3　　　　**for** $j = 1 : |Z_i(X)|$ **do**
4　　　　　　**if** $x \in X_{ij}^Z$ & $f_i^H(X_{ij}^Z) \neq 0$ **then**
5　　　　　　　$x \leftarrow 0$　　　　// 若决策变量导致违反约束,则将其重置为 0
6　　　　　　**end**
7　　　　**end**
8　　**end**
9　**end**
10　**return** $F^H(X')$

综上所述,本节详细阐述了"演化"策略及具体的交叉、修复算子。作为 APMA 内循环的最后一部分,该策略通过交叉、修复等演化算子对"并行""竞争"策略所得的当前最优解集进行了一次全局的寻优,帮助 APMA 跳出局部最优解、开辟更大解空间,满足了其对全局寻优能力的需要,为其综合性能提供了又一重要保障。

4.6　算法在 benchmark 问题中的性能检验

传统卫星任务调度研究简化程度高,所设计的算法通常难以求解实际问题,实用性、通用性不足,无法在后文实验中与 APMA 进行客观的性能对比。对此,本节在 benchmark 问题中率先检验 APMA 性能,给出客观的实验验证。这里,鉴

于 Peng 等 [174] 曾指出简化后的遥感卫星常规任务调度问题与定向问题（orien-teering problem，OP）具有较大的相似性，本节选取 OP 及其变种问题，以及简化版遥感卫星常规任务调度问题等 benchmark 问题开展算法测试。测试结果表明，与最新算法相比，APMA 表现出良好的优化性能和通用性，可以为卫星常规任务调度问题提供通用、高效的求解手段。

4.6.1 定向问题

定向问题（OP）是运筹学中一种经典的组合优化问题，由 Golden 等 [246] 于 1987 年提出，并根据"定向运动"而命名。OP 可以简单地描述为：在满足时间约束的情况下，从给定顶点（vertex）集中挑选一个子集并排序，使该子集中顶点收益值总和最大。由此，OP 也常被视为背包问题（knapsack problem, KP）和旅行商问题（traveling salesman problem，TSP）的组合问题，以及选择性旅行商问题（selective TSP，STSP）。本节以比利时鲁汶大学提供的 OP benchmark[247] 作为测试集。1996 年，Chao 等 [248] 通过一种快速启发式算法求解了该测试集中各算例，所得结果被公认为该测试集的最优解。

基于此，本节开展了算法测试实验。APMA"并行"与"竞争"策略中，使用了 HC 算法、TS 算法、SA 算法、LA 算法和 ILS 算法等五种局部搜索算法，每次"并行"迭代 1000 代，其中 TS 算法的禁忌长度系数设为 0.1，SA 算法的退火方式设为等比退火，LA 算法的逾期长度系数设为 2.0，ILS 算法的扰动、修复频次设为 10 次。在"演化"策略中，种群规模设为 100，交叉、变异概率设为 1.0。为定量对比算法性能，各算例中算法运行时间与文献中保持一致。实验取 10 次独立运算的平均结果，实验结果列于表 4.2。

表 4.2　OP benchmark 算法测试与对比结果

算例	最优解	APMA	算例	最优解	APMA	算例	最优解	APMA
1.1	10	10	1.11	205	205	2.3	210	210
1.2	15	15	1.12	225	225	2.4	230	230
1.3	45	45	1.13	240	240	2.5	230	230
1.4	65	65	1.14	260	260	2.6	265	265
1.5	90	90	1.15	265	265	2.7	300	300
1.6	110	110	1.16	270	270	2.8	320	320
1.7	135	135	1.17	280	280	2.9	360	360
1.8	155	155	1.18	285	285	2.10	395	395
1.9	175	175	2.1	120	120	2.11	450	450
1.10	190	190	2.2	200	200	3.1	170	170

续表

算例	最优解	APMA	算例	最优解	APMA	算例	最优解	APMA
3.2	200	200	3.9	550	550	3.16	770	770
3.3	260	260	3.10	580	580	3.17	790	790
3.4	320	320	3.11	610	610	3.18	800	800
3.5	390	390	3.12	640	640	3.19	800	800
3.6	430	430	3.13	670	670	3.20	800	800
3.7	470	470	3.14	710	710			
3.8	520	520	3.15	740	740			

由表 4.2 可见，在同等的运算时间内，APMA 均能获得最优解，且 10 次独立运算结果完全相同，这表明 APMA 求解该测试集的有效性和鲁棒性。下面，将基于 OP 变种问题进一步测试算法性能。

4.6.2 带时间窗口的定向问题

带时间窗口的定向问题（OP with time windows，OPTW）是一种 OP 的变种问题，由 Kantor 等 [249] 于 1992 年提出，主要特点是为 OP 中每个顶点的访问时间设置了时间窗口约束。本节以鲁汶大学 OPTW benchmark[247] 作为测试集，该测试集最新算法为 Verbeeck 等 [250] 于 2017 年提出的快速蚁群系统（ant colony system，ACS）算法。基于此，本节开展算法测试与对比实验，算法参数与终止条件不变，实验结果列于表 4.3。表中的实验结果均为算法多次独立运算所得的平均结果。

表 4.3 OPTW benchmark 算法测试与对比结果

算例	ACS	APMA	优势率/%	算例	ACS	APMA	优势率/%
20.1.1	177	177	0.00	20.4.2	299	299	0.00
20.1.2	193	193	0.00	20.4.3	283	283	0.00
20.1.3	201	201	0.00	50.1.1	314	314	0.00
20.2.1	213	213	0.00	50.1.2	290	290	0.00
20.2.2	219	219	0.00	50.1.3	316	316	0.00
20.2.3	211	211	0.00	50.2.1	322	322	0.00
20.3.1	306	306	0.00	50.2.2	347	347	0.00
20.3.2	262	262	0.00	50.2.3	346	346	0.00
20.3.3	286	286	0.00	50.3.1	380	380	0.00
20.4.1	293	293	0.00	50.3.2	444	444	0.00

续表

算例	ACS	APMA	优势率/%	算例	ACS	APMA	优势率/%
50.3.3	403	403	0.00	100.2.2	393	**396.8**	**1.00**
50.4.1	498	498	0.00	100.2.3	394	394	0.00
50.4.2	463	463	0.00	100.3.1	490	490	0.00
50.4.3	479	**493**	**2.90**	100.3.2	511	511	0.00
100.1.1	297	297	0.00	100.3.3	523.4	**525**	**0.30**
100.1.2	320	320	0.00	100.4.1	489.3	**522.3**	**6.70**
100.1.3	373	373	0.00	100.4.2	529.4	**552**	**4.30**
100.2.1	397	397	0.00	100.4.3	581.7	**588.3**	**1.10**
优于/等于/劣于文献结果统计	6/30/0			平均优势率			0.50

注：加黑字体表示结果更优。

由表 4.3 可见，在同等的运算时间内，APMA 10 次独立运算所取得的平均结果均优于或等于文献结果，其中 6 个算例取得了优于文献结果的优化效果；36 个算例的平均优势（outperformance）率为 0.5%。该实验结果说明了 APMA 求解 OPTW 测试集的有效性。

4.6.3   时间依赖的带时间窗口的定向问题

时间依赖的带时间窗口的定向问题（time-dependent OPTW，TD-OPTW）是一种 OPTW 的变种问题，由 Fomin 等[251] 于 2002 年提出，主要特点是在 OPTW 中引入了时间依赖的转移时间，即两个顶点之间的转移时间受访问时间的影响。针对这一特点，Peng 等[174] 指出，简化（仅考虑成像事件）的敏捷遥感卫星常规任务调度问题与 TD-OPTW 有较大的相似性。

本节以鲁汶大学 TD-OPTW benchmark[247] 作为测试集，该测试集最新算法同为 Verbeeck 等[250] 提出的 ACS 算法。基于此，开展了算法测试与对比实验，算法参数与终止条件不变，实验结果列于表 4.4。

表 4.4   TD-OPTW benchmark 算法测试与对比结果

算例	ACS	APMA	优势率/%	算例	ACS	APMA	优势率/%
20.1.1	159	159	0.00	20.3.1	277	277	0.00
20.1.2	173	173	0.00	20.3.2	245	**246**	**0.40**
20.1.3	183	**184**	**0.50**	20.3.3	259	259	0.00
20.2.1	188	188	0.00	20.4.1	274	274	0.00
20.2.2	201	201	0.00	20.4.2	275	275	0.00
20.2.3	195	195	0.00	20.4.3	268	268	0.00

续表

算例	ACS	APMA	优势率/%	算例	ACS	APMA	优势率/%
50.1.1	288	288	0.00	100.1.1	275	275	0.00
50.1.2	274	274	0.00	100.1.2	278	278	0.00
50.1.3	289	289	0.00	100.1.3	343	<u>342</u>	−0.30
50.2.1	298	298	0.00	100.2.1	351.2	351.1	0.00
50.2.2	310	310	0.00	100.2.2	366.6	**367**	0.10
50.2.3	340	340	0.00	100.2.3	370	370	0.00
50.3.1	339	**346**	2.10	100.3.1	436	**437**	0.20
50.3.2	404	**415**	2.70	100.3.2	446.6	**454**	1.70
50.3.3	366	366	0.00	100.3.3	467	**470**	0.60
50.4.1	476.6	**478**	0.30	100.4.1	480	480	0.00
50.4.2	439.8	**441**	0.30	100.4.2	494.6	**497**	0.50
50.4.3	450	450	0.00	100.4.3	526.8	**532**	1.00
优于/等于/劣于文献结果统计	12/23/1			平均优势率			0.30

注：加黑数字表示结果更优；加"＿"数字表示结果更差。

由表 4.4 可见，在同等的运算时间内，除算例 100.1.3 外，APMA 10 次独立运算所取得的平均结果均优于或等于文献结果，其中 12 个算例取得了优于文献结果的优化效果；36 个算例的平均优势率为 0.3%。该实验结果说明了 APMA 求解 TD-OPTW 测试集的有效性。

4.6.4　简化版遥感卫星常规任务调度问题

Peng 等 [174] 指出，简化后的敏捷遥感卫星常规任务调度问题与 TD-OPTW 有较大的相似性。该问题模拟了某敏捷遥感卫星 AS-01 拍摄国内和全球随机目标的任务调度问题，考虑了遥感卫星成像事件及其时间依赖的转换时间约束条件，但未考虑数传、固存擦除事件以及其他诸多相关约束。针对这一简化问题，Peng 等 [174] 提出了一种基于动态规划的迭代局部搜索（dynamic programming based iterated local search，BDP-ILS）算法，该算法的主要特点是通过动态规划解码成像事件在其时间窗口内的开始时间，代替了传统研究中"成像质量优先""成像时间优先"等启发式规则的主观解码策略；但其解码策略、算子等均是基于简化问题而专门设计的，无法应用于实际的卫星任务调度问题。尽管如此，为充分检验 APMA 性能，本节以该 benchmark 为测试集开展算法测试，并与 BDP-ILS 进行对比，算法参数与终止条件不变，实验结果列于表 4.5。

由表 4.5 中 24 个算例结果中可知，APMA 在其中 14 个算例中取得了优于文献结果的优化效果，在 4 个算例中优化效率与文献一致，但在 6 个算例中优化效果不佳；24 个算例的平均优势率为 0.3%。该实验结果说明 APMA 与最新算法相比是有竞争力的。另一方面，APMA 是为遥感卫星、中继通信卫星、导航卫星和卫星测控等真实的卫星任务调度问题而设计的，遵循了本书"立足实际、面向应用"的研究原则，且算法策略、算子均与问题松耦合，具有更高的通用性、实用性和灵活性，更能满足卫星管控部门对任务调度算法的客观需要。

表 4.5　AS-01 benchmark 算法测试与对比结果

算例	ACS	APMA	优势率/%	算例	ACS	APMA	优势率/%
100_A	568.4	**569.2**	**0.10**	100_W	550	550	0.00
200_A	894	**910.8**	**1.90**	200_W	1004	<u>997.4</u>	−0.70
300_A	998.6	**1037.6**	**3.90**	300_W	1622	<u>1619.7</u>	−0.10
400_A	1162.8	**1224.7**	**5.30**	400_W	2263	<u>2255.4</u>	−0.30
500_A	1297.6	**1345.8**	**3.70**	500_W	2686	**2691.3**	**0.20**
600_A	1399.8	**1510.2**	**7.90**	600_W	3122	3122.2	0.00
100_ATD	491.1	**492.3**	**0.20**	100_WTD	528	528	0.00
200_ATD	747.6	**763**	**2.10**	200_WTD	973.9	<u>971.3</u>	−0.30
300_ATD	854.9	**889.2**	**4.00**	300_WTD	1557.1	<u>1550.2</u>	−0.40
400_ATD	1053.2	**1102.1**	**4.60**	400_WTD	2149.9	<u>2141.2</u>	−0.40
500_ATD	1153.7	**1197.8**	**3.80**	500_WTD	2558.4	**2561**	**0.10**
600_ATD	1260.1	**1360.1**	**7.90**	600_WTD	2847.4	2847.8	0.00
优于/等于/劣于文献结果统计		2014/4/6		平均优势率			1.80

注：加黑数字表示结果更优；加"＿"数字表示结果更差。

　　综上所述，为客观检验 APMA 性能，本节在 OP、简化版遥感卫星常规任务调度等 benchmark 问题中开展算法测试与对比。测试结果表明，与最新算法相比，APMA 表现出良好的通用性和优化性能，可以为卫星常规任务调度问题提供通用、高效的求解手段。

4.7　本章小结

　　面向卫星管控部门每日、每周的常规任务调度需求，本章提出了一种通用的自适应并行模因演化算法 APMA，主要内容包括：

　　（1）设计了基于启发式的快速初始解构造策略。该策略通过"预分配＋紧前安排"的启发式算法，帮助 APMA 快速进入高质量的可行域空间，为其进一步的迭代优化提供重要基础。

（2）设计了基于并行搜索的通用局部优化策略。该策略通过通用并行局部搜索算法和算子开展快速、高效地寻优，获取多样化的优化结果，满足了 APMA 对局部寻优能力和时间复杂性的需要，为后续策略中算法、算子竞争和全局优化提供了重要依据。

（3）设计了基于竞争的算法算子自适应选择策略。该策略定量评估算法、算子的贡献程度，逐代更新其使用概率，实现了算法、算子层面的竞争与"优胜劣汰"，满足了 APMA 对自适应能力的需要，为算法综合性能提供了重要保障。

（4）设计了基于种群演化的全局优化策略。该策略通过交叉、修复等演化算子对当前最优解集进行一次全局寻优，帮助 APMA 跳出局部最优、开辟更大解空间，满足了其对全局寻优能力的需要，为算法综合性能提供了又一保障。

以上四种策略共同协作、优势互补，既保留了传统 MA 局部与全局寻优的优势，又避免了其时间复杂性叠加和约束优化效率偏低的弊端，在一系列 benchmark 实验中表现出色。由此，本章 APMA 可以满足卫星常规任务调度的实际优化需要，为本书卫星常规任务调度提供通用、高效的求解手段，为本书卫星任务调度引擎提供核心算法支撑。

第5章

面向卫星应急任务调度的
通用化求解方法

在卫星管控的长期过程中，增减任务、卫星故障等动态事件频发，常规任务调度算法的时效性不足，卫星应急任务调度成为新常态。对此，面向卫星管控部门的应急任务调度需求，本章设计了一种通用的分布式动态滚动优化（DDRO）算法，针对卫星任务调度当前方案开展实时、有效的动态优化，满足卫星应急任务调度的现实需要。

首先，本章分析了卫星应急任务调度算法需求，搭建了 DDRO 通用算法框架。为实现这一框架，满足应用需求，依次设计了以下四种策略：①基于动态合同网的任务协商与分配策略；②基于滚动时域的单平台任务重调度策略；③基于可调度预测的任务快速插入策略；④基于约束网络的实时冲突消解策略。本章详细阐述了 DDRO 算法各策略的实现方式，为卫星应急任务调度问题提供通用、灵活的求解手段，为卫星任务调度引擎提供又一算法支撑。

5.1 分布式动态滚动的通用算法框架

5.1.1 需求分析

在卫星管控的长期过程中，不可避免地会出现一些动态事件，影响原本的卫星任务调度方案，需要管控部门或卫星自发地做出有效的应急响应。从卫星管控部门的角度来看，这些动态事件包括主观动态事件和客观动态事件，即由管控部门触发的动态事件和卫星自身引发的动态事件。表 5.1 列举了一些常见的动态事件及对卫星任务调度问题的影响。

表 5.1　卫星管控过程中常见的动态事件及对任务调度问题的影响

类型	动态事件	对任务调度问题的影响
由管控部门触发的主观动态事件	临时增加卫星、轨道、窗口	资源增加，有利于求解
	临时减少卫星、轨道、窗口	资源减少，不利于求解
	突发、临时新增任务	任务增加，不利于求解
	临时取消任务	任务减少，有利于求解
	人为地、个性化地调整方案	可能违反约束，不利于求解
	重新调度因资源减少而被迫取消的任务	任务增加，不利于求解
	重新调度因违反约束而被迫取消的任务	任务增加，不利于求解
由卫星自身触发的客观动态事件	云层遮挡，窗口缩短或失效	资源减少，不利于求解
	卫星发生故障，无法执行任务	资源减少，不利于求解
	自主感知模式下，触发新任务	任务增加，不利于求解
	自主协同模式下，其他卫星分配的新任务	任务增加，不利于求解

由表 5.1 可见，上述常见动态事件对卫星任务调度问题的影响主要包括：资源增加、资源减少、任务增加、任务减少和违反约束等情况。其中，资源增加与任务减少等影响将促使资源更加充裕，降低了任务调度的约束程度和任务规模，更有利于任务调度问题的求解。反之，资源减少与任务增加等影响将导致资源更加紧缺，增加了任务调度的约束程度和任务规模，不利于问题的求解。值得注意的是，由于资源减少、违反约束而导致部分任务被迫取消、需重新调度时，这些任务也可视为"新增任务"。鉴于此，结合卫星管控实际情况，卫星应急任务调度算法设计的需求可以总结为：

（1）资源减少、任务增加、违反约束等不利影响下对"新增任务"的实时、快速调度需求。在表 5.1 中，大部分突发事件产生了资源减少、任务增加、违反约束等不利影响，故应对此类不利影响是卫星管控部门在应急任务调度过程中的最常见、最重要的需求。特别是近年来我国海上周边形势严峻，争端与纠纷频发，面向海上目标的应急任务需求增多，对管控部门的应急能力提出了新要求。另一方面，随着星上硬件水平与计算能力的不断提升，越来越多的卫星具备了自主、独立的调度能力，俗称"自主卫星"。自主卫星可以在地面管控中心较少干预的情况下自发地生成、执行任务，而这一过程也需要实时、有效的应急调度算法支撑。

（2）资源增加、任务减少等有利影响下对原方案的接续优化需求。从任务调度方案的角度来看，在资源增加、任务减少的影响下，当前方案的可行性和收益情况没有发生改变。与其他不利影响相比，当前方案重调度的需求并不迫切。另一方面，此类影响使得当前资源更加充裕，当前方案出现一定的优化空间。在此类影响下，卫星管控部门的需求以基于原方案的进一步优化为主，利用资源充裕的有利条件，进一步提升卫星任务调度的收益。

（3）重调度过程中较少更改原方案的业务性需求。卫星任务调度方案的更改不仅涉及任务指令的重新编译与上注，还涉及地面管控人员工作计划与排班的调整。因此，不论是针对不利影响的实时、快速调度，还是对有利影响的接续优化，卫星管控部门都不希望任务调度方案发生大幅变化。由此，在满足上述实时、快速重调度与接续优化需要的同时，应较少地更改原本的任务调度方案，满足实际业务要求。

（4）卫星系统自主化发展趋势下多星、多站任务协商、分配的智能管控需求。随着在轨卫星数量的持续增加，以及星上硬件水平与计算能力的不断提升，自主化成为卫星系统发展的新趋势。在此趋势下，以地面为中心的传统管控模式将逐渐向星地任务协商、分配的自主化、智能化管控模式转变。由此，满足快速响应与智能管控双重需要的任务调度框架不可或缺。需要说明的是，尽管该需求以卫星系统未来发展趋势为背景，但任务调度框架设计仍应遵循"立足实际，面向应用"的基本原则，满足我国当前卫星系统的基本应用要求。

针对上述需求，本节将依据表 5.2 所列对策开展应急任务调度算法设计，设计一种基于多智能体系统（multi-agent system，MAS）的分布式动态滚动优化算法框架，为卫星应急任务调度问题提供实时、有效的解决方案。

表 5.2　卫星应急任务调度算法设计思路与对策

序号	设计需求	设计思路与对策
1	对新增任务的实时、快速调度	1. 设计滚动时域的任务重调度策略，对新增任务及时响应； 2. 设计实时的冲突消解策略，满足重调度策略的应用要求
2	对原方案的接续优化	沿用第 4 章自适应并行模因演化算法 APMA（简化版）
3	对原方案的小幅改动	1. 基于滚动时域的重调度策略，开展局部的任务重调度； 2. 接续优化时以局部优化为主，减少全局优化策略的使用
4	多星任务协商、分配	1. 将单星视为 agent，搭建 MAS 框架； 2. 设计 MAS 任务协商、分配策略

5.1.2　算法框架

基于前文分析，本节设计了一种通用化的分布式动态滚动优化（DDRO）算法，算法框架如图 5.1 所示（以遥感卫星任务调度问题为例），主要包含以下四层内容：

（1）需求层

需求层负责获取动态任务调度的具体需求，即在资源减少、任务增加、违反

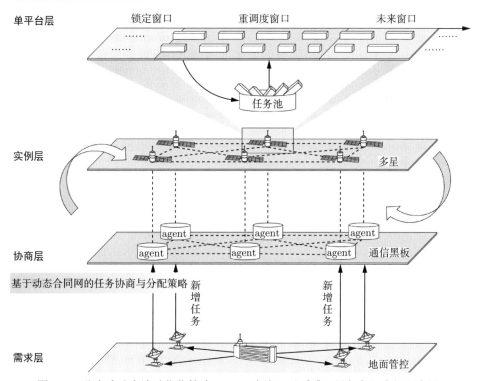

滚动时域的单平台任务重调度策略
基于可调度性测的任务快速插入策略
基于约束网络的实时冲突消解策略

单平台层　　　锁定窗口　　　重调度窗口　　　未来窗口

任务池

实例层　　　　　　　　　　　　　　　　多星

协商层　　　agent　　　agent　　　agent
　　　　agent　　　agent　　　agent　　通信黑板
基于动态合同网的任务协商与分配策略　新增任务　　　新增任务

需求层　　　　　　　　　　　　　　地面管控

图 5.1　分布式动态滚动优化算法 DDRO 框架 (以遥感卫星任务调度问题为例)

约束等不利动态影响下，由管控部门明确需要调度的"新增任务"，并将其上传至
MAS 协商层。这里，与传统管控模式相比，管控部门不再对"新增任务"进行直
接的调度，而是将其上传至 MAS 协商层，由 MAS 完成后续的任务协商与调度。

（2）协商层

协商层负责构建 MAS，并执行 MAS 中 agent 相互之间的通信、协商与任务
分配。对此，本章专门设计了基于动态合同网的任务协商与分配策略，由地面管
控中心与卫星系统共同维护。需要说明的是，协商层建立在通信黑板的基础上，即
建立在一个假想的、由"星—星—地"通信网络技术组建的通信平台上。该 MAS
通常称为基于"黑板模型"的 MAS。这里，通信黑板的建立、维护与更新方法属
于通信技术的研究内容，不在本书的研究范畴。通过基于动态合同网的任务协商

与分配策略，协商层的通信、协商与任务分配结果将最终同步至卫星或测站平台，指导其执行后续任务调度工作。

（3）实例层

实例层对 MAS 中的 agent 进行实例化，赋予 agent 真实的物理意义。在本框架的 MAS 中，每一个 agent 代表一座测站或一颗在轨卫星（既包括自主卫星，也包括非自主卫星）。其中，自主卫星 agent 由星上硬件设备自主运行，非自主卫星 agent 则由地面管控中心代为运行。这样一来，本框架解决了传统 MAS 只适用于少数自主卫星的问题，在我国卫星系统仍以非自主卫星为主体的现状下提升了 MAS 的通用性和实用价值，遵循了本书"立足实际，面向应用"的研究原则。

（4）单平台层

单平台层是本框架的末端优化层，负责实施单平台层面的任务调度。考虑到本章算法应用的通用性，在不同的卫星任务调度问题中，单平台层具体表现为某一卫星（遥感卫星、中继通信卫星和导航卫星任务调度问题中）或某一测站（卫星测控任务调度问题中）。这里，由于单平台层只涉及一个执行任务的卫星或测站，故该层的任务调度问题可视为原问题的一个子问题。针对单平台层的应急任务调度问题，本章设计了滚动时域的单平台任务重调度策略，以及该策略所需的基于可调度性预测的任务快速插入策略和基于约束网络的实时冲突消解策略等。当窗口滚动或新任务达到任务池时，单平台层将实时调度任务池和重调度窗口内的任务，及时更新任务池与当前卫星任务调度方案，满足动态 MAS 环境中单平台的应急任务调度需要。

5.1.3　优势分析

基于以上内容，面向卫星管控部门的实际需求，DDRO 算法优化框架的优势可以总结为：

（1）设计了区别于传统常规调度的应急调度框架，满足了卫星长管过程中任务调度方案实时的应急优化、自主优化需要。与第 4 章所设计的常规调度算法不同，本章算法旨在解决动态环境下实时的应急任务调度问题。换言之，本章框架的目标不再是原本的常规优化，而是灵活、快速的应急优化。由此，在卫星管控的长期过程中，本章与第 4 章算法分别面向卫星应急、常规任务调度需求，共同为卫星系统的长效管控提供必要的技术支撑。

（2）搭建了分布式的任务协商与分配环境，满足了新趋势下多星、多站智能化、协同化的管控需求。在应急优化、自主优化的目的下，该框架搭建了分布式的任务协商与分配环境，实现了以地面为中心的传统管控模式向星地协商、协同的智能化管控模式的转变，降低了地面管控的压力与复杂度，满足了卫星系统自主化发展新趋势下多星、多站智能化、协同化的管控需求。

（3）设计了滚动时域的重调度机制，满足了动态环境下任务方案小幅改动与接续优化的需求。该框架通过滚动时域的重调度机制，在连续时域内灵活响应卫星应急任务调度需求、更新任务调度方案，保障了方案的连贯性，为求解卫星应急任务调度问题提供了必要手段。另一方面，由于滚动窗口的存在，该机制仅影响当前一部分的卫星任务调度方案，不会对原方案造成较大幅度的改动，满足了卫星管控部门的相关业务要求。

（4）集成了实时的任务插入与冲突消解策略，满足了管控部门的实时、快速响应需求。最后，该框架通过任务快速插入和实时冲突消解等两项策略，保障了算法实时性和结果可行性，满足了管控部门对卫星长管过程中的突发情况，特别是新增任务、卫星故障等情况实时、快速响应的需求。

综上所述，本节提出的 DDRO 的优化框架可以满足管控部门的各项实际需求。特别地，该框架呈现出星地协同、滚动优化、灵活响应与快速响应的综合特点，为动态环境下卫星任务调度问题提供重要的求解框架。

5.2 基于动态合同网的任务协商与分配策略

在上述 DDRO 通用算法框架的基础上，针对协商层 MAS 通信、协商与任务分配需求，本节设计了一种基于动态合同网的任务协商与分配策略。该策略模拟合同网协议中招标、投标、评标和中标的通信和协商机理[252-253]，同时结合卫星应急任务调度实际情况，引入动态招标、全员竞标、差异化评标等新的改进策略，开展灵活、自组织的任务协商与分配，为 DDRO 算法框架提供重要的协商依据。

5.2.1 通用流程

本策略主要包括以下四个步骤，通用流程如图 5.2 所示。

步骤 1（第 1 轮通信） 招标。在 MAS 中，接收到待分配任务的 agent 自动担任招标 agent，通过通信黑板向 MAS 中所有 agent（含自身）广播任务招标信息，并设置投标截止时间。

步骤 2（第 2 轮通信） 投标。接收到任务招标信息的 agent 将担任投标 agent，启动投标程序，进行评估，即根据任务池、收益率、约束余量等当前自身状态信息，制定标书并反馈给招标 agent。若招标任务必须被执行，招标 agent 还将启动一次模拟的重调度（不改变其正在执行的任务方案），即模拟将任务实时插入当前任务方案后产生的影响并相应地调整标书。具体标书内容和重调度策略将于后文介绍。

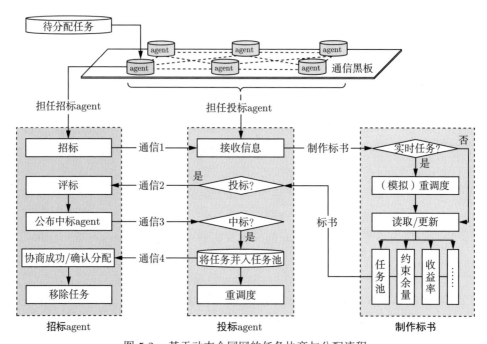

图 5.2　基于动态合同网的任务协商与分配流程

步骤 3（第 3 轮通信）　评标。在收到全部投标 agent 反馈的标书或超过预定截止时间后，招标 agent 将结束招标并启动评标程序，即根据各投标 agent 标书，通过评标算法确定并通知中标 agent，将任务分配给中标 agent。

步骤 4（第 4 轮通信）　签约。中标 agent 接收到中标通知后，通知招标 agent 移除该任务，双方达成协议，确认任务分配。同时，中标 agent 将任务并入其任务池中，启动一次真实的重调度，更新其正在执行的任务方案。

在上述步骤中，待分配任务是该策略的输入，主要类型如表 5.3 所示。

根据上述步骤，本节所设计的任务协商与分配策略具有如下特点：

（1）动态招标

任何接收到待分配任务的 agent 都将自动担任招标 agent，与固定招标 agent 的传统合同网协议相比表现出更高的灵活性，更适合于通信拓扑结构动态变化的卫星任务调度问题。

表 5.3 卫星应急任务调度问题中待分配任务的主要类型、来源和特点

序号	待分配任务类型	来源	是否必须执行
1	重要应急任务	地面管控中心加注	是
2	一般应急任务	地面管控中心加注	否
3	星上自主任务	卫星自主触发	是
4	星上任务池中未调度的任务	无以上任务时，自主卫星周期性地从任务池中提取	否

（2）全员投标

一方面，由于招标 agent 本身也代表着一颗自主卫星或测站，具备执行任务的条件，故包括招标 agent 在内的所有 agent 均将担任投标 agent 并参与竞标，保障了招标 agent 自身的竞标权利。另一方面，在通信黑板的基础上，非自主卫星也将通过地面管控中心代为运行的 agent 参与竞标（虽然可能存在无法在规定的时间内完成通信与投标的情况），一定程度地提升了合同网协议的多样性，在我国卫星系统仍以非自主卫星为主的现状下也具有较高的可行性。

（3）差异化地制作标书

一方面，针对必须执行的应急任务，时效性高，调度需求迫切，为确保此类任务的精准、有效分配，投标 agent 通过一次模拟的重调度（快速）评估该任务的影响，为招标 agent 提供详细、准确的分配依据。另一方面，针对其余时效性、调度紧迫性相对较低的应急任务，任务非必须执行，投标 agent 并不启动模拟重调度，而以当前自身状态信息直接制定标书，节省了 agent 的计算资源；这里，该任务最终是否能够成功调度将由后续单平台层面的任务重调度策略决定。

可见，在传统合同网协议的基础上，本策略结合卫星应急任务调度实际情况，引入了动态招标、全员竞标、差异化评标等新策略，有助于提升复杂动态环境下合同网的灵活性、通用性。下面，将具体介绍本策略步骤 2 中标书制定和步骤 3 中评标算法的具体内容。

5.2.2 标书制定

标书是投标 agent 根据招标任务信息和自身状态信息制定的一个综合指标集，是招标 agent 确定中标者的重要依据。记 agent 集为 A，其中第 j 个 agent 为 a_j，其标书为 B_j，并记 B_j 中第 k 个指标项为 b_{jk}。同时，记 agent a_j 所涉及

的卫星任务调度子问题的任务集为 $T_j(T_j \subseteq T)$，决策矩阵为 $X_j(X_j \subseteq X)$。在此基础上，本节考虑如下指标制定标书。

5.2.2.1　任务池规模

定义 5.1 任务池（task pool）　在单平台层面的任务调度问题中，尚未被调度或未被成功调度的任务的集合称为任务池，其反映了当前任务调度问题的过度订阅（over-subscription）程度。这里，记 agent a_j 的任务池为 $T_j^{\mathrm{P}}(T_j^{\mathrm{P}} \subseteq T_j)$；为方便后续计算，记任务池规模的负值 $-|T_j^{\mathrm{P}}|$ 为 b_{j1}，即

$$b_{j1} = -|T_j^{\mathrm{P}}| = -|\{t_i | t_i \in T, x_{i1} = 0\}|, x_{i1} \in X_j, X_j \subseteq X, T_j \subseteq T \tag{5-1}$$

式中，T_j^{P} 为 agent a_j 的任务池，$a_j \in A, T_j^{\mathrm{P}} \subseteq T_j$；$t_i$ 为任务池中 T_j^{P} 第 i 个任务，$t_i \in T_j^{\mathrm{P}}$；x_{i1} 为关于任务 t_i 第一个事件（e_{i1}）的决策变量；X_j 为 agent a_j 涉及的决策矩阵子集，$X_j \subseteq X$。

5.2.2.2　收益率

定义 5.2 收益率（profit ratio）　在单平台层面的任务调度问题中，被成功调度的任务收益与全部任务总收益的比值称为收益率，其反映了当前任务调度问题的完成度和资源的利用程度。agent a_j 的收益率，记为 b_{j2}，其表达式如下：

$$b_{j2} = \frac{\sum\limits_{t_i \in T_j} f_i \cdot \lceil x_{i1} \rceil}{\sum\limits_{t_i \in T_j} f_i}, x_{i1} \in X_j, X_j \subseteq X, T_j \subseteq T \tag{5-2}$$

式中，f_i 为任务 t_i 的收益值。

5.2.2.3　平均约束余量

定义 5.3 平均约束余量（average constraint margin）　在单平台层面的任务调度子问题中，约束条件内各约束对象与约束阈值之差的平均值称为平均约束余量，其反映了当前任务调度问题的资源利用程度与储备能力。基于 3.4.3 节约束网络与约束值计算方法，agent a_j 的平均约束余量记为 b_{j3}，其表达式如下：

$$b_{j3} = \frac{1}{|F^{\mathrm{H}}|} \cdot \sum_{i=1}^{|F^{\mathrm{H}}|} \sum_{k=1}^{|Z_i(X)|} |c_i^{\mathrm{H}}(X_{ik}^{\mathrm{Z}}) - y_i^{\mathrm{H}}(X_{ik}^{\mathrm{Z}})|, X_{ik}^{\mathrm{Z}} \subseteq X_j, X_j \subseteq X \tag{5-3}$$

式中，F^{H} 为约束条件集；c_i^{H} 为由式（3-26）求得的第 i 项约束条件的约束对象；y_i^{H} 为由式（3-26）求得的第 i 项约束条件的约束阈值；X_{ik}^{Z} 为由式（3-40）求得

的第 i 项约束条件可能涉及的第 k 个决策矩阵子集；$Z_i(X)$ 为由式（3-40）求得的第 i 项约束条件可能涉及的决策矩阵子集集合。

值得一提的是，在传统相关研究中，通常采用负载量、负载率来评估卫星、测站资源的利用程度。但在实际的卫星任务调度问题中，约束复杂性高，众多复杂的约束条件共同限制了资源的利用程度。例如，在成像卫星单轨成像次数、时间约束与时间窗口的共同作用下，即使一个饱和的卫星任务调度方案也可能表现出较低的负载率。对此，本节在前文约束网络的基础上，提出平均约束余量这一新的指标。与负载量、负载率等指标相比，平均约束余量更直观地反映了在当前约束条件下，卫星任务调度方案被约束的程度：其值越小表明约束程度越高（紧约束），任务方案越饱和，难以加入新的任务；反之表明约束程度较低，任务方案越稀疏，容易加入新的任务。因此，平均约束余量既反映了资源的利用程度，也反映了其还能执行其他任务的储备能力，在本书复杂卫星应急任务调度背景下中更适合作为任务分配的参考依据。

除上述指标项以为，针对 5.2.1 节策略步骤 2 中必须执行的应急任务，投标 agent 在制定标书的过程中还将启动一次模拟的重调度，即模拟将任务实时插入当前卫星任务方案后产生的影响。基于该模拟重调度结果，更新招标 agent 的任务池、收益率和平均约束余量等信息，并分别记为 b_{j4}，b_{j5} 和 b_{j6}，作为新的指标项写入标书。由此，针对招标 Agent 公布的任务信息，投标 Agent 制定的标书可由 B_j 表示：

$$B_j = \begin{cases} \{b_{j1}, b_{j2}, b_{j3}, b_{j4}, b_{j5}, b_{j6}\}, & \text{若招标任务必须实时调度} \\ \{b_{j1}, b_{j2}, b_{j3}\}, & \text{其他} \end{cases} \tag{5-4}$$

5.2.3　评标算法

在 5.2.1 节策略步骤 3 中，在收到全部投标 agent 反馈的标书或超过预定截止时间之后，招标 agent 将结束招标并启动评标程序。考虑到标书中包含了多项指标，评标过程也可视为一种多目标的评价与选择过程，多数情况下不存在各项指标均最优的一个标书。对此，记招标 agent 收到的标书集为 U_B，本节借鉴多目标的支配关系，定义如下的标书支配关系：

$$B_k \succ B_j, \text{if } b_{km} > b_{jm}, \forall m \leqslant |B_j|, B_j \in U_B, B_k \in U_B \tag{5-5}$$

其中，标书 B_k 中任意指标 b_{km} 均高于标书 B_j 中的同类指标 b_{jm}，称 B_k 支配 B_j，记为 $B_k \succ B_j$。在此支配关系的基础上，评标算法的具体步骤如算法 5.1 所示。

算法 5.1　评标算法

Input: 标书集 U_B

Output: 指标综合排名最高的某一标书 B_j，即中标标书

```
1  for j = 1 : |U_B| do                              // 遍历标书，进行两两支配关系检验
2  │   for k = 1 : |U_B| do
3  │   │   if B_k ≻ B_j then                          // 若存在标书 B_k 支配 B_j
4  │   │   │   U_B ← U_B − B_j                         // 则移除被支配的标书 B_j
5  │   │   │   break
6  │   │   end
7  │   end
8  end
9  C ← {c_j|c_j = 0, 0 ⩽ j ⩽ |U_B|} for j = 1 : |U_B| do
10 │   for k = 1 : |B_j| do
11 │   │   c_j ← c_j + order(b_jk)  // 累加标书 B_j 的指标 b_jk 在同类（列）指标中
   │   │                               的排名
12 │   end
13 end
14 j ← minvalueid(C)                                 // 统计指标综合排名最高的标书 id
15 return B_j
```

算法 5.1 首先基于多目标的支配关系，通过第 1~8 行移除标书集 U_B 被支配的标书，保留互不支配、互不占优的标书，即多指标评价情况下的帕累托（Pareto）最优标书集。其次，为从帕累托标书集中挑选出一个标书作为最终的中标标书，该算法进一步统计各标书指标的综合排名：通过第 10~14 行累加各标书 B_j 各项指标的排名值 c_j，其中 order(b_{jk}) 为标书 B_j 的指标 b_{jk} 在同类（所在矩阵列）指标中的排名值。在此排名的基础上，算法最终输出指标综合排名最高（值最小）的标书，作为中标标书。

可见，在多指标的评价背景下，该算法一方面借鉴了多目标的支配关系，淘汰了被支配的标书，科学地给出了 Pareto 最优标书集；另一方面，为从 Pareto 集中快速挑选出一个更合适中标者，综合地考虑了标书各项指标的排名，为进一步的标书评选提供了直接、合理的依据。

综上所述，本节设计了一种模拟合同网协议中招标、投标、评标和中标机理的任务协商与分配策略，介绍了标书制定、评标的具体方法，提供了一种灵活的、自组织的任务协商与分配方案，为 DDRO 算法优化框架提供重要的协商依据。

5.3　基于滚动时域的单平台任务重调度策略

滚动时域调度（rolling horizon scheduling），又称滚动/滑动窗口调度（rolling/sliding window scheduling）等，是一种基于预定窗口有条件地实施任务调度，并随时间不断推进、更新窗口的动态任务调度方式，是处理复杂长周期任务调度的常用策略。为解决前文任务协商与分配过程中的重调度需求，本节设计了一种滚动时域的单平台实时任务重调度策略，围绕窗口滚动和重调度两个步骤的内容，在连续时域内不断地迭代响应，动态地更新卫星任务调度方案，为 DDRO 算法框架下单平台层面的卫星应急任务调度提供了通用的求解手段。

5.3.1　通用流程

本策略主要包括以下四个步骤，通用流程如图 5.3 所示。

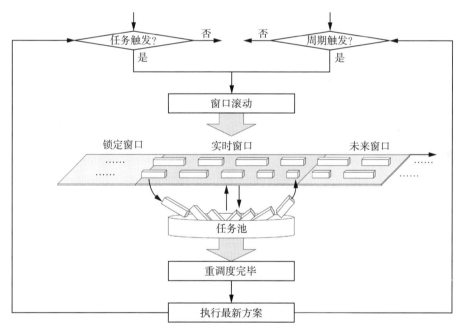

图 5.3　基于滚动时域的单平台任务重调度策略流程

步骤 1　判断窗口滚动前置条件。 采用"任务触发"与"周期触发"的混合滚动触发条件。前者适用于前文任务协商与分配环节中 agent 中标并获取新任务的情况，后者适用于管控部门预设滚动周期的情况。

步骤 2　窗口滚动。 执行一次窗口滚动，更新各窗口的开始、结束时间及所含的任务。这里，将单平台的连续时域划分为锁定窗口（locked window）、实时窗口（real-time window）和未来窗口（future window）等三个连续、无重叠的窗口，具体窗口定义与滚动方式将于 5.3.2 节阐述。

步骤 3　重调度。对任务池和实时窗口内的任务进行一次实时、快速的重调度，更新任务池与实时窗口内的任务，具体重调度算法也将于 5.3.3 节阐述。

步骤 4　平台继续执行任务。基于最新任务调度方案，卫星或测站继续执行任务，返回步骤 1，等待下一次窗口滚动的触发。

可见，该策略围绕窗口滚动和重调度等两项内容，在连续时域内不断迭代响应，动态地更新卫星任务调度方案。同时，该策略仅对任务池与实时窗口内的任务进行重调度，缩减了问题规模，减少了对原方案，特别是较远时间点之后的方案的改动，可以满足管控部门对任务调度方案小幅改动与实时优化的双重需要，为本书求解卫星应急任务调度问题提供了一种可行方案。

5.3.2　窗口与滚动方式定义

在定义滚动窗口之前，首先给出如下时间节点的定义：

定义 5.4　调度起点（scheduling starting point）　卫星应急任务调度场景的开始时刻点称为调度原点，它是本书卫星任务调度的时间起点。

定义 5.5　调度终点（scheduling ending point）　卫星应急任务调度场景的结束时刻点称为调度终点，它是本书卫星任务调度的时间终点。

定义 5.6　重调度起点（rescheduling starting point）　在卫星应急任务调度场景时间范围内，当前任务调度方案中参与重调度的任务的最早时间节点称为重调度起点，它是本节卫星任务重调度的时间起点。在本书背景下，重调度起点通常为触发重调度的当前（或由此向后推迟一段缓冲时间）的时刻点。

定义 5.7　重调度终点（rescheduling ending point）　在卫星应急任务调度场景时间范围内，当前任务调度方案中参与重调度的任务的最晚时间节点称为重调度终点，它是本节卫星任务重调度的时间终点。在本书背景下，重调度终点通常随其起点而变化，二者始终保持固定的时间间隔。

由上述定义可知，本书研究的卫星应急任务调度问题涉及调度起点与终点之间的全部任务；而本节所讨论的卫星任务重调度仅涉及重调度起点与终点之间的任务，重调度起点之前及其终点之后的任务不参与重调度。这里，若卫星任务包含多个事件，其中任意事件的执行时刻点处于重调度起点与终点之间，即视该任务为重调度起点与终点之间的任务。

根据以上定义，四个时间节点将时间轴划分为三个连续的窗口，如图 5.4 所示。对此，本节将这三个连续的窗口分别定义为：

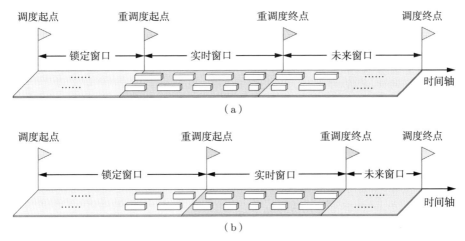

图 5.4　连续时域内时间节点与滚动窗口示意图

(a) 窗口滚动前的时间节点与窗口情况；(b) 窗口滚动后的时间节点与窗口情况

定义 5.8 锁定窗口（locked window）　在时间轴上，以调度起点为开始时间，以重调度原点为结束时间的一个闭区间称为锁定窗口，它包含当前任务调度方案中卫星或测站已执行或即刻执行的、无法调整的任务。

定义 5.9 实时窗口（real-time window）　在时间轴上，以重调度起点为开始时间，以重调度终点为结束时间的一个开区间称为实时窗口，它包含当前任务调度方案中卫星或测站不久将要执行的、仍可调整的任务。

定义 5.10 未来窗口（future window）　在时间轴上，以重调度起点为开始时间，以调度终点为结束时间的一个闭区间称为未来窗口，它包含当前任务调度方案中卫星或测站在实时窗口之后将要执行的、仍可调整的任务。

由上述流程可知，本策略仅重调度实时窗口和任务池内的任务，锁定窗口和未来窗口内的任务不受影响。在管控部门对任务调度方案小幅改动与实时优化的双重需求下，该策略可以大幅降低任务调度的问题规模，减少对原方案的改动幅度，提升重调度方案的时效性与实用性。

5.3.3　重调度算法

根据上述重调度流程与窗口定义，面向管控部门不同的应急调度需求，本节设计了如图 5.5 所示的重调度算法。图中任务池与实时窗口内任务的重调度问题可以视为原卫星任务调度问题中一个具有更小任务、资源规模的（常规调度）子问题。基于此，结合卫星管控的实际情况，本节将重调度算法进一步分为以下两种情况：

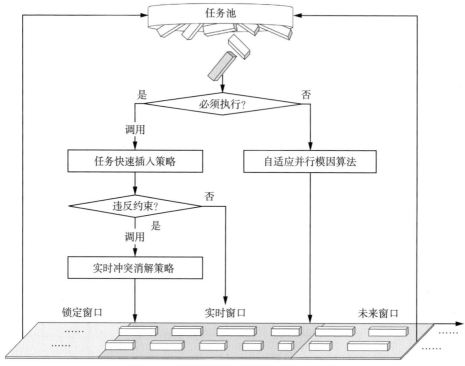

图 5.5　卫星任务调度子问题重调度算法

　　（1）任务池中含必须执行的应急任务。在此情况下，管控部门提出必须执行的应急任务调度需求，调度时间极为有限。对此，本算法调用任务快速插入以及实时冲突消解策略，确保在极短时间内完成任务调度，给出可行方案，满足相关任务的执行需求。其中，任务快速插入和实时冲突消解策略将于 5.4 节和 5.5 节详细阐述。

　　（2）任务池不含必须执行的应急任务。在此情况下，重调度的需求并不紧迫，调度时间相对充裕。对此，本算法直接调用 APMA 的简化版本并行模因算法（parallel memetic algorithm，PMA），开展一定程度的迭代寻优，满足任务调度方案的优化需要。这里，为避免较大幅度地改动原方案，满足管控部门的业务需求，PMA中将仅保留了 APMA 中"并行"策略，不再使用"竞争"和"演化"策略，即以局部优化为主小幅调整原方案，不再通过全局优化策略实施大幅的方案改动。

　　综上所述，本节围绕窗口滚动与重调度等内容，设计了一种滚动时域的单平台任务重调度策略，为 DDRO 算法框架下单平台层面的卫星应急任务调度提供了通用的求解手段。基于此，5.4 节和 5.5 节将分别设计任务快速插入和实时冲突消解策略，为本节任务重调度策略提供所需的技术支持。

5.4　基于可调度性预测的任务快速插入策略

可调度性（schedulability），又称易调度性，是指任务调度问题中任务可被成功调度的可能性，通常用概率形式表示。针对上节重调度策略中必须执行的应急任务，本节设计了一种基于可调度性预测的任务快速插入策略。该策略基于预先训练的可调度性预测模型，分别预测任务事件在不同执行时机下的可调度性，并为其分配可调度性最高的执行时机，实现任务的快速插入。在大量数据训练与学习的前提下，该策略增强了任务插入的科学性和准确性，为 5.3 节重调度策略提供所需的技术支持，为 DDRO 算法求解卫星应急任务调度问题的实时性提供重要支撑。

5.4.1　通用流程

本策略主要包括以下四个步骤，通用流程如图 5.6 所示。

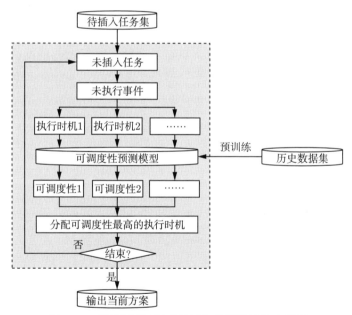

图 5.6　基于可调度性的快速初始解构造策略流程

步骤 1　可调度性模型预训练。基于大量历史数据预先训练可调度性预测模型，为本策略提供可调度性的预测依据。

步骤 2　待插入任务集建立。针对 5.3 节所述重调度策略中必须执行的应急任务，组建"待插入任务集"，计算、更新各任务事件的时间窗口与执行时机，为下一步任务快速插入算法提供必要的数据输入。

步骤 3　预测与快速插入。基于可调度性预测模型，依次预测各任务、各事件在不同执行时机下的可调度性，为事件分配可调度性最高的执行时机，进而实现任务的快速插入。

步骤 4　输出。若任务插入完毕，则输出当前任务调度方案；否则返回步骤 3。检查当前方案的约束条件，为后续是否调用进一步的冲突消解策略提供判断依据。

可见，本策略针对 5.3 节重调度策略中必须执行的应急任务，通过可调度性预测、快速插入等手段，满足相关任务的执行需求。在任务插入过程中，依靠可调度性预测模型保障插入方案的合理性，且暂不处理可能引发的约束冲突情况，大幅提高了任务插入的效率。在任务插入完毕后，考虑到可能出现的约束冲突情况，该策略还将检查一次约束条件，为后续是否调用进一步的冲突消解策略提供一个判断依据。

5.4.2　可调度性预测模型

在上述流程中，本策略采用人工神经网络（artificial neural network，ANN）作为可调度性的预测模型，以任务、事件及执行时机等 10 项指标作为特征输入，并采用增强拓扑的神经演化算法（neuroevolution of augmenting topologies，NEAT）[159,254] 开展模型训练。

5.4.2.1　编码方式

如图 5.7 (a) 所示，神经网络由节点和链接组成，其中节点 1、2 和 3 为输入节点（即特征输入节点），节点 4 为隐藏节点，节点 5 为输出节点（即可调度性输出节点）。为便于模型训练与预测，分别通过图 5.7 (b) 和 (c) 所示的编码方式对图 5.7 (a) 所示的神经网络中的节点和链接进行编码。

与传统的前馈神经网络相比，该编码方式未定义输入层、隐藏层和输出层等，任意两个节点之间均可建立链接、传递数据，如链接 5（3→5）直接链接了输入、输出节点；且允许链接处于未激活状态，如链接 4（2→5）。同时，激励函数也包含 log-sigmoid、tan-sigmoid 和 relu 等多种类型。由此，该编码方式不拘泥于传统的前馈神经网络，使得神经网络的拓扑形式更加多样，表征能力更强，为本策略后续通过神经进化算法开展模型训练提供了前提。

5.4.2.2　特征输入

基于上述神经网络模型，本策略以表 5.4 所列的 10 项任务、事件及执行时机相关指标作为特征输入：

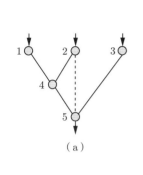

节点

节点编号	1	2	3	4	5
节点属性	输入	输入	输入	—	输出
节点偏好	0.2	0.3	0.5	0.1	−0.1
激励函数	log-sigmoid	relu	log-sigmoid	log-sigmoid	tan-sigmoid

（b）

链接

链接编号	1	3	4	5	6
起止节点	1→4	2→4	2→5	3→5	4→5
链接权值	0.7	0.5	0.5	0.2	0.4
是否激活	激活	激活	未激活（DIS）	激活	激活

（c）

图 5.7　可调度性预测模型的编码方式示例

（a）神经网络；（b）节点编码；（c）链接编码

表 5.4　任务可调度性预测模型的特征输入

序号	任务及事件的特征	序号	事件执行时机的特征
1	任务总数	6	执行时机的开始时间
2	任务收益值	7	执行时机的结束时间
3	任务所含事件数量	8	执行时机所属时间窗口的开始时间
4	事件所需的执行时间	9	执行时机所属时间窗口的结束时间
5	事件的执行时机总数	10	事件于该执行时机被执行时当前任务调度方案的约束值

其中，任务及事件的特征主要用于反映任务及事件本身的客观属性，一定程度地体现了其重要性程度、调度难度等；事件执行时机的特征主要用于反映其时间属性以及可能引发的冲突，体现了其执行任务事件的合理程度。值得注意的是，由于本策略中待插入的任务已预先分配给某一平台（卫星或测站），原本的卫星任务调度问题已转换为单平台层面的一个子问题，故表 5.4 中仅涉及单平台的事件执行时机。

5.4.2.3　训练算法

基于上述神经网络预测模型，该策略借助 NEAT 开展模型训练，相关算法流程详见文献 [159] 和文献 [254]，本节不再赘述。本节主要说明神经网络演化过程中所使用的变异与交叉算子。

（1）变异算子。神经网络演化过程中所使用的变异算子如表 5.5 所示。其中，结构型变异算子被分为链接变异算子和节点变异算子。链接变异算子即增加一条新的链接或删除某条已有的链接，如在图 5.8 中，节点 3 和节点 4 之间增加了一条新的链接 7（3→4）。节点变异算子即在某条链接中增加一个新的节点，或删除某个已有的节点，如在图 5.9 中，节点 3 和节点 5 之间原本的链接 5（3→5）之间增加了一个新的节点 6，同时该链接被拆分为两条新的链接 8（3→6）和 9（6→5）。换而言之，一个节点变异算子通常伴随着多个链接变异算子。

表 5.5   神经网络演化过程中所使用的变异算子

变异类型	变异算子	示例
数值型变异	链接权值变异算子	0.1→0.5
	节点偏好变异算子	0.1→0.5
功能型变异	链接激活状态变异算子	激活 → 未激活
	节点激励函数变异算子	log-sigmoid→tan-sigmoid
结构型变异	链接变异算子	图 5.8
	节点变异算子	图 5.9

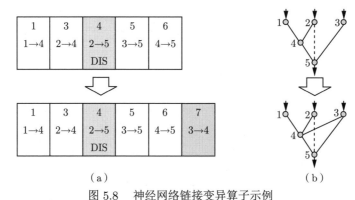

（a）   （b）
图 5.8   神经网络链接变异算子示例
（a）变异前后的链接编码；（b）变异前后的神经网络

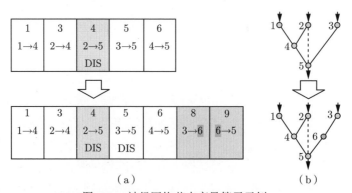

（a）   （b）
图 5.9   神经网络节点变异算子示例
（a）变异前后的链接编码；（b）变异前后的神经网络

（2）交叉算子。神经网络演化过程中所使用的交叉算子如图 5.10 所示。在交叉过程中，将根据链接编码中链接编号对父代链接进行同位配对，并随机地将同一编号位上的一条父代链接遗传给子代。由此，该交叉算子能够保留父代神经网络的主要结构，符合演化算法的特点。

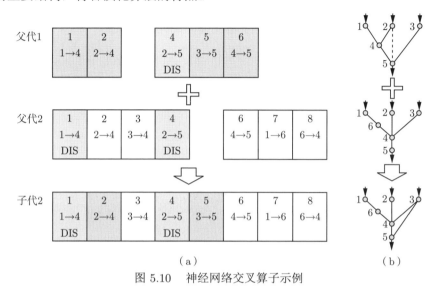

图 5.10　神经网络交叉算子示例

（a）交叉前后父代、子代的链接编码；（b）交叉前后父代、子代的神经网络

5.4.2.4　任务快速插入算法

基于任务可调度性预测模型，为满足重调度策略中任务快速插入的应用需求，本节设计了如下的任务快速插入算法，其具体步骤如算法 5.2 所示。

在算法 5.2 第 3~8 行中，首先考虑了两种情况：①待插入任务属于任务集 T 中已有但未成功调度的任务，已有任务编号（id）；②待插入任务是全新任务，需要并入任务集并赋予新的编号。由此，记该任务为 t_i，算法 5.2 在 9~16 行遍历该任务的事件集 E_i 及各事件的执行时机集 EO_{ij}，依次预测并记录可调度性；随后为各事件分配可调度性最高的执行时机，由式（3-21）为决策变量 x_{ij} 赋值，实现任务的插入。此后，在第 17 行，算法 5.2 从待插入任务集 T_X 中移除已插入的任务，返回第 2 行循环上述步骤，直至待插入任务集 T_X 中全部任务插入完毕。可见，该算法操作简单、时间复杂性低，同时依托可调度性预测模型，可以满足管控部门对任务插入时效性和科学性的双重需要。

需要说明的是，尽管该算法中可调度性预测模型的特征输入已考虑了任务插入可能导致的约束违反情况，算法输出的任务调度方案仍然有可能违反约束条件，如可能存在任何位置插入任务均违反约束的情况。对此，DDRO 算法将进一步借助实时的冲突消解策略,开展任务快速插入后必要的冲突消解,保障任务调度总体方案的合理性和可行性。

算法 5.2　基于可调度性的任务快速插入算法

Input: 当前解 X,任务集 T,待插入任务集 T_X,可调度性预测模型 pre

Output: 任务插入完毕后的当前解 X

```
 1  while T_X ≠ ∅ do                                    // 逐一插入任务,直到全部插入完毕
 2  │   t ← randomfrom(T_X)                             // 随机取出一个待插入的任务
 3  │   if t ∈ T then                                   // 若该任务属于任务集(中未调度的任务)
 4  │   │   i ← id(t)                                   // 则获取该任务编号
 5  │   else
 6  │   │   T ← T ∪ {t}                                 // 否则将该任务并入任务集
 7  │   │   X ← X ∪ 0                                   // 决策矩阵也新增一行(决策变量均为 0)
 8  │   │   i ← |T|                                     // 赋予该任务当前最大编号
 9  │   end
10  │   for j = 1 : |E_i| do                           // 遍历该任务事件
11  │   │   P ← {p_k|p_k = 0, 0 ⩽ k ⩽ |EO_ij)|}        // 初始化可调度性预测集(初始均为 0)
12  │   │   for k = 1 : |EO_ij| do                      // 遍历该事件执行时机
13  │   │   │   p_k = pre(X, t_i, eo_ij^k)              // 预测事件在该执行时机下的可调度性
14  │   │   end
15  │   │   k ← maxvalueid(P)                           // 统计最高可调度性的事件执行时机的编号
16  │   │   x_ij ← k/|EO_ij|                            // 根据式(3-21)为决策变量赋值
17  │   end
18  │   T_X ← T_X - {t}                                 // 插入完毕,移除该任务
19  end
20  return X
```

综上所述,本节基于可调度性预测模型,设计了一种任务快速插入策略。该策略通过预测任务事件在不同执行时机下的可调度性,为其快速分配可调度性最高的执行时机,为 5.3 节重调度策略提供了实时、科学的任务插入手段,为 DDRO 算法求解卫星应急任务调度问题的实时性提供了重要支撑。

5.5　基于约束网络的实时冲突消解策略

针对 5.4 节任务快速插入策略可能违反约束的情况,本节设计了冲突消解策略。该策略通过约束网络快速计算任务冲突度,并根据启发式原则优先移除高冲

突度任务，具有操作简单、时间复杂性低等优点，满足实时响应需求，为前文任务快速插入策略提供必要的冲突消解手段，为 DDRO 算法优化结果的可行性提供了重要保障。

5.5.1 通用流程

本策略主要包括以下三个步骤，通用流程如图 5.11 所示。

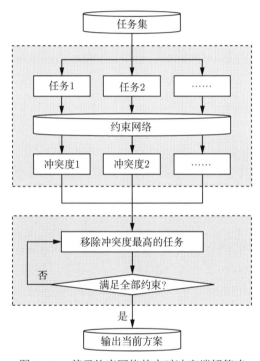

图 5.11 基于约束网络的实时冲突消解策略

步骤 1 任务冲突度计算。基于卫星任务调度约束模型与约束网络，计算当前任务调度方案中各任务的冲突度。

步骤 2 冲突消解。根据任务冲突度由高至低的顺序，依次移除引发冲突的任务。被移除的任务将被放入单平台层面的任务池内，本策略中不再考虑。

步骤 3 约束更新与输出。重新计算当前任务调度方案的约束值。若当前方案满足全部约束条件，则输出当前方案；否则返回步骤 2。

可见，本策略主要通过约束网络快速地计算当前调度方案中各任务的冲突度，并以启发式的原则优先移除高冲突度的任务，具有操作简单、时间复杂性低等优点，满足实时响应要求，为 5.4 节任务快速插入策略提供了其所需的冲突消解手段。

5.5.2 任务冲突度计算算法

任务冲突度计算是冲突消解的前提。在实时冲突消解的需求下，如何从当前（存在冲突的）任务调度方案中快速、准确地筛选出引发冲突的任务集合，量化各任务引发的冲突程度尤为重要。对此，本节首先给出任务冲突度的定义：

定义 5.11 任务冲突度（task conflict degree） 在当前任务调度方案约束值中，某一任务所涉及的约束值总和称为任务冲突度。

其反映了该任务在当前任务调度方案中引发的冲突程度。

鉴于 3.4.3 节已构建卫星任务调度约束模型与约束网络，给出了快速、高效的约束值计算方法，为本节任务冲突度的计算提供了有利条件。由此，本节给出了一种基于约束网络的任务冲突度计算算法，其具体步骤如算法 5.3 所示：

算法 5.3 基于约束网络的任务冲突度计算算法

Input: 当前解 X, 任务集 T, 约束值计算函数 $F^{\mathrm{H}}(X)$ 及约束网络

Output: 任务冲突度集 C

```
1  C ← {c_k | c_k = 0, 0 ≤ k ≤ |T|}                    // 任务冲突度集合，初始均为 0
2  for i = 1 : |F^H| do                                 // 遍历约束条件集
3      for j = 1 : |Z_i(X)| do                          // 遍历第 i 项约束条件可能涉及的决策子集
4          if f_i^H(X_{ij}^Z) ≠ 0 then                  // 若该决策子集 X_{ij}^Z 违反第 i 项约束条件
5              for x ∈ X_{ij}^Z do                      // 则遍历决策子集 X_{ij}^Z 的决策变量
6                  k ← Id(x)                             // 获取决策变量 x 涉及的任务编号
7                  c_k ← c_k + |f_i^H(X_{ij}^Z)|        // 累加任务 t_k 的冲突度
8              end
9          end
10     end
11 end
12 return C                                              // 输出任务冲突度集合
```

可见，在卫星任务调度约束模型与约束网络的基础上，算法 5.3 于第 2 行起遍历各约束条件，并于第 3 行起遍历各约束条件可能涉及的决策子集。随后，算法 5.3 于第 4 行筛选出引发冲突的决策子集，并于第 5~7 行获取该决策子集所涉及任务的编号，记录并累加了这些任务的冲突度，最后输出了当前卫星任务调度方案下的任务冲突度集，为各任务引发的冲突程度提供了量化的评价依据。

不难发现，该任务冲突度计算算法与 4.3.4 节所述的局部搜索过程中增量式约束计算算法有一定的相似性，二者均是根据预先构建的约束网络遍历各约束条件可能涉及的决策子集，进而以较少的时间复杂性完成相关的筛选、计算工作。算法所得的任务冲突度集将进一步指导后续冲突消解与任务调度方案的更新。

5.5.3 冲突消解启发式算法

为保障实时冲突消解的需求，基于上述冲突消解算法及所得的任务冲突度集，本节设计了一种快速的冲突消解启发式算法。该算法根据冲突度由高至低的顺序，依次移除引发冲突的任务，直至当前任务调度方案满足全部约束条件为止。其具体实施方式如算法 5.4 所示：

算法 5.4 冲突消解启发式算法

Input: 当前解 X, 任务集 T, 锁定任务集 T_X, 约束值计算函数 $F^{\mathrm{H}}(X)$, 任务冲突度集合 C

Output: 冲突消解后的解 X

```
 1  while true do                      // 依次移除高冲突度任务，直至满足全部约束条件
 2  │   i ← maxvalueid(C)                           // 当前最高冲突度的任务编号
 3  │   if t_i ∈ T_X then
 4  │   │   continue                                         // 跳过锁定的任务
 5  │   end
 6  │   for j = 1 : |E_i| do                              // 遍历 t_i 相关决策变量
 7  │   │   x_ij ← 0                            // 移除该任务，清空相关决策变量
 8  │   │   c_i ← 0                                        // 更新冲突度集合
 9  │   end
10  │   if F^H(X) = 0 then                 // 重新计算当前任务调度方案的约束值
11  │   │   break                           // 若满足全部约束条件，则跳出循环
12  │   end
13  end
14  return X
```

需要说明的是，为满足卫星管控实际业务的需求，算法 5.4 考虑了锁定任务集 T_X（即管控部门不允许修改的任务的集合），在第 3~5 行跳过了不可调整的任务，不对其进行移除。这里，锁定任务集 T_X 由管控部门预先给定，例如用户部门预定的专门任务，管控人员手动调整的临时任务，以及 5.4 节基于可调度性预测的新插入任务等。若不考虑此类情况，可能出现管控人员手动调整某一任务并引发冲突时，冲突消解算法反而移除该任务的意外情况。可见，本节算法设计更充分地考虑了卫星管控的业务需求，更贴近了实际应用情况。

综上所述，本节设计了一种基于约束网络的实时冲突消解策略，满足了实时响应与业务需求，为任务快速插入策略提供了一种快速、实用的冲突消解手段，为DDRO 算法优化结果的可行性提供了重要保障。

5.6　本章小结

面向卫星管控部门在增减任务、卫星故障等动态影响下的应急任务调度需求，本章设计了一种通用的分布式动态滚动优化（DDRO）算法，主要内容包括：

（1）设计了基于动态合同网的任务协商与分配策略。该策略通过模拟合同网协议中通信与协商机理，引入动态招标、全员竞标、差异化评标等新的改进策略，为 DDRO 算法通用优化框架提供重要的协商依据。

（2）设计了基于滚动时域的单平台任务重调度策略。该策略通过窗口滚动和重调度等两项机制，在连续时域内不断地迭代响应，动态地更新卫星任务调度方案，为 DDRO 算法优化框架下单平台层面的卫星应急任务调度提供了通用的求解手段。

（3）设计了基于可调度预测的任务快速插入策略。该策略通过预测任务事件在不同执行时机下的可调度性，实现任务的科学、快速插入，为重调度策略提供必要的任务插入手段，为 DDRO 算法求解卫星应急任务调度问题的实时性提供了重要支撑。

（4）设计了基于约束网络的实时冲突消解策略。该策略通过约束网络快速计算任务冲突度，完成实时的冲突消解，为任务快速插入策略提供必要的冲突消解手段，为 DDRO 算法优化结果的可行性提供了重要保障。

在 DDRO 通用算法框架下，以上四种策略针对卫星任务调度当前方案实施实时、动态的优化，为卫星应急任务调度问题提供了通用、灵活求解手段。由此，DDRO 算法可以满足卫星长管过程中任务调度方案的应急优化、自主优化需要，为本书卫星任务调度引擎提供又一算法支撑。

第6章

卫星任务调度引擎应用实验

基于前文卫星任务调度通用化建模方法，以及面向常规、应急任务调度的通用化求解方法 APMA 与 DDRO 算法，以遥感卫星、中继通信卫星、导航卫星和卫星测控等四类卫星任务调度问题为例，本章开展卫星任务调度引擎的应用实验。

首先，本章进行了算法参数设置等实验准备工作。其次，针对"高景一号"商业遥感卫星、"天链一号"中继通信卫星、"北斗三号"导航卫星和美国空军卫星测控等四类卫星任务调度问题，分别开展常规、应急调度实验。通过本章实验，实践了卫星任务调度通用化建模方法，充分检验了面向卫星常规任务调度的自适应并行模因演化算法 APMA，实验了面向卫星应急任务调度的分布式动态滚动优化（DDRO）算法。最后，本章介绍了卫星任务调度引擎支撑的部分应用系统，说明了卫星任务调度引擎可行性和应用前景。

6.1 实验准备

6.1.1 实验目的

基于本书卫星任务调度通用化建模方法，以及面向常规、应急任务调度的通用化求解方法 APMA 与 DDRO 算法，本章开展相关实验工作。本章实验目的包括：

（1）实践卫星任务调度通用化建模方法。通过第 3 章卫星任务调度通用化建模方法，完成"高景一号"商业遥感卫星、"天链一号"中继通信卫星、"北斗三号"导航卫星和卫星测控等四类卫星任务调度建模与优化实验，验证其在实际复杂卫星任务调度问题应用过程中的可行性和通用性。

（2）全面检验面向卫星常规任务调度的自适应并行模因演化算法（APMA）。针对四类卫星常规任务调度问题，通过第 4 章自适应并行模因演化算法（APMA）分别开展常规调度实验，计算多次实验结果平均值与标准差，并与其他算法进行定量对比，讨论算法的优化效果与鲁棒性；绘制算法迭代曲线，讨论算法收敛速率。通过大量常规调度实验对比论证 APMA 的综合收敛优化效果与鲁棒性，以及其在不同卫星任务调度问题、场景中求解优化的通用性。

（3）检验面向卫星动态任务调度问题的分布式动态滚动优化（DDRO）算法。针对四类卫星应急任务调度问题，在常规调度结果的基础上，通过第 5 章分布式动态滚动优化（DDRO）算法分别开展应急调度实验，满足各场景中应急调度要求，给出卫星应急任务调度实时优化结果；绘制实验过程中的收益变化曲线，结合各场景应急调度要求论证 DDRO 算法在各类卫星应急任务调度问题实验中的通用性和有效性。

（4）说明卫星任务调度引擎的可行性和应用前景。在第 2 章卫星任务调度引擎顶层设计的框架下，顺利完成以上实验工作；支撑卫星任务调度业务或仿真系统开发，满足相关遥感卫星、中继通信卫星、导航卫星和卫星测控等各类卫星任务调度需求，为卫星管控部门提供切实可用且高效的任务调度工具，进一步突出本书卫星任务调度引擎的应用价值与推广前景。

6.1.2　引擎部署

根据以上实验目的，本章卫星任务调度引擎的部署与实验流程如图 6.1 所示。图中，卫星任务调度引擎框架中三个模块相互耦合，共同运作。各模块主要工作流程如下：

（1）基于卫星任务调度通用化建模方法，卫星任务调度引擎分别面向遥感卫星、中继通信卫星、导航卫星和卫星测控等四类不同卫星任务调度问题完成建模工作。这里，卫星任务调度通用化建模方法将呈现其通用性优势，将各类卫星任务调度问题纳入一套统一的建模体系，给出通用的任务调度模型，为后续算法求解提供通用的模型支撑。

（2）面向卫星常规任务调度需求，基于通用的自适应并行模因演化算法（APMA）以及相关数据集，完成遥感卫星、中继通信卫星、导航卫星和卫星测控等四类卫星常规任务调度实验，输出各场景任务调度结果。这里，APMA 将呈现其通用性和优化效果优势，以一套通用的算法优化以上卫星任务调度模型，为各类卫星常规任务调度问题提供通用、高效的求解方案。

（3）面向卫星应急任务调度需求，基于通用的分布式动态滚动优化（DDRO）

算法、各场景常规任务调度结果以及相关数据集，完成遥感卫星、中继通信卫星、导航卫星和卫星测控等四类卫星应急任务调度实验，输出卫星应急任务调度结果。这里，DDRO 算法也呈现其通用性和动态性优势，以一套通用的算法再次优化卫星任务调度模型，为各类卫星应急任务调度问题提供通用、灵活的求解方案。

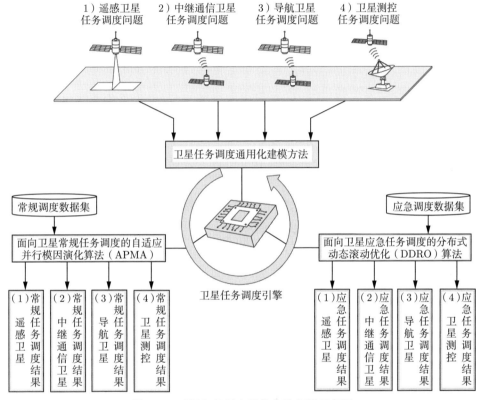

图 6.1   卫星任务调度引擎实验部署示意图

通过以上流程，本章将卫星任务调度引擎部署于 Intel(R) Core(TM) i7-7700 CPU @ 3.60GHz，16GB RAM（四核八线程）的计算机，编译环境为 Java 1.8.0。针对各实验场景，分别开展常规、应急调度实验。在各场景常规调度实验中，开展 10 次独立运算实验，计算实验结果平均值和标准差，讨论算法的优化效果与鲁棒性；并基于实验中位数结果绘制算法迭代曲线，讨论算法的收敛速率。在此基础上，在各场景应急调度实验中，开展 1 次动态运算实验，绘制实验结果动态变化曲线，讨论算法的应急调度效果。

6.1.3　算法及参数设置

6.1.3.1　算法参数设置实验

为统一算法实验参数，创造公平的实验环境，同时尽可能地提升卫星常规任务调度实验效果、体现 APMA 在求解卫星常规任务调度的自适应优势，本节开展算法参数设置实验。考虑到遥感卫星任务调度问题往往是规模最大、难度等级最高、需求最迫切的一类卫星任务调度问题，本节基于"高景一号"商业遥感卫星常规任务调度问题开展算法参数测试与设置，实验场景将于 6.2 节详细阐述。基于实验结果，本节将分析 TS 算法的禁忌长度系数、SA 算法的退火方式、LA 算法的逾期长度系数和 ILS 算法的扰动与修复频次等相关参数对算法性能的影响，设置各算法及 APMA 的相关参数，为本章实验工作的开展提供基本依据。

APMA 将集成 HC 算法、TS 算法、SA 算法、LA 算法和 ILS 算法等五种局部搜索算法实施并行搜索与算法竞争。由此，针对 TS 算法、SA 算法、LA 算法和 ILS 算法等元启发式算法中最具算法特色的主要参数，本节分别设置 3 个参数水平，如表 6.1 所列，迭代总次数均设为 $|T| \times 500$ 代（T 为任务集）。基于此，本节开展算法参数对比实验，实验结果如表 6.2 和图 6.2 所示。

表 6.1　局部搜索算法主要参数及参数水平设置

参数水平	TS 算法禁忌长度系数 α_T	SA 算法退火方式	LA 算法逾期长度系数 α_L	ILS 算法扰动、修复频次
Level 1	0.1	等差退火	1	10
Level 2	0.2	等比退火	1.5	25
Level 3	0.3	对数退火	2	50

由表 6.2 统计结果和图 6.2 可见，针对 TS 算法的三种禁忌长度系数 α_T，在 11 个算例中：$\alpha_T = 0.1$ 的 TS 算法取得了 9 次最高均值、4 次最低标准差；$\alpha_T = 0.3$ 的 TS 算法取得了 2 次最高均值、5 次最低标准差；$\alpha_T = 0.2$ 的 TS 算法取得 0 次最高均值、仅 1 次最低标准差。由此可知，$\alpha_T = 0.1$ 的 TS 算法优化效果最佳且鲁棒性良好，$\alpha_T = 0.3$ 的 TS 算法鲁棒性最佳但优化效果不足，$\alpha_T = 0.2$ 的 TS 算法优化效果和鲁棒性均不佳，可见禁忌策略可以帮助算法跳出局部最优，但禁忌长度过长反而会降低算法的优化效果。鉴于此，本章将 TS 算法的禁忌长度系数 α_T 设为 0.1。

针对 SA 算法的三种退火方式，在 11 个算例中：基于等比退火的 SA 算法取得了 9 次最高均值、6 次最低标准差；基于对数退火的 SA 算法取得 2 次最高均值、5 次最低标准差；基于等差退火的 SA 算法仅取得 1 次最高均值、3 次最

表 6.2 局部搜索算法参数对比实验结果

场景	TS Level 1 ($\alpha_T=0.1$)	TS Level 2 ($\alpha_T=0.2$)	TS Level 3 ($\alpha_T=0.3$)	SA Level 1 (等比退火)	SA Level 2 (等差退火)	SA Level 3 (对数退火)	LA Level 1 ($\alpha_L=1.0$)	LA Level 2 ($\alpha_L=1.5$)	LA Level 3 ($\alpha_L=2.0$)	ILS Level 1 (10)	ILS Level 2 (25)	ILS Level 3 (50)
1	70.4(4.2)	71.1(3.3)	**71.3(2.2)**	**78.3(1.6)**	73.1(1.6)	77.4(1.6)	76.8(1.6)	78.2(1.9)	**78.6(1.3)**	**68.7(3.5)**	66.8(4.7)	62.8(4.8)
2	**101.4(5.3)**	101.1(5.0)	101.0(7.6)	**98.0(0.0)**	97.8(0.6)	98.0(0.0)	98.0(0.0)	**100.3(4.9)**	98.8(2.9)	95.9(5.1)	**97.3(11.0)**	94.1(5.1)
3	**236.0(4.9)**	235.0(5.6)	231.9(5.8)	**260.9(2.5)**	246.0(2.8)	258.7(3.6)	**261.4(2.2)**	261.3(3.0)	261.2(3.0)	**234.2(6.6)**	228.4(8.6)	221.0(11.5)
4	**464.5(5.8)**	460.9(5.7)	449.4(2.4)	**451.5(13.0)**	429.0(7.7)	444.6(17.7)	**478.3(14.7)**	470.7(12.1)	468.8(14.5)	**461.6(11.3)**	451.4(15.4)	436.0(15.3)
5	**222.3(3.5)**	216.7(3.9)	211.5(2.9)	**235.1(3.1)**	218.2(3.0)	231.8(1.5)	235.4(2.5)	236.2(1.9)	**237.0(1.4)**	**219.1(4.3)**	212.4(8.2)	207.8(12.1)
6	278.2(5.8)	278.1(7.2)	**279.0(3.9)**	**300.9(3.8)**	286.9(3.2)	297.8(3.4)	296.9(3.7)	296.9(4.4)	**297.4(3.5)**	**277.8(8.0)**	269.9(8.0)	261.6(7.7)
7	**525.0(10.0)**	517.8(9.7)	515.8(9.4)	470.1(27.6)	**474.4(33.8)**	468.4(19.0)	**538.2(4.3)**	**538.2(6.7)**	519.5(20.4)	**512.7(10.6)**	502.2(13.6)	488.6(13.8)
8	**310.0(3.5)**	304.7(5.9)	303.6(5.6)	335.4(2.3)	323.3(2.6)	**333.8(4.2)**	330.1(4.6)	**334.4(2.6)**	331.8(3.7)	**298.2(8.8)**	291.9(16.3)	286.5(9.8)
9	**77.1(3.0)**	76.1(3.5)	74.5(3.7)	**87.5(0.7)**	82.5(1.8)	85.8(1.5)	84.6(2.3)	85.6(2.4)	**86.8(1.4)**	**70.0(10.5)**	70.0(6.0)	69.5(7.8)
10	**51.5(0.8)**	50.9(1.1)	48.6(1.6)	**52.4(0.8)**	49.9(1.7)	52.0(1.3)	52.1(0.7)	52.5(0.7)	**52.7(1.1)**	**49.8(3.0)**	49.3(1.9)	43.7(5.1)
11	**78.4(2.8)**	77.1(2.1)	77.1(2.7)	**83.6(0.9)**	80.0(1.8)	83.3(0.8)	82.7(1.9)	**84.1(1.7)**	83.7(1.7)	72.2(6.5)	**74.4(3.1)**	61.9(5.6)
统计	**9(4)/11**	0(2)/11	2(5)/11	**9(6)/11**	1(3)/11	2(5)/11	3(4)/11	4(4)/11	**5(5)/11**	**9(7)/11**	3(3)/11	0(2)/11
排名	1	3	2	1	3	2	3	2	1	1	2	3

注 ① 表中数据格式：均值（标准差），加粗表示同类算法中最佳；
② 算法排名原则：最佳均值次数越多，平均均值越高越优先。

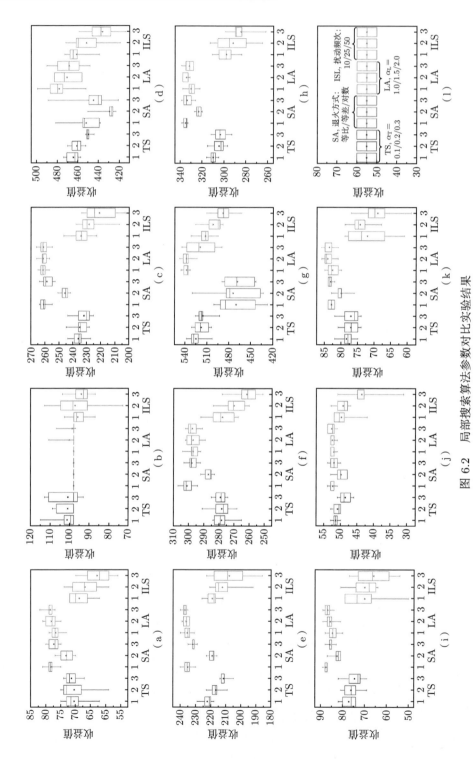

图 6.2　局部搜索算法参数对比实验结果

(a) 场景 1; (b) 场景 2; (c) 场景 3; (d) 场景 4; (e) 场景 5; (f) 场景 6; (g) 场景 7; (h) 场景 8; (i) 场景 9; (j) 图例说明; (k) 场景 10; (l) 场景 11; (l) 图例说明

低标准差。由此可知，基于等比退火的 SA 算法优化效果和鲁棒性最佳，基于对数或等差退火的 SA 算法优化效果和鲁棒性远不及它，可见"先快后慢"的等比例温度下降方式更有助于帮助 SA 算法早期快速收敛和后期跳出局部最优。鉴于此，本章将 SA 算法的退火方式设为等比退火。

针对 LA 算法的三种逾期长度系数 α_L，在 11 个算例中：$\alpha_L = 2.0$ 的 LA 算法取得了 5 次最高均值、5 次最低标准差；$\alpha_L = 1.5$ 的 LA 算法取得了 4 次最高均值、5 次最低标准差；$\alpha_L = 1.0$ 的 LA 算法取得了 3 次最高均值、4 次最低标准差。由此可知，$\alpha_L = 2.0$ 的 LA 算法优化效果和鲁棒性最佳，$\alpha_L = 1.0$ 和 1.5 的 LA 算法优化效果和鲁棒性略逊于它，可见逾期长度的增加可一定程度地提升 LA 算法的优化效果和鲁棒性。鉴于此，本章将 LA 算法的逾期长度系数 α_L 设为 2.0。

针对 ILS 算法的三种扰动、修复频次，在 11 个算例中：频次为 10 的 ILS 算法取得了 9 次最高均值、7 次最低标准差；频次为 25 的 ILS 算法取得了 3 次最高均值、3 次最低标准差；频次为 50 的 ILS 算法取得了 0 次最高均值、仅 2 次最低标准差。由此可知，扰动、修复频次为 10 的 ILS 算法优化效果和鲁棒性最佳，频次为 25 和 50 的 ILS 算法优化效果和鲁棒性远不及它，可见扰动、修复策略可以帮助算法跳出局部最优，但过于频繁的扰动、修复反而会降低算法的优化效果和鲁棒性。特别地，本书卫星任务调度约束条件复杂繁多，这一现象更为明显。鉴于此，本章将 ILS 算法的扰动、修复频次设为 10。

通过表 6.2 和图 6.2 也不难发现，同一类型、参数的算法在不同场景下也可能表现出截然不同的优化性能。例如，SA 算法在场景 1、3、6、8、9 和场景 11 中性能明显优于 TS 算法，但在场景 2、4 和场景 7 中性能明显不及 TS 算法。因此，为适应不同类型、不同场景的卫星任务调度问题，本书 APMA 的自组织性、自适应性尤为重要。

6.1.3.2 对比算法选择及参数设置

为检验本书 APMA 性能，突出其可以吸收不同算法性能优势、求解不同卫星任务调度的通用性与自适应性，本节为其设置几种对比算法。在后文常规调度实验中，与 APMA 对比的算法将包含启发式算法、局部搜索算法、演化算法和模因算法等四类不同类型的算法：

（1）启发式算法

启发式算法是卫星任务调度和各类工业优化问题中常用的求解算法，也是各类优化算法中常用的初始解构造算法。本章实验中将使用 2 种常用的启发式算法，包括 APMA 中"构造"策略所使用的紧前排序（first-in-first-service，FIFS）算法和随机分配算法（简称 Random 算法）。

（2）局部搜索算法

局部搜索算法是 APMA 的重要组成部分，是各类组合优化问题，特别是复杂工业优化问题中常用的优化算法。本章实验中将使用 5 种常用的启发式算法，即 APMA 中参与并行与竞争的 HC 算法、TS 算法、SA 算法、LA 算法和 ILS 算法等，各算法参数设置如 6.1.3.1 节所述，迭代总次数设为 $|T|\times500$ 代（T 为任务集）。

（3）演化算法

演化算法也是各类组合优化问题中的常用算法，其演化策略也是 APMA 的重要组成部分。本章实验中将使用 2 种常用的演化算法：GA 和差分进化（differential evolution，DE）算法。种群规模均设为 100，各初始个体由 HC 算法迭代 1000 次产生。为尽可能提升优化效果，种群迭代次数均设为 100 代。

（4）模因算法（MA，混合算法）

MA 是局部搜索算法与演化算法的混合算法，起到了对二者取长补短的效果。本章实验中将使用 3 种 MA，包括以 GA 为主循环的传统 MA，本书所提出的 APMA，以及其简化版本，即不含"竞争"和"演化"策略的并行模因算法（PMA），算法种群规模均设为 100。其中，传统 MA 的初始解由 HC 算法迭代 1000 次产生，种群迭代次数设为 100 代（与演化算法 GA 和 DE 一致）；本书 APMA 和 PMA 的初始解由其"构造"策略产生，以上述局部搜索算法的迭代总次数为终止条件，期间演化操作次数均设为 10 次。

表 6.3　卫星常规任务调度实验主要算法参数汇总

序号	算法类型	具体算法	初始解	主要算法参数	迭代次数
1	局部搜索算法	HC	—	禁忌长度系数 $\alpha_T=0.1$ 退火方式为等比退火 逾期长度系数 $\alpha_L=2.0$ 扰动、修复频次为 10	$|T|\times500$
2		TS			
3		SA			
4		LA			
5		ILS			
6	演化算法	GA	HC 1000 次迭代	种群规模 100，交叉、变异概率 1.0	100
7		DE			100
8	混合算法	MA	HC 1000 次迭代	种群规模 100，交叉、变异概率 1.0	100
9		PMA	"构造"策略	使用 HC、TS、SA、LA 和 ILS， 种群规模 100，演化操作 10 次	$|T|\times500$
10		APMA			

以上算法主要参数汇总于表 6.3。需要说明的是，表中 GA、DE 算法和 MA 等 3 种以演化算法为主循环的算法迭代次数为 100，其余 5 种局部搜索算法以及 PMA 和 APMA 均以局部搜索为主循环且算法迭代次数均为 $|T| \times 500$。在各场景实验过程中，以局部搜索为主循环的各算法运行时间基本一致（可视为同时终止），且远小于以演化算法为主循环的算法运行时间，故本章常规调度实验不再对比各算法的运行时间。

综上所述，本节以"高景一号"商业遥感卫星任务调度问题为例开展了算法参数设置实验。需要说明的是，同一算法参数在不同问题、场景中可能产生截然不同的优化结果，本节旨在合理的参数分析与设置，为本书实验工作提供合理的参数设置依据。基于此，本章将分别开展各类卫星常规、应急任务调度实验，开展算法对比，检验本书算法的可行性和有效性。

6.2 遥感卫星任务调度实验

2017 年 12 月，"高景一号"03 星和 04 星发射成功，与已在轨的 01 星和 02 星成功组网，标志着我国建成首个商用敏捷遥感卫星星座。本节以"高景一号"星座中 4 颗遥感卫星作为实验对象，开展遥感卫星常规、应急任务调度实验，检验本书卫星任务调度引擎，实现充分利用卫星资源、提升商业星座经济效益的管控目标。

6.2.1 实验场景

6.2.1.1 常规调度实验场景

"高景一号"商业遥感卫星星座是我国首个由敏捷遥感卫星组成的商用星座，目前包含 4 颗位于太阳同步轨道的光学遥感卫星，分辨率为 0.5m，轨道周期约为 97min，轨道参数见表 6.4，轨道示意图如图 6.3 所示（摄动影响下与理想轨道有一定偏差）。"高景一号"用户涵盖国土测绘、城市建设、农林水利、地质矿产、环境监测、国防安全和应急减灾等众多传统行业，在互联网、位置服务、智慧城市等新兴行业也具有巨大的应用潜力。"高景一号"01 星和 02 星发射于 2016 年 12 月，03 星和 04 星发射于 2017 年 12 月。在未来的几年中，还将陆续发射 20 余颗卫星，与现有的 4 颗卫星组建全新的"高景一号"星座。

当前商业遥感卫星图像的市场价格约为人民币 $120/km^2$，"高景一号"遥感卫星的成像幅宽为 12km，星下点移动速度约为 7km/s。换而言之，"高景一号"

遥感卫星每秒可拍摄约 84km² 的图像，产生约 10000 万元人民币的经济收益。由此可见，合理、高效的任务调度可为"高景一号"带来巨大的经济效益。

表 6.4　"高景一号"商业遥感卫星轨道参数

卫星	轨道半长轴/km	轨道偏心率	轨道倾角/(°)	近地点角距/(°)	升交点赤经/(°)	平近点角/(°)
1	6923.140	0.00157	97.510	163.089	118.707	222.281
2	6923.188	0.00145	97.428	159.290	106.742	18.052
3	6923.463	0.00073	97.487	64.352	112.454	177.262
4	6923.279	0.00136	97.488	53.241	112.644	34.562

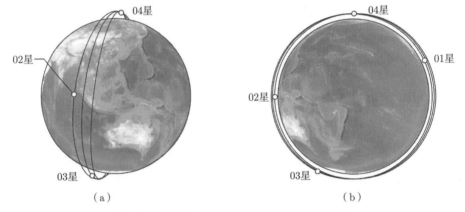

（a）　　　　　　　　　　　　　（b）

图 6.3　"高景一号"商业遥感卫星轨道示意图

在本节中，常规调度实验使用"高景一号"管控部门提供的真实数据集，该数据集概况如表 6.5 所示。与 benchmark 和其他遥感卫星任务调度研究中使用的仿真数据集不同，该数据集具有如下特点：①真实性，由管控部门提供，真实反映"高景一号"任务调度问题的优化需要；②完整性，在"高景一号"任务调度问题中，需同时决策卫星的成像、数传与固存擦除事件；③约束复杂性，涵盖了"高景一号"任务调度问题全部 100 余项约束条件；④场景多样性，包含了单星调度、多星调度、单日调度和多日调度等不同的任务调度场景。该数据集及相关约束说明可从相关网站下载。

6.2.1.2　应急调度实验场景

在"高景一号"常规任务调度实验场景的基础上，本节设计如下应急调度实验场景：给定各场景中常规调度结果，"高景一号"管控部门每隔一段时间收到一定数量的应急任务需求，包含必须执行（调度）的和非必须执行的；应急任务为必须执行的概率为 50%。具体地：①在单星单日任务调度场景，即场景 1、9、10

和场景 11 中，管控部门每隔 1h 随机收到 0~4 个应急任务需求；②在单星多日
场景，即场景 2 中，管控部门每隔 2h 随机收到 0~4 个应急任务需求；③在多星
单日场景，即场景 3、5、6 和场景 8 中，管控部门每隔 1h 随机收到 0~16 个应
急任务需求；④在多星多日场景，即场景 4 和场景 7 中，管控部门每隔 2h 随机
收到 0~16 个应急任务需求。

表 6.5　"高景一号"商业遥感卫星任务调度数据集概况

场景	卫星编号	调度周期/h	任务总数	平均成像事件执行时机数	平均数传事件执行时机数
1	01	24	113	131.9	2022.6
2	01	48	190	130.0	1539.2
3	01, 02, 03, 04	24	345	121.5	1860.3
4	01, 02, 03, 04	48	617	114.3	2085.0
5	01, 02, 03, 04	24	272	102.1	1968.7
6	01, 02, 03, 04	24	580	116.1	1909.4
7	01, 02, 03, 04	48	1266	121.0	1950.7
8	01, 02, 03, 04	24	686	123.8	1931.6
9	02	24	148	126.4	1877.2
10	03	24	55	86.8	1888.6
11	04	24	137	122.6	1970.3

"高景一号"管控部门收到应急任务后随即调用 DDRO 算法进行求解，触发
任务分配与单星窗口滚动及重调度。在单日场景中，实时窗口长度设为 5h，即仅
当前时刻 5h 以内的任务参与重调度；在多日场景中，实时窗口长度设为 10h。在
此过程中，为避免较大幅度地改动原方案，采用 PMA 求解非必须执行的任务的
重调度，迭代次数为 $|T|\times250$，即常规调度实验迭代次数的一半；其余相关参数
与常规调度实验保持一致。

6.2.2　常规调度实验

基于本书卫星任务调度通用化建模方法以及卫星常规任务调度算法 APMA，
本节开展"高景一号"商业遥感卫星常规任务调度实验。

经计算，"高景一号"商业遥感卫星常规任务调度实验算法对比结果如表 6.6
和图 6.4 所示。表 6.6 中列举了启发式算法、局部搜索算法、演化算法和混合算
法等 4 大类、12 种算法实验结果的均值与标准差；图 6.4 中绘制了各算法实验
结果的箱型图及中位数值实验过程的迭代曲线。在 11 个算例中，本书所提出的
APMA 取得了 10 次最佳均值、3 次最低标准差，表现出最佳的优化效果和良好
的鲁棒性。

表 6.6　"高景一号"商业遥感卫星常规任务调度实验算法对比结果

场景	启发式算法		局部搜索算法					演化算法			混合算法	
	FIFS	Random	HC	TS	SA	LA	ILS	GA	DE	MA	PMA	APMA
1	35	8.1(1.4)	74.3(1.3)	70.4(4.2)	78.3(1.6)	78.6(1.3)	68.7(3.5)	52.8(3.5)	44.0(1.5)	63.7(2.3)	78.3(1.6)	**78.7(1.3)**
2	67	10.9(1.7)	96.4(6.3)	101.4(5.3)	98.0(0.0)	98.8(2.9)	95.9(5.1)	61.2(2.3)	47.6(2.3)	79.7(1.8)	102.9(5.1)	**109.4(5.8)**
3	113	29.1(2.7)	240.5(4.1)	236.0(4.9)	260.9(2.5)	261.2(3.0)	234.2(6.6)	71.5(3.4)	48.5(1.8)	124.5(6.4)	261.8(3.1)	**262.8(3.4)**
4	182	54.6(6.5)	474.0(5.9)	464.5(5.8)	451.5(13.0)	468.8(14.5)	461.6(11.3)	65.4(2.9)	43.7(2.2)	146.5(6.5)	489.8(5.6)	**493.9(6.2)**
5	96	24.7(2.8)	221.7(4.5)	222.3(3.5)	235.1(3.1)	237.0(1.5)	219.1(4.3)	76.8(4.5)	55.9(2.6)	121.0(4.7)	238.1(1.6)	**238.9(1.5)**
6	234	13.3(2.1)	281.8(6.3)	278.2(5.8)	300.9(3.8)	297.4(3.5)	277.8(8.0)	56.0(3.4)	38.1(2.0)	120.2(5.0)	298.1(1.7)	**301.3(3.1)**
7	357	18.2(1.4)	521.2(3.6)	525.0(10.0)	470.1(27.6)	519.5(20.4)	512.7(10.6)	44.6(0.7)	29.0(0.7)	111.7(7.4)	539.8(6.4)	**546.6(6.2)**
8	239	14.7(1.7)	307.7(7.5)	310.0(3.5)	**335.4(2.3)**	331.8(3.7)	298.2(8.8)	53.7(3.2)	35.1(1.1)	117.0(6.7)	332.3(3.2)	334.5(2.5)
9	29	7.3(1.9)	78.3(3.0)	77.1(3.0)	**87.5(0.7)**	86.8(1.4)	70.0(10.5)	54.7(3.0)	42.9(3.0)	66.4(2.0)	87.0(1.1)	87.5(1.5)
10	30	6.7(1.6)	51.9(0.7)	51.5(0.8)	52.4(0.8)	52.7(1.1)	49.8(3.0)	46.8(1.3)	42.4(0.8)	50.7(0.8)	52.8(0.9)	**53.5(0.7)**
11	29	8.9(2.0)	76.6(5.1)	78.4(2.8)	83.6(0.9)	83.7(1.7)	72.2(6.5)	56.9(1.6)	45.8(1.8)	66.8(1.8)	84.5(1.1)	**85.7(1.3)**
统计	0/11	0(0)/11	0(2)/11	0(0)/11	2(3)/11	0(2)/11	0(0)/11	0(1)/11	0(4)/11	0(0)/11	0(1)/11	10(3)/11
排名	9	12	5	6	2	4	7	10	11	8	3	1

注　① 表中数据格式：均值（标准差），加粗为最佳；
　　② 算法排名原则：最佳均值次数越多、平均均值越高优先。

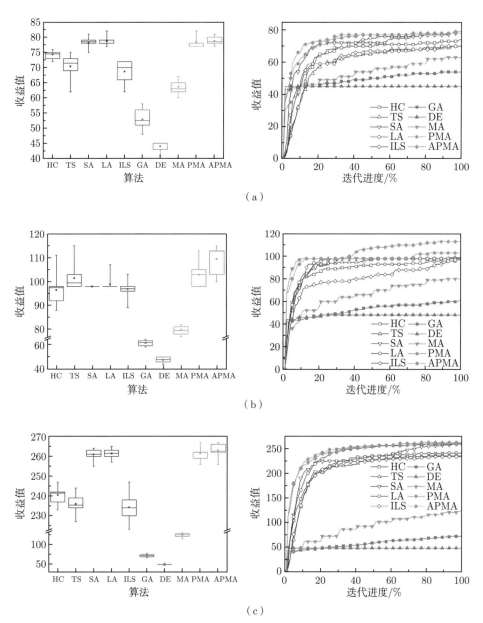

图 6.4 "高景一号"商业遥感卫星常规任务调度实验算法对比结果

（a）场景 1；（b）场景 2；（c）场景 3；（d）场景 4；（e）场景 5；（f）场景 6；（g）场景 7；（h）场景 8；

（i）场景 9；（j）场景 10；（k）场景 11

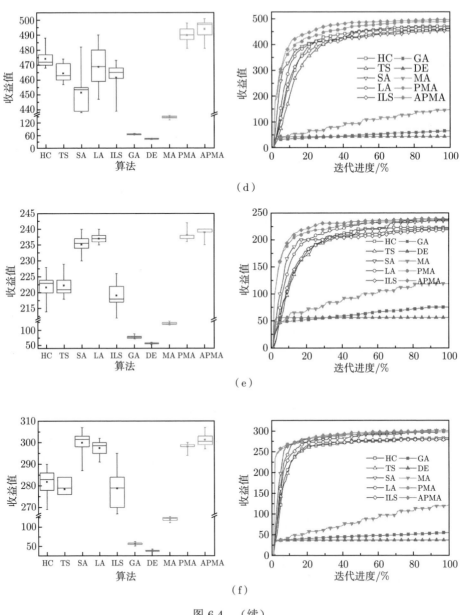

图 6.4　（续）

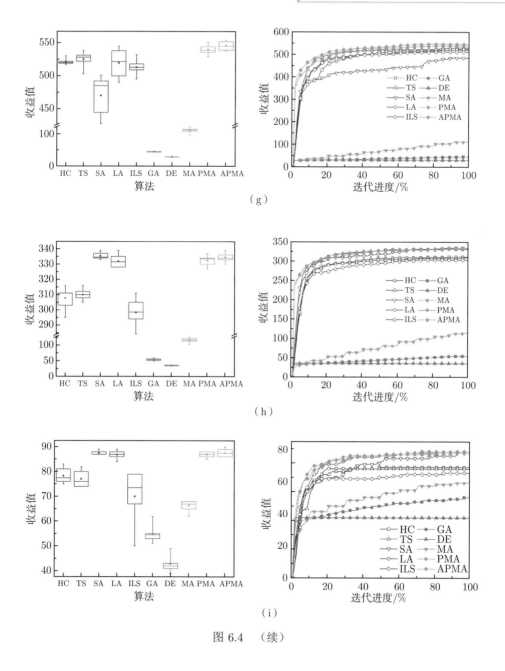

图 6.4　（续）

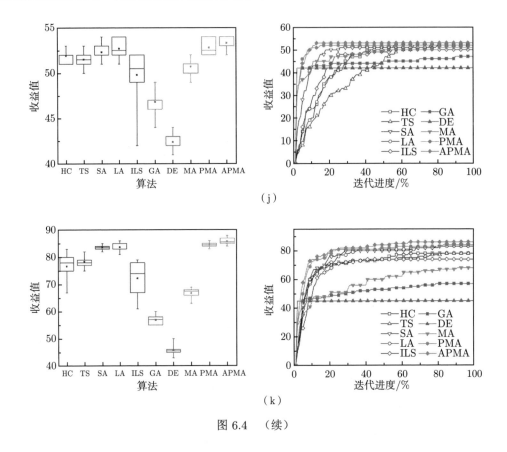

图 6.4　（续）

　　由表 6.6 和图 6.4 统计结果可见，启发式算法 FIFS 算法和 Random 算法的求解效果普遍不佳；其中 Random 算法求解效果极差，其原因为本节遥感卫星任务调度问题约束条件复杂，该启发式算法很难获得高质量的可行方案。可见，启发式算法可以在短时间内快速生成可行方案，但由于缺乏迭代优化的机制，求解效果很难得到保证，通常只能作为组合优化问题的初始解构造算法。值得注意的是，FIFS 算法是工业部门求解复杂任务调度问题的常用启发式策略，在诸多现役卫星任务调度系统中得到广泛应用；但其实际优化效果远不及元启发式算法，故元启发式算法在卫星任务调度等工业化问题中的推广应用具有重要意义。在本章中，由于 FIFS 算法多次运行结果均一致，故表中没有列出其结果的标准差。

　　演化算法 GA 和 DE 算法收敛速率与优化效果普遍低于局部搜索算法，产生这一现象的原因为：遥感卫星任务调度束条件复杂，演化算法中交叉、变异算子（特别是 DE 算法中差分变异算子）极易产生违反约束条件的解，种群迭代过程中出现优质解的概率小，优化效率低。在场景 3~8 等 48 h 的调度问题中，GA 的优化效果甚至不及启发式算法；在所有场景中，DE 算法的迭代曲线始终停留在初始解水平，无明显优化效果。由此可见，GA 和 DE 算法等传统演化算法并不适合于遥感卫星任务调度等具有复杂约束条件的卫星任务调度问题，其优化效果和鲁棒性均有待进一步的提高。

在局部搜索算法 HC 算法、TS 算法、SA 算法、LA 算法和 ILS 算法等方面，各算法优化效果和鲁棒性普遍较高。其中，SA 算法和 LA 算法的优化效果与收敛速率较为突出，SA 算法还在 11 个算例中取得了 2 次最佳均值。值得注意的是，HC 算法是最简单、最基础的局部搜索算法，其在 11 个算例中也表现出不俗的优化效果、鲁棒性和收敛速率，可见局部搜索算法在遥感卫星任务调度等复杂工业问题中的应用潜力。此外，ILS 算法的优化效果较差，收敛速率也偏低，其原因为：ILS 算法中引入了扰动、修复机制以跳出局部最优；但在本问题 HC 也可取得良好优化效果的实际情况下，ILS 算法扰动、修复机制反而制造了较多的违反约束条件的解，降低了算法的收敛与优化效率。由此可见，以 HC 算法为基础的局部搜索算法非常适合于该遥感卫星任务调度问题，TS 算法、SA 算法和 LA 算法中一定的元启发式机制有助于提升算法优化效果，但 ILS 算法中的扰动、修复机制反而破坏了局部搜索的优势与连续性，不利于遥感卫星任务调度问题的求解。

在混合算法 MA、PMA 和 APMA 等方面，MA 的优化效果和收敛速率优于 GA 和 DE 算法等演化算法，但不及局部搜索算法，其原因为：传统 MA 以 GA 为主循环，存在与 GA 等演化算法相同的约束优化效率不足的问题。相反，本书所提出的 APMA 及其简化版本 PMA 以局部搜索算法为主循环，可以充分发挥局部搜索算法在约束解空间的快速寻优与收敛能力，同时借助"构造"策略快速获取高质量初始解，借助"演化"策略帮助算法跳出局部最优，表现出最佳的收敛速率和优化效果。另一方面，实验结果表明局部搜索算法的优化效果各不相同，但 APMA 可以通过"并行"和"竞争"策略充分利用计算机算力和各局部搜索算法的性能优势，实现算法、算子层面的"优胜劣汰"，取得了最佳的综合优化效果；而简化版本 PMA 由于缺少"竞争"机制，优化效果略逊于 APMA。

综上，本节"高景一号"商业遥感卫星常规任务调度实验实践了本书卫星任务调度通用化建模方法，充分检验了 APMA 的算法性能，表明 APMA 可以充分利用计算机算力和各类算法的性能优势，在求解"高景一号"商业遥感卫星常规任务调度过程中取得出色的优化性能和鲁棒性。

6.2.3 应急调度实验

基于 6.2.2 节常规调度实验中位数结果以及卫星应急任务调度算法 DDRO 算法，本节进一步开展"高景一号"商业遥感卫星应急任务调度实验。

经计算，"高景一号"商业遥感卫星应急任务调度实验结果如图 6.5 所示。在应急调度过程中，每隔 1h（或 2h）会到达不同数量的应急任务，包含必须执行的和非必须执行的。值得注意的是，在遥感卫星任务调度的复杂约束条件下，为调度必须执行的应急任务，当前一些已执行的任务可能被迫取消，导致任务的收益值降低。

由图 6.5 可见，在本书 DDRO 算法应急调度作用下，各场景中卫星任务调度收益均有不同程度的波动；其中，场景 3、5、6、7 和场景 8 中卫星任务调度收益值均呈现出先降低、后升高的总体趋势。产生这一现象的原因为：在滚动调度初期，卫星待执行的任务重新接近饱和状态，为调度必须执行的应急任务，一些任务被迫取消，收益值下降；特别地，遥感卫星任务调度中固存相关约束涉及任务众多，因该约束被迫取消的任务导致收益值下降明显。同时，在 DDRO 算法动态优化框架和较短的计算时间内，卫星任务调度问题优化程度有限，收益值难以回升。但随着时间的推移，在 DDRO 算法连续多次滚动优化的作用下，当前卫星任务调度问题优化程度逐步提高，收益值随之增加并接近（略低于）初始收益值，卫星待执行的任务重新接近饱和状态。考虑到在此期间遥感卫星执行了大量的应急任务，满足了遥感卫星应急响应的特殊需求，同时卫星任务调度收益基本维持了原有水平，体现了本书 DDRO 算法求解"高景一号"遥感卫星应急任务调度的有效性。

同时不难发现，在 DDRO 算法动态优化的过程中，部分卫星任务收益值始终保持较低水平且波动并不明显，如场景 3 中 03 星、场景 4 和场景 5 中的 02 星与 03 星。产生这一现象的原因为：上述卫星在滚动调度初期已接近任务饱和状态，执行新任务能力较低，DDRO 算法已合理预判了这一信息，将应急任务（特别是必须执行的）分配给其他有能力的卫星，体现了 DDRO 算法求解"高景一号"遥感卫星应急任务调度的合理性。但不可否认的是，受可见性、时效性等各类约束条件与实际情况的影响，有时低收益值的卫星仍需牺牲部分当前任务收益、执行应急任务，如场景 6 中 01、02 和 04 星在第 7~9h 收益值均明显降低，场景 7 中 03 星在第 2~4h 时收益值显著降低，这一现象也符合遥感卫星长管的实际情况。

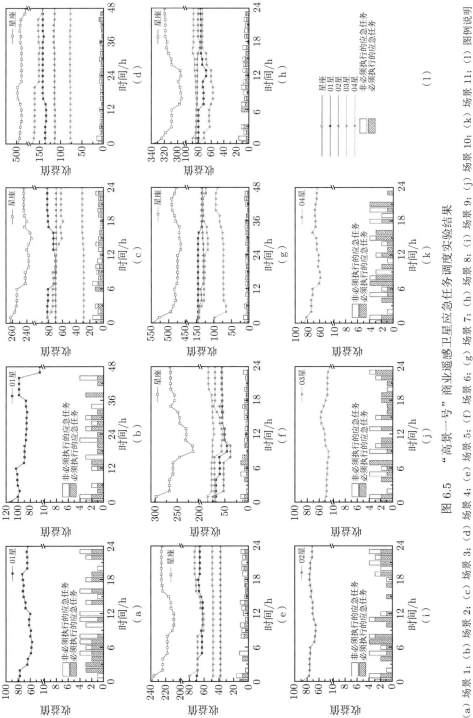

图 6.5 "高景一号"商业遥感卫星应急任务调度实验结果

(a) 场景 1; (b) 场景 2; (c) 场景 3; (d) 场景 4; (e) 场景 5; (f) 场景 6; (g) 场景 7; (h) 场景 8; (i) 场景 9; (j) 场景 10; (k) 场景 11; (l) 图例说明

综合以上"高景一号"商业遥感卫星常规、应急任务调度实验结果，表 6.7 列出了常规、应急任务调度的收益与运算时间对比。由表可见，与（基于 APMA 的）常规任务调度结果相比，DDRO 算法可将响应时间平均缩减 71.9%，满足快速响应需求；收益值平均降低 11.4%，基本维持了收益水平，应急任务调度效果明显。因此，本节应急任务调度实验检验了 DDRO 算法的合理性、灵活性和时效性，表明其可以在长期动态环境下快速调度、执行应急任务，维持遥感卫星任务调度收益值，达到了设计目的，满足遥感卫星长管过程中动态、实时的应急任务调度需求。

表 6.7   "高景一号"商业遥感卫星常规、应急任务调度收益与运算时间对比

场景	常规任务调度		应急任务调度实验		实验对比	
	收益值/%	运算时间/s	收益值/%	运算时间/s	收益值/%	运算时间/s
1	78.7(1.3)	32.1	66.4(6.3)	11.1	−15.6	−65.3
2	109.4(5.8)	126.5	91.3(10.9)	47.3	−16.5	−62.6
3	262.8(3.4)	288.3	245.1(8.5)	50.6	−6.7	−82.5
4	493.9(6.2)	742.9	490.5(4.5)	168.4	−0.7	−77.3
5	238.9(1.5)	154.0	221.2(7.9)	21.9	−7.4	−85.8
6	301.3(3.1)	387.4	255.7(21.2)	83.7	−15.1	−78.4
7	546.6(6.2)	783.6	483.1(18.0)	209.3	−11.6	−73.3
8	334.5(2.5)	506.3	310.6(10.9)	80.4	−7.1	−84.1
9	87.5(1.5)	43.6	73.3(4.5)	16.3	−16.2	−62.6
10	53.5(0.7)	23.8	49.4(3.9)	10.1	−7.7	−57.4
11	85.7(1.3)	34.2	68.0(6.5)	13.1	−20.7	−61.7
平均值	—	—	—	—	−11.4	−71.9

注   ① 常规任务调度场景统计数据为 10 次独立运算结果；
　　　② 应急任务调度场景统计数据为 24 次连续应急调度结果。

综上所述，本节通过"高景一号"商业遥感卫星常规、应急任务调度实验实践了本书卫星任务调度通用化建模方法，检验了通用化求解算法 APMA 和 DDRO 算法，为本书卫星任务调度引擎在遥感卫星任务调度问题中的应用提供了实践依据。

6.3   中继通信卫星任务调度实验

2016 年 11 月，"天链一号"04 星发射成功，与已在轨的 01~03 星成功组网，标志着我国首个地球同步轨道中继通信卫星系统全面建成。本节以"天链一号"星座中 4 颗中继通信卫星作为实验对象，开展中继通信卫星连续 7 天常规、

应急任务调度实验，检验本书卫星任务调度引擎，实现充分发挥天基中继通信优势，满足我国中、低轨卫星中继通信需求的管控目标。

6.3.1　实验场景

6.3.1.1　常规调度实验场景

"天链一号"是我国首个中继通信卫星系统，包含 4 颗位于地球同步轨道的中继通信卫星，轨道参数见表 6.8，轨道示意图如图 6.6 所示（摄动影响下与理想轨道有一定偏差）。"天链一号"长期为我国中、低轨卫星、空间站、载人飞船等航天设备提供中继通信服务，被誉为"天基测控站"，对我国建设多维立体测控网络、缓解境内测控压力、提升卫星系统鲁棒性与应急响应能力具有重要意义。近年来，随着我国在轨航天器数量不断增加，"天链一号"中继通信任务规模激增，任务调度需求日益迫切。在本节中，常规调度实验选取"天链一号"某 7 天任务调度仿真数据作为实验数据集，该数据集概况如表 6.9 所示，数据集可于相关网站下载。

表 6.8　"天链一号"中继通信卫星轨道参数

卫星	轨道半长轴/km	轨道偏心率	轨道倾角/(°)	近地点角距/(°)	升交点赤经/(°)	平近点角/(°)
1	42314.97	0.00341	4.616	261.445	71.571	298.521
2	42314.35	0.00124	2.832	119.497	75.272	167.768
3	42315.01	0.00060	0.769	263.985	98.871	209.060
4	42313.98	0.00175	0.146	187.083	264.076	277.204

图 6.6　"天链一号"中继通信卫星轨道示意图

表 6.9　"天链一号"中继通信卫星任务调度数据集概况

场景	卫星编号	调度周期/h	任务总数	平均数传事件执行时机数
1	01, 02, 03, 04	24	1000	347.7
2	01, 02, 03, 04	24	1000	345.1
3	01, 02, 03, 04	24	1000	343.0
4	01, 02, 03, 04	24	1000	343.0
5	01, 02, 03, 04	24	1000	344.5
6	01, 02, 03, 04	24	1000	355.1
7	01, 02, 03, 04	24	1000	343.4

6.3.1.2　应急调度实验场景

在"天链一号"常规任务调度实验场景的基础上，本节设计如下应急调度实验场景：给定各场景中常规调度结果，"天链一号"管控部门每隔 1h 随机收到 0~16 个应急任务，应急任务为必须执行的概率为 50%。

"天链一号"管控部门收到应急任务后随即调用 DDRO 算法进行求解，触发任务分配与单星窗口滚动及重调度。在此过程中，实时窗口长度设为 5h，即仅当前时刻 5h 以内的任务参与重调度；为避免较大幅度地改动原方案，采用 PMA 求解非必须执行的任务的重调度，迭代次数为 $|T| \times 250$，即常规调度实验迭代次数的一半；其余相关参数与常规调度实验保持一致。

6.3.2　常规调度实验

基于本书卫星任务调度通用化建模方法以及卫星常规任务调度算法 APMA，本节开展"天链一号"中继通信卫星常规任务调度实验。

经计算，"天链一号"中继通信卫星常规任务调度实验算法对比结果如表 6.10 和图 6.7 所示。表 6.10 中列举了启发式算法、局部搜索算法、演化算法和混合算法等 4 大类、12 种算法实验结果的均值与标准差；图 6.7 中绘制了各算法实验结果的箱型图及中位数值实验过程的迭代曲线。在 7 个算例中，本书所提出的 APMA 取得了全部 7 次最佳均值、4 次最低标准差，表现出最佳的优化效果和鲁棒性。

由表 6.10 统计结果和图 6.7 可见，与遥感卫星任务调度实验情况相似：启发式算法 FIFS 算法的求解效果一般；局部搜索算法的优化效果普遍较好；而演化算法 GA 和 DE 算法等优化效果普遍不及局部搜索算法，甚至不如 FIFS 算法和 Random 算法等启发式算法，DE 算法的迭代曲线始终停留在初始解水平，无明显优化效果。

在局部搜索算法 HC 算法、TS 算法、SA 算法、LA 算法和 ILS 算法等方面，各算法优化效果和鲁棒性较为接近，收敛速率也基本一致。其中，TS 算法和 HC 算法的优化效果更为突出，与 APMA 性能十分接近。然而，在遥感卫星任务调度实验中表现良好的 SA 算法在本节实验中表现明显欠佳，优化效果和收敛速率均不及其他局部搜索算法，其原因为：与遥感卫星任务调度相比，中继通信卫星任务调度本身约束条件复杂性相对较低、求解难度降低，故局部搜索算法可以较快收敛并获得高质量解，但 SA 算法中概率性接受劣解的元启发式机制反而影响了其收敛与优化效果。这一现象也客观表明了算法在求解不同卫星任务调度问题时可能表现出截然相反的优化效果。

表 6.10 "天链一号" 中继通信卫星常规任务调度实验算法对比结果

场景	启发式算法		局部搜索算法					演化算法			混合算法	
	FIFS	Random	HC	TS	SA	LA	ILS	GA	DE	MA	PMA	APMA
1	822	817.4(6.7)	963.8(1.8)	965.6(2.8)	946.5(3.7)	965.2(1.6)	964.9(2.4)	605.4(5.9)	504.5(6.0)	820.5(4.6)	965.4(1.4)	**968.7(1.3)**
2	831	805.7(6.9)	964.6(3.5)	965.4(1.8)	943.7(2.3)	965.7(1.6)	963.4(2.5)	597.7(2.4)	497.7(3.6)	810.7(5.2)	964.7(1.5)	**968.6(2.0)**
3	841	811.3(6.1)	960.7(1.6)	960.6(2.0)	935.9(6.0)	960.1(3.9)	958.1(2.2)	597.2(5.4)	497.5(4.6)	798.4(6.0)	959.8(2.5)	**964.0(1.8)**
4	827	803.2(7.7)	964.1(3.1)	963.4(2.2)	942.0(4.5)	963.2(2.3)	962.5(2.2)	594.4(5.7)	497.1(4.9)	803.5(4.7)	962.1(2.3)	**965.9(2.1)**
5	832	807.9(7.0)	960.2(2.8)	961.0(2.6)	936.2(4.4)	959.5(2.7)	959.2(4.1)	599.3(7.3)	498.0(5.5)	801.4(5.1)	959.7(1.3)	**963.6(2.1)**
6	827	819.5(5.3)	963.7(2.3)	963.9(2.0)	945.7(4.8)	962.0(1.8)	961.9(2.4)	601.4(6.1)	500.2(3.9)	797.0(3.9)	963.9(3.1)	**966.9(1.7)**
7	799	798.0(8.2)	956.2(2.0)	957.0(1.8)	933.6(3.7)	956.4(3.0)	955.2(2.6)	592.0(4.7)	493.8(2.9)	789.3(4.8)	957.1(1.9)	**959.0(1.8)**
统计	0/7	0(0)/7	0(1)/7	0(1)/7	0(0)/7	0(0)/7	0(0)/7	0(0)/7	0(0)/7	0(0)/7	0(2)/7	7(4)/7
排名	8	9	3	2	7	5	6	11	12	10	4	1

注 ① 表中数据格式: 均值 (标准差), 加粗为最佳;
② 算法排名原则: 最佳均值次数越多、平均均值越高优先。

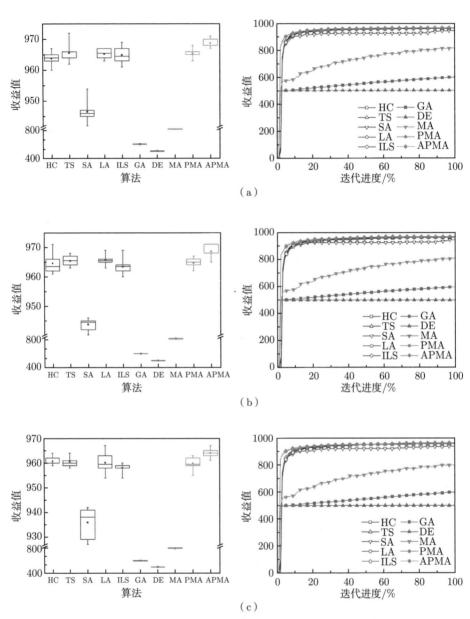

图 6.7 "天链一号"中继通信卫星常规任务调度实验算法对比结果

(a)场景 1;(b)场景 2;(c)场景 3;(d)场景 4;(e)场景 5;(f)场景 6;(g)场景 7

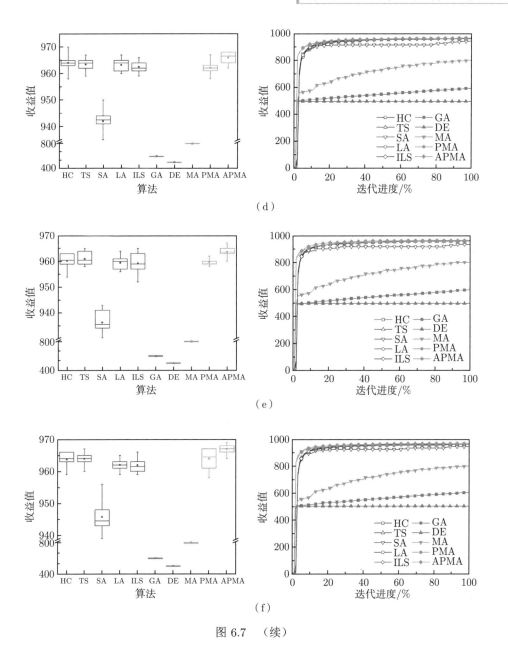

图 6.7 （续）

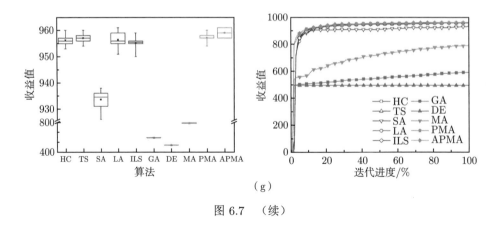

图 6.7　（续）

在混合算法 MA、PMA 和 APMA 等方面，与遥感卫星任务调度实验结果相似，MA 的优化效果和收敛速率优于 GA 和 DE 算法等演化算法，但不及局部搜索算法，其原因仍为以 GA 为主循环的传统 MA 约束优化效率不足。相反地，即使各局部搜索算法在求解不同卫星任务调度问题时可能表现出截然不同的优化效果，本书所提出的 APMA 也可以充分利用计算机的计算能力，吸收各类算法的性能优势，取得最佳的综合收敛优化效果和良好的鲁棒性。

综上，本节"天链一号"中继通信卫星常规任务调度实验实践了本书卫星任务调度通用化建模方法，表明其可行性与通用性；充分检验了 APMA 的算法性能，表明其可以充分利用计算机算力和各类算法的性能优势，在求解"天链一号"中继通信卫星常规任务调度的过程中取得出色的优化性能和鲁棒性。

6.3.3　应急调度实验

基于 6.3.2 节常规调度实验中位数结果以及卫星应急任务调度的算法 DDRO 算法，本节进一步开展"天链一号"中继通信卫星应急任务调度实验。

经计算，"天链一号"中继通信卫星应急任务调度实验结果如图 6.8 所示。与遥感卫星常规任务调度实验情况类似，每隔 1h 会临时到达不同数量的应急任务，包含必须执行的和非必须执行的；同时，在约束条件的影响下，为调度必须执行的应急任务，一些已执行的任务被迫取消，任务收益值随之降低。

由图 6.8 可见，在 DDRO 算法优化框架下，各场景中卫星任务调度收益均有不同程度的波动；与遥感卫星常规任务调度实验结果不同的是，中继通信卫星任务调度收益的波动幅度较小，且在场景 1、2 和场景 6 中均出现了明显的收益上升情况。产生这一现象的原因为：中继通信卫星任务调度约束条件复杂程度相对较低，因执行应急任务而被迫取消的任务相对较少；同时，随着时间的推移，在

DDRO 算法连续多次滚动优化的作用下，当前卫星任务调度问题优化程度逐步提高。考虑到在此期间中继通信卫星执行了大量的应急任务，满足了中继通信卫星应急响应的特殊需求，同时卫星任务调度收益维持了原有水平并有一定程度的提高，体现了 DDRO 算法求解"天链一号"中继通信卫星应急任务调度的有效性。

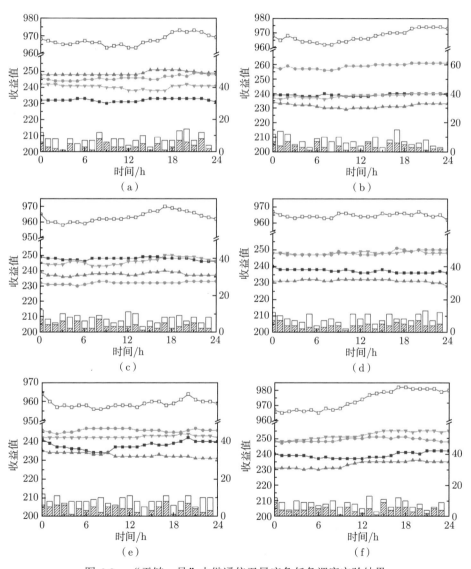

图 6.8 "天链一号"中继通信卫星应急任务调度实验结果

（a）场景 1；（b）场景 2；（c）场景 3；（d）场景 4；（e）场景 5；（f）场景 6；（g）场景 7；（h）图例说明

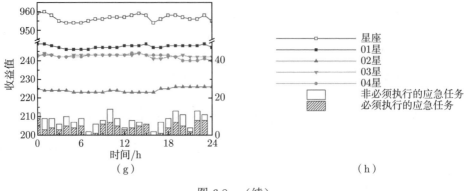

图 6.8 （续）

综合以上"天链一号"中继通信卫星常规、应急任务调度实验结果，给出了常规、应急任务调度的收益与运算时间对比，如表 6.11 所示。由表可见，与（基于APMA 的）常规任务调度结果相比，DDRO 算法可将响应时间平均缩减 86.8%，满足快速响应需求；收益值平均降低 0.1%，维持了收益水平，应急任务调度效果明显。由此，本节应急任务调度实验检验了 DDRO 算法的通用性、灵活性和时效性，表明其可以在长期动态环境下快速调度、执行应急任务，维持中继通信卫星任务调度收益值，达到了设计目的，满足中继通信卫星长管过程中动态、实时的应急任务调度需求。

表 6.11 "天链一号"中继通信卫星常规、应急任务调度收益与运算时间对比

场景	常规任务调度		应急任务调度实验		实验对比	
	收益值/%	运算时间/s	收益值/%	运算时间/s	收益值 /%	运算时间/s
1	968.7(1.3)	154.2	967.4(3.1)	22.6	−0.1	−85.4
2	968.6(2.0)	178.6	967.9(4.0)	24.2	−0.1	−86.4
3	964.0(1.8)	185.1	963.4(3.3)	24.3	−0.1	−86.9
4	965.9(2.1)	180.4	964.7(1.3)	22.9	−0.1	−87.3
5	963.6(2.1)	192.7	958.9(2.1)	24.3	−0.5	−87.4
6	966.9(1.7)	173.5	973.7(6.5)	23.1	0.7	−86.7
7	959.0(1.8)	188.2	956.6(1.7)	23.3	−0.3	−87.6
平均值	—	—	—	—	−0.1	−86.80

综上所述，本节通过"天链一号"中继通信卫星常规、应急任务调度实验实践了本书卫星任务调度通用化建模方法，检验了通用化求解算法 APMA 和 DDRO算法，为本书卫星任务调度引擎在中继通信卫星任务调度问题中的应用提供了实践依据。

6.4 导航卫星任务调度实验

2020 年 6 月 23 日，第三代"北斗"卫星导航系统（"北斗三号"）的最后一颗卫星发射成功，标志着我国全面完成全球卫星导航系统星座的部署，国产导航系统进入新时代。本节以"北斗三号"系统中 30 颗导航卫星作为实验对象，开展导航卫星连续 7 天常规、应急任务调度实验，检验本书卫星任务调度引擎，实现降低导航系统时延、保障系统精度的管控目标。

6.4.1 实验场景

6.4.1.1 常规调度实验场景

"北斗三号"是我国自主建设的第三代全球卫星导航系统，包含 24 颗中圆地球轨道（medium earth orbit，MEO）卫星，3 颗地球同步轨道（geosynchronous orbit，GEO）卫星和 3 颗倾斜地球同步轨道（inclined geosynchronous orbit，IGEO）卫星，共计 30 颗，轨道参数见表 6.12[99-100]，轨道示意图如图 6.9 所示（摄动影响下与理想轨道有一定偏差）。"北斗三号"的主控站为北京站，故系统中与北京可见的导航卫星为"境内星"，其余卫星为"境外星"。

表 6.12 "北斗三号"导航卫星轨道参数概况

卫星类型	编号	轨道概况
MEO	01, 02, …, 24	24/3/1 Walker 星座，高度约 21528km，倾角 55°
GEO	25, 26, 27	高度约 35786km，经度 80°、110.5° 和 140°
IGSO	28, 29, 30	高度约 35786km，相位角 120°，倾角 55°

在本节中，常规调度实验选取"北斗三号"某 7 天任务调度仿真数据作为实验数据集，调度总周期为 7 天。其中，每个调度场景（超帧）时长为 1min，共计 10080 个场景（超帧）；每个超帧被进一步分为 20 个时隙，时隙持续 3s。数据集可于相关网站下载。同时，由于该测试集包含场景众多，为定量测试本书算法性能，本节还从中选择了 7 个（即每天首个）场景专门进行算法性能对比实验，数据概况如表 6.13 所示。

6.4.1.2 应急调度实验场景

由于"北斗三号"导航卫星任务调度本身调度周期较短，每个调度场景（超帧）时长仅为 1min，各场景在时域上自然相连，具备实施滚动调度的自然条件。对此，本节设应急调度实验中实时窗口长度同为 1min，即应急、常规调度实验保持一致。与遥感卫星、中继通信卫星应急任务调度实验不同，导航卫星任务调度

表 6.13　"北斗三号"导航卫星任务调度数据集概况

场景	卫星编号	调度周期/min	任务总数（即时隙数）	数传事件数（即卫星数）	平均执行时机数（即可见卫星数）
1	01, 02, …, 30	1	20	30	17.8
2	01, 02, …, 30	1	20	30	17.7
3	01, 02, …, 30	1	20	30	17.4
4	01, 02, …, 30	1	20	30	17.3
5	01, 02, …, 30	1	20	30	17.4
6	01, 02, …, 30	1	20	30	17.4
7	01, 02, …, 30	1	20	30	17.5

问题中任务数为固定值，即时隙数，如表 6.13 所示；收益函数为导航系统的平均时延，是一个整体性评价指标。因此，导航卫星应急任务调度实验中不涉及任务分配与插入问题。

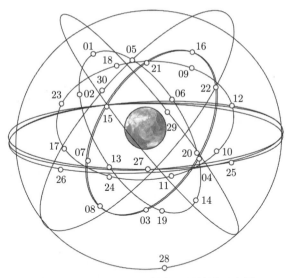

图 6.9　"北斗三号"导航卫星轨道示意图

基于"北斗三号"常规任务调度实验场景，为模拟"北斗三号"在信号干扰、卫星故障等突发影响下部分星间链路失效情况，本节设计如下应急调度实验场景：在"北斗三号"连续 7 天的场景（超帧）中，给定可见星间链路及常规调度结果，随机 15~80 条已激活的境外星间链路因故临时失效，在当前场景中无法传输数据。在此情况下，"北斗三号"管控部门随即调用 DDRO 算法进行求解，触发任务重调度。同时，为避免较大幅度地改动原方案，采用 PMA 求解任务重调度，选

代次数为 $|T|\times 250$，即常规调度实验迭代次数的一半；其余相关参数与常规调度实验保持一致。

6.4.2　常规调度实验

6.4.2.1　连续 7 天实验结果

基于本书卫星任务调度通用化建模方法以及卫星常规任务调度算法 APMA，本节开展"北斗三号"导航卫星常规任务调度实验。

经计算，"北斗三号"导航卫星连续 7 天常规任务调度实验结果如表 6.14 和图 6.10 所示。这里，本书已约定卫星任务调度均为最大化问题，故导航卫星任务调度的收益函数为系统平均时延（单位时隙，记为 ts）的负值，本节图表所给出的均为系统平均时延（ts）的正值，且值越小表明优化效果越好。

表 6.14　"北斗三号"导航卫星常规任务调度实验结果

指　标	时延/ts			建链数		
	最大时延	平均时延	最小时延	最大建链数	平均建链数	最小建链数
最大值	4	1.605	1	20	13.8	11
平均值	3.018	**1.164**	1	16.1	12.5	8.8
最小值	2	1.045	1	14	11.3	7

注　① 表中指标平均时延为各场景收益函数，平均值（加粗）即系统 7 天平均时延；
　　② 表中指标平均建链数为各场景次要收益函数。

由表 6.14 和图 6.10 (a) 和 (b) 可知，在连续 7 天的常规调度实验中，各场景中（境外）导航卫星时延的最小值为 1ts（即 3s），占比 84.6%；最大值为 4ts（即 12s），占比仅 0.1%。7 天内各场景的平均时延在 1.045～1.605ts 范围内波动，平均值为 1.164ts（即 3.492s）。值得注意的是，各场景中平均时延为本节实验的收益函数。由于"北斗三号"中始终存在一定数量的境外星，最小时延为 1ts；而本节实验优化结果平均值已逼近这一最小值，且绝大部分境外星时延均被降至 1～2ts，这表明本书 APMA 求解导航卫星任务调度的有效性，达到了降低导航系统平均时延、提升系统精度的目的。

另一方面，各场景中导航卫星建链数的最小值为 7，最大值为 20，占比均为 0.1%；占比最多的建链数为 12～13，比例分别为 20.5% 和 21.1%。7 天内各场景平均建链数在 11.3～13.8 范围内波动，平均值为 12.5，即平均每颗导航卫星将与系统内其他 41.7% 的卫星建立星间链路，达到了提升链路多样性、保障星间测距精度的目的，满足了导航卫星管控的基本需求。图 6.10 (c) 和 (d) 绘制了各场景实验结果中各导航卫星的平均时延与建链数。图中结果均表现出一定的周期性规律，符合"北斗三号"导航卫星轨道周期性的实际情况。

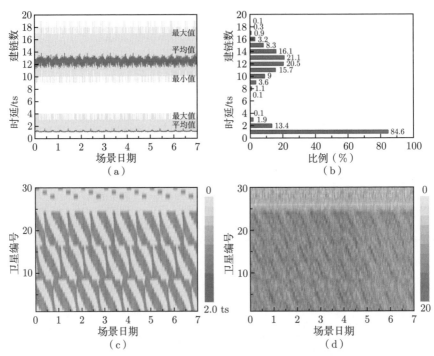

图 6.10 "北斗三号"导航卫星常规任务调度问题实验结果

（a）时延与建链数；（b）时延与建链数比例；（c）单星平均时延；（d）单星建链数

6.4.2.2 算法对比实验结果

进一步地，"北斗三号"导航卫星 7 个场景的常规任务调度实验算法对比结果如表 6.15 和图 6.11 所示。表 6.15 中列举了启发式算法、局部搜索算法、演化算法和混合算法等 4 大类、12 种算法实验结果的均值与标准差；图 6.11 中绘制了各算法实验结果的箱型图及中位数值实验过程的迭代曲线。同样地，表 6.15 和图 6.11 所给出的为系统平均时延（ts）的正值，且值越小表明优化效果越好。

由表 6.15 统计结果和图 6.11 可见，与遥感卫星、中继通信卫星任务调度实验情况相似：启发式算法求解效果一般；局部搜索算法的优化效果普遍较好；而演化算法的优化效果较差，其中 GA 的优化效果与 ILS 算法接近，DE 算法的迭代曲线始终停留在初始解水平，优化效果不明显。在 7 个算例中，本书所提出的 APMA 取得了全部 7 次最佳均值、1 次最低标准差，表现出最佳的优化效果；其余算法未取得任何一次的最佳均值，可见本书 APMA 的优化效果优势明显。

表 6.15　"北斗三号"导航卫星常规任务调度实验算法对比结果

场景	启发式算法		局部搜索算法				演化算法				混合算法	
	FIFS	Random	HC	TS	SA	LA	ILS	GA	DE	MA	PMA	APMA
1	6.070	1.738	1.361	1.336	1.404	1.242	1.499	1.494	1.702	1.441	1.238	**1.223**
		(0.073)	(0.051)	(0.037)	(0.040)	(0.040)	(0.031)	(0.028)	(0.041)	(0.020)	(0.046)	(0.030)
2	6.432	1.574	**1.253**	1.254	1.305	1.165	1.383	1.393	1.564	1.308	1.163	**1.143**
		(0.055)	**(0.015)**	(0.032)	(0.028)	(0.036)	(0.056)	(0.024)	(0.038)	(0.025)	(0.046)	(0.021)
3	6.432	1.563	1.242	1.244	1.317	1.173	1.365	1.385	1.575	1.323	1.199	**1.147**
		(0.118)	(0.023)	(0.023)	(0.034)	(0.030)	(0.032)	(0.029)	(0.027)	**(0.014)**	(0.040)	(0.027)
4	6.432	1.584	**1.245**	1.246	1.293	1.176	1.359	1.377	1.581	1.317	1.165	**1.142**
		(0.080)	**(0.018)**	(0.024)	(0.029)	(0.032)	(0.030)	(0.036)	(0.027)	(0.019)	(0.031)	(0.022)
5	6.432	1.591	1.255	**1.249**	1.299	1.168	1.384	1.394	1.586	1.316	1.190	**1.146**
		(0.077)	(0.033)	**(0.023)**	(0.027)	(0.035)	(0.032)	(0.033)	(0.028)	(0.028)	(0.042)	**(0.023)**
6	6.432	1.596	1.240	1.249	1.323	1.170	1.342	1.384	1.569	1.313	1.195	1.195
		(0.063)	(0.023)	(0.030)	(0.023)	(0.025)	(0.022)	(0.022)	(0.022)	**(0.015)**	(0.049)	(0.030)
7	6.432	1.565	1.253	1.243	1.317	**1.153**	1.385	1.383	1.557	1.316	1.174	**1.140**
		(0.056)	(0.024)	(0.029)	(0.029)	**(0.010)**	(0.030)	(0.018)	(0.034)	(0.031)	(0.032)	(0.015)
统计	0/7	0(0)/7	0(2)/7	0(1)/7	0(0)/7	0(1)/7	0(0)/7	0(0)/7	0(0)/7	0(3)/7	0(0)/7	7(1)/7
排名	12	11	5	4	6	2	8	9	10	7	3	1

注　① 表中为系统平均时延，即负收益值，值越低表示越优；
　　② 表中数据格式：均值（标准差），加粗为最佳；
　　③ 算法排名原则：最佳均值次数越多，平均均值越高优先。

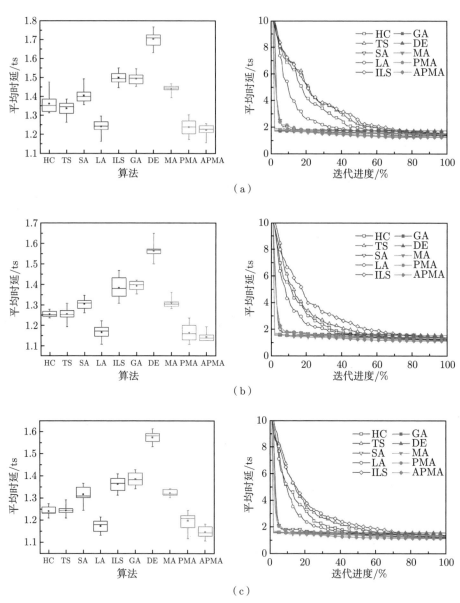

图 6.11 "北斗三号"导航卫星常规任务调度实验算法对比结果

（a）场景 1；（b）场景 2；（c）场景 3；（d）场景 4；（e）场景 5；（f）场景 6；（g）场景 7

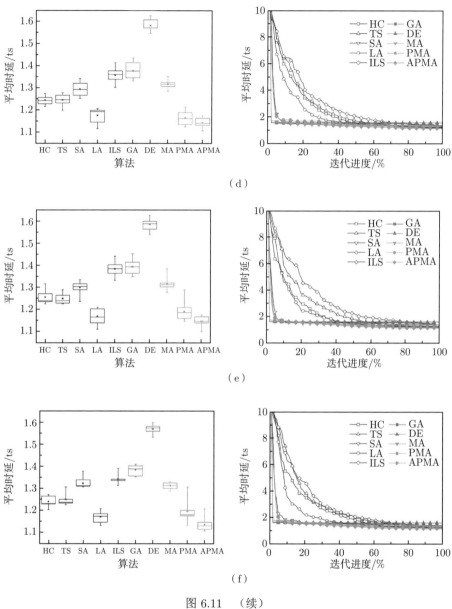

图 6.11 （续）

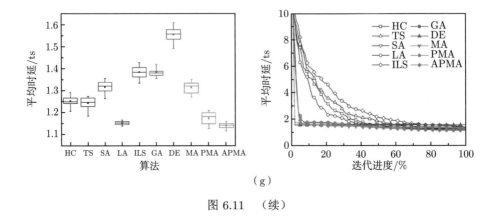

图 6.11   （续）

在启发式算法 FIFS 算法和 Random 算法等方面，虽然 FIFS 算法在求解遥感卫星、中继通信卫星任务调度时具有一定效果，但在求解本节导航卫星任务调度时效果极差，与其余算法差距极大，其原因为：FIFS 算法盲目地根据任务、卫星编号顺序激活星间链路，导致星间链路拓扑单一，系统时延激增。与之相反，Random 算法随机地激活星间链路，促使星间链路拓扑更加多样，系统时延可以得到一定程度地降低。可见，与诸多复杂工业优化问题中常用的规则性算法相比，随机性强的算法更适用于求解导航卫星任务调度问题。

在局部搜索算法 HC 算法、TS 算法、SA 算法、LA 算法和 ILS 算法等方面，LA 算法的优化效果最为突出，表现出较好的优化效果和鲁棒性，与本书 APMA 性能最为接近；HC 算法和 TS 算法的优化效果次之，但早期收敛速率偏低，二者性能较为接近；在遥感卫星任务调度实验中表现良好的 SA 算法在本节中优化效果不佳，但其早期收敛速率最高；ILS 算法的优化效果与收敛速率最差，与 GA 优化结果接近。这一现象也表明算法在求解不同卫星任务调度问题时可能表现出截然相反的效果。这里，ILS 算法优化效果和收敛速率不佳的原因可能为：由于导航卫星任务调度收益函数的特殊性，ILS 算法扰动、修复机制产生了大量违反约束条件的解，同时收益值下降明显，进一步降低了算法优化效果。

在混合算法 MA、PMA 和 APMA 等方面，MA 的优化效果优于 GA 和 DE 算法等演化算法，但不及 LA 算法、HC 算法和 TS 算法等局部搜索算法，其原因仍是以 GA 为主循环的传统 MA 约束优化效率不足。而就本书所提出的 APMA 而言，即使各局部搜索算法在求解不同卫星任务调度问题时可能表现出截然不同的优化效果和收敛速率，其也可以充分发挥利用计算机的计算能力，吸收局部搜索算法，以及启发式算法和演化算法等各类算法的性能优势，取得最佳的综合收敛优化效果和良好的鲁棒性。

综上，本节"北斗三号"导航卫星常规任务调度实验实践了本书卫星任务调度通用化建模方法，表明其可行性与通用性；充分检验了本书 APMA 的算法性能，表明其可以充分利用计算机算力和各类算法的性能优势，在求解"北斗三号"导航卫星常规任务调度的过程中取得出色的优化性能。

6.4.3　应急调度实验

基于 6.4.2 节连续 7 天常规调度实验结果及卫星应急任务调度的算法 DDRO 算法，本节进一步开展"北斗三号"导航卫星应急任务调度实验。

经计算，"北斗三号"导航卫星连续 7 天应急任务调度实验结果如图 6.12 所示，与常规任务调度对比结果如表 6.16 所示。由图 6.12 (a) 可见，在各场景（超帧）中，导航系统中部分已激活的星间链路失效，在当前场景中无法传输数据，导航系统平均时延必然激增。在此情况下，本书 DDRO 算法对其进行动态优化，在有限的时间内尽可能地减少因链路失效而导致的时延增量，保障导航系统精度与鲁棒性。经计算，应急调度实验中"北斗三号"连续 7 天的平均时延为 1.347ts，较常规调度结果 1.164ts 增加了 15.7%，各超帧（场景）响应时间缩减了 45.7%。由图 6.12 (b) 亦可见一定的周期性规律，与图 6.10 (c) 常规调度结果一致。在该实验中，考虑到导航系统频繁出现可见星间链路失效的不利影响，系统平均时延仍维持在正常合理水平，满足了导航卫星系统应急管控的特殊需求，体现了 DDRO 算法求解"北斗三号"导航卫星应急任务调度问题的有效性。

表 6.16　"北斗三号"导航卫星常规、应急任务调度收益与运算时间对比

常规任务调度		应急任务调度实验		实验对比	
平均时延	运算时间	平均时延	运算时间	平均时延	运算时间
1.164(0.069)ts	31.7s	1.347(0.102)ts	17.2s	15.7%	−45.7%

综上，本节"北斗三号"导航卫星应急任务调度实验检验了 DDRO 算法的合理性与有效性，表明其可以在长期动态环境下应对链路失效的突发事件，基本维持导航系统的平均时延，保障系统精度与鲁棒性，达到了设计目的，满足导航卫星长管过程中动态、实时的应急任务调度需求。

综上所述，本节通过"北斗三号"导航卫星常规、应急任务调度实验实践了本书卫星任务调度通用化建模方法，检验了求解算法 APMA 和 DDRO 算法，为本书卫星任务调度引擎在导航卫星任务调度问题中的应用提供了实践依据。

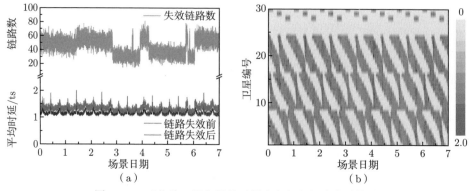

图 6.12 "北斗三号"导航卫星应急任务调度实验结果

（a）场景平均时延与失效链路数；（b）单星平均时延

6.5 卫星测控任务调度实验

本节以美国空军卫星测控公开数据集为基础，开展连续 7 天卫星测控常规、应急任务调度实验，检验本书卫星任务调度引擎，实现对所辖卫星及时跟踪、遥测与指挥的管控目标。

6.5.1 实验场景

6.5.1.1 常规调度实验场景

本节选取美国空军于 2003 年发布的卫星测控网络（AFSCN）任务调度 benchmark 数据集[150]进行测试，该 benchmark 是卫星测控任务调度研究中最常用的数据集。该数据集包含 7 个（7 天）卫星测控任务调度场景，各场景含 19 个测站，数据集概况如表 6.17 所示。该数据集可于相关网站下载。针对该数据集，Luo 等[133] 提出了一种基于冲突消解的启发式算法（conflict-resolution heuristic），通过预先计算测控任务之间存在的可能冲突，实施高效、准确的任务调度，取得了出色的调度效果，刷新了数据集中多个已知最优解。

6.5.1.2 应急任务调度实验场景

在 AFSCN 常规调度实验场景的基础上，本节设计如下应急调度场景：卫星测控部门每隔 1h 将随机收到 0~60 的应急任务，应急任务为必须执行的概率为 50%。

卫星测控部门收到应急任务后随即调用 DDRO 算法，触发任务分配与单平台（测站）窗口滚动及重调度。在此过程中，实时窗口长度设为 5h，即仅当前时

刻 5h 以内的任务参与重调度；为避免较大幅度地改动原方案，采用 PMA 求解非必须执行的任务的重调度，迭代次数为 $|T|\times250$，即常规调度实验迭代次数的一半；其余相关参数与常规调度实验保持一致。

表 6.17　AFSCN 卫星测控任务调度数据集概况

场景	测站编号	调度周期/h	任务总数	平均数传事件执行时机数	文献最高任务调度数
1	01, 02, ···, 19	24	322	121.6	316
2	01, 02, ···, 19	24	302	137.3	299
3	01, 02, ···, 19	24	310	131.2	308
4	01, 02, ···, 19	24	318	131.5	316
5	01, 02, ···, 19	24	305	145.5	303
6	01, 02, ···, 19	24	299	137.5	294
7	01, 02, ···, 19	24	297	147.1	293

6.5.2　常规调度实验

基于本书卫星任务调度通用化建模方法以及卫星常规任务调度算法 APMA，本节开展 AFSCN 卫星测控常规任务调度实验。

经计算，AFSCN 卫星测控常规任务调度实验算法对比结果如表 6.18 和图 6.13 所示。表 6.18 中列举了启发式算法、局部搜索算法、演化算法和混合算法等 4 大类、12 种算法实验结果的均值与标准差；图 6.13 中绘制了各算法实验结果的箱型图及中位数值实验过程的迭代曲线。在 7 个算例中，本书所提出的 APMA 取得了全部 7 次最佳均值、5 次最低标准差，在各场景中的最佳优化结果均能达到文献 [133] 中给出的已知最佳值，表现出最佳的优化效果和良好的鲁棒性。

由表 6.18 统计结果和图 6.13 可见，与其他卫星任务调度实验情况相似：启发式算法 FIFS 的求解效果一般；局部搜索算法的优化效果普遍较好；而演化算法 GA 和 DE 算法等优化效果普遍不及局部搜索算法，甚至不如启发式算法 Random 算法，DE 算法在所有场景中迭代曲线均停留在初始解水平，无明显优化效果。

在局部搜索算法 HC 算法、TS 算法、SA 算法、LA 算法和 ILS 算法等方面，TS 算法的优化效果更为突出，在 7 个算例中取得了 5 次最佳均值、7 次最低标准差，表现出不俗的优化效果和最佳的鲁棒性，与本书 APMA 性能十分接近；同时，HC 算法、LA 算法和 ILS 算法等其他局部搜索算法也表现出良好的优化效果。但值得注意的是，SA 算法的早期收敛速率和优化效果明显不佳，优化结果均值甚至不如启发式算法 Random 算法；LA 算法的早期收敛速率也偏低。产生这一现象的原因为：AFSCN 卫星测控任务调度本身约束条件复杂性相

表 6.18　AFSCN 卫星测控常规任务调度实验算法对比结果

场景	启发式算法			局部搜索算法				演化算法			混合算法	
	FIFS	Random	HC	TS	SA	LA	ILS	GA	DE	MA	PMA	APMA
1	269	308.8(1.4)	313.4(0.7)	**315.0(0.0)**	305.2(2.4)	311.3(0.7)	314.6(0.7)	292.7(2.6)	264.8(2.0)	307.7(1.2)	315.0(0.0)	**315.3(0.5)**
2	262	292.1(2.3)	295.9(0.7)	298.4(0.5)	290.5(3.0)	295.6(0.5)	297.2(0.8)	280.4(1.4)	255.8(2.4)	293.4(1.3)	298.4(0.5)	**298.6(0.5)**
3	264	300.9(2.0)	306.4(0.5)	**308.0(0.0)**	299.1(2.3)	306.2(0.4)	307.3(0.7)	288.1(2.0)	260.5(2.1)	300.6(1.0)	**308.0(0.0)**	**308.0(0.0)**
4	265	309.0(2.3)	313.0(1.2)	315.1(0.1)	304.4(2.0)	312.8(0.9)	314.6(0.8)	291.9(1.5)	265.1(2.6)	309.1(0.9)	315.3(0.5)	**315.4(0.5)**
5	255	297.0(0.7)	300.3(0.5)	**303.0(0.0)**	294.7(1.5)	302.2(0.4)	302.0(0.7)	286.1(1.6)	260.9(2.3)	298.3(1.2)	**303.0(0.0)**	**303.0(0.0)**
6	239	288.4(1.8)	291.3(1.2)	**294.0(0.0)**	285.7(1.8)	292.5(0.7)	293.2(0.6)	277.3(1.3)	252.4(1.8)	288.9(1.1)	**294.0(0.0)**	**294.0(0.0)**
7	257	291.2(0.9)	292.7(0.5)	**293.0(0.0)**	288.3(2.2)	292.6(0.5)	292.7(0.5)	280.4(2.3)	254.1(2.0)	291.3(0.7)	**293.0(0.0)**	**293.0(0.0)**
统计	0/7	0(0)/7	0(0)/7	4(7)/7	0(0)/7	0(1)/7	0(0)/7	0(0)/7	0(0)/7	0(0)/7	4(6)/7	7(5)/7
排名	11	8	5	3	9	6	4	10	12	7	2	1

注 ① 表中数据格式：均值（标准差），加粗为最佳；
② 算法排名原则：最佳均值次数越多、平均均值越高优先。

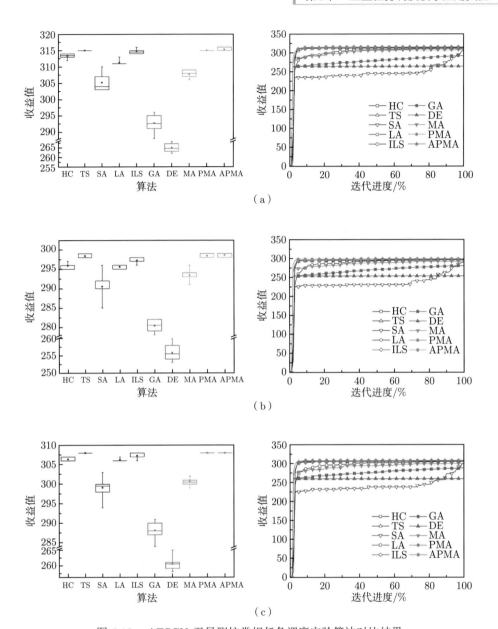

图 6.13　AFSCN 卫星测控常规任务调度实验算法对比结果

（a）场景 1；（b）场景 2；（c）场景 3；（d）场景 4；（e）场景 5；（f）场景 6；（g）场景 7

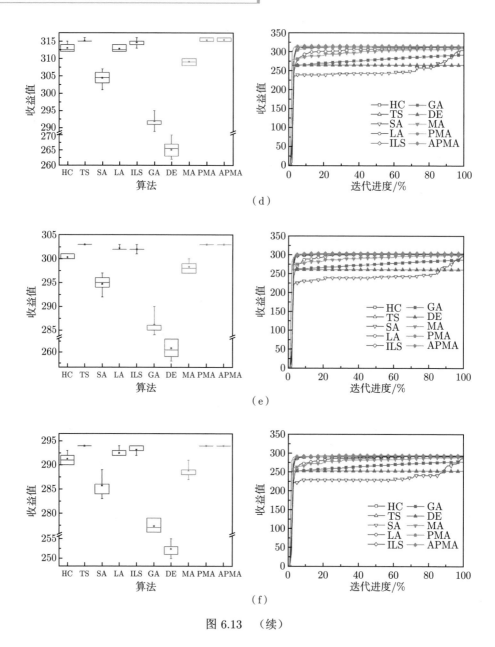

图 6.13 （续）

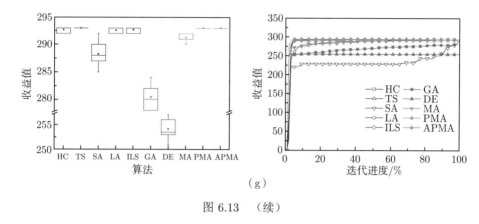

图 6.13 （续）

对较低、问题规模相对较小，求解难度降低，故局部搜索算法可以较快收敛，但 SA 算法中概率性接受劣解和 LA 算法中回溯的元启发式机制反而影响了其收敛速率。这一结果再次表明了算法在求解不同卫星任务调度问题时可能表现出截然相反的效果。

在混合算法 MA、PMA 和 APMA 等方面，MA 的优化效果优于 GA 和 DE 算法等演化算法，但不及 TS 算法、HC 算法等局部搜索算法；其收敛速率优于 SA 算法，与 LA 算法较为接近，其原因仍为以 GA 为主循环的传统 MA 约束优化效率不足。而本书所提出的 APMA 可以充分利用计算机进行计算，吸收启发式算法、局部搜索算法和演化算法等各类算法的性能优势，在各场景中的最佳优化结果均能达到文献 [133] 中给出的已知最佳值，表现出最佳的综合收敛优化效果和良好的鲁棒性。

综上，本节 AFSCN 卫星测控常规任务调度实验实践了本书卫星任务调度通用化建模方法，表明其可行性与通用性；充分检验了本书 APMA 的算法性能，表明其可以充分利用计算机进行计算和各类算法的性能优势，在求解 AFSCN 卫星测控常规任务调度的过程中取得出色的优化性能和鲁棒性。

6.5.3 应急调度实验

基于 6.5.2 节常规调度实验中位数结果以及卫星应急任务调度的算法 DDRO 算法，本节进一步开展 AFSCN 卫星测控应急任务调度实验。

经计算，AFSCN 卫星测控应急任务调度实验结果如图 6.14 所示。这里，为使结果清晰简洁，在图 6.14 中将 19 座测站分为了 4 组，包括 01~05 组、06~10 组、11~15 组和 16~19 组。与遥感卫星、中继通信卫星应急任务调度实验情况类似，每隔 1h 会临时到达不同数量的应急任务，包含必须执行的和非必须执行的；

在约束条件的影响下，一些已执行的任务被迫取消，任务收益值随之降低。

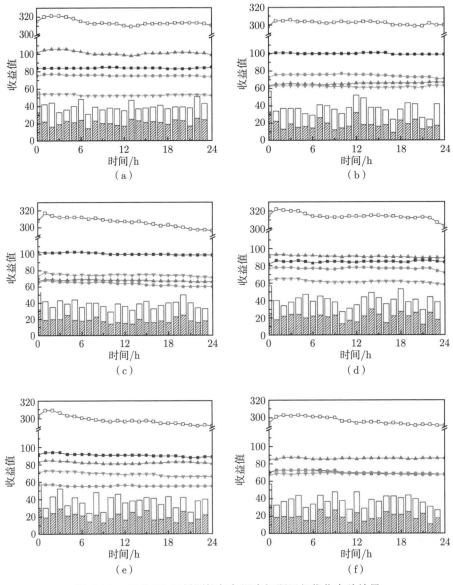

图 6.14　AFSCN 卫星测控任务调度问题局部优化实验结果

（a）场景 1；（b）场景 2；（c）场景 3；（d）场景 4；（e）场景 5；（f）场景 6；（g）场景 7；（h）图例说明

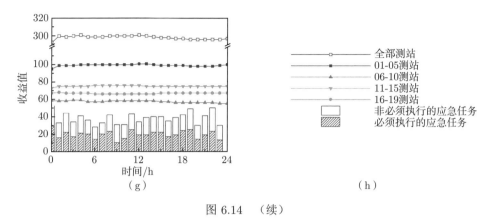

图 6.14 （续）

由图 6.14 可见，在 DDRO 算法动态优化框架下，各场景中卫星任务调度收益均有不同程度的波动；与中继通信卫星应急任务调度实验结果不同的是：虽然 AFSCN 卫星测控任务调度收益的波动幅度也较小，但在场景 3、4、5 和场景 6 中均出现了明显的收益下降情况。产生这一现象的原因为：尽管该问题约束条件复杂程度相对较低，但在滚动调度之初任务调度已达到饱和状态（已达到文献 [133] 中最优结果），因执行应急任务而被迫取消的任务相对增多。在该实验中，考虑到在任务调度接近饱和的长期过程中各测站仍执行了大量的应急任务，满足了卫星测控应急响应的特殊需求，体现了 DDRO 算法求解 AFSCN 卫星测控应急任务调度问题的有效性。

综合以上 AFSCN 卫星测控常规、应急任务调度实验结果，给出常规、应急任务调度的收益与运算时间对比，如表 6.19 所示。由表可见，与（基于 APMA 的）常规任务调度结果相比，DDRO 算法可将响应时间平均缩减 89.7%，满足快速响应需求；收益值平均提升 0.1%，维持了收益水平，应急任务调度效果明显。由此，本节应急任务调度实验检验了 DDRO 的通用性、灵活性和时效性，表明其可以在长期动态环境下快速调度、执行应急任务，维持卫星测控任务调度收益值，达到了设计目的，满足长周期卫星测控过程中动态、实时的应急任务调度需求。

综上所述，本节通过 AFSCN 卫星测控常规、应急任务调度实验实践了本书卫星任务调度通用化建模方法，检验了通用化求解算法 APMA 和 DDRO，为本书卫星任务调度引擎在卫星测控任务调度问题中的应用提供了实践依据。

表 6.19 AFSCN 卫星测控常规、应急任务调度收益与运算时间对比

场景	常规任务调度		应急任务调度实验		实验对比	
	收益值	运算时间/s	收益值	运算时间/s	收益值 /%	运算时间 /s
1	315.3(0.5)	76.2	313.7(3.5)	8.3	−0.5	−89.1
2	298.6(0.5)	72.5	302.4(2.1)	7.5	1.3	−89.6
3	308.0(0.0)	80.4	306.2(5.8)	7.9	−0.6	−90.2
4	315.4(0.5)	78.6	314.2(4.0)	8.2	−0.4	−89.5
5	303.0(0.0)	73.5	297.7(5.2)	7.2	−1.7	−90.2
6	294.0(0.0)	75.2	296.3(4.2)	7.9	0.8	−89.5
7	293.0(0.0)	76.8	298.3(2.0)	7.8	1.7	−89.9
平均值	—	—	—	—	0.1	−89.7

注　① 常规任务调度场景统计数据为 10 次独立运算结果;
　　② 应急任务调度场景统计数据为 24 次连续应急调度结果。

6.6　卫星任务调度引擎推广应用

鉴于前文卫星任务调度引擎在遥感卫星、中继通信卫星、导航卫星和卫星测控等任务调度实验中的实践应用效果,本书卫星任务调度引擎(如图 6.15 所示)还进一步支撑了多项卫星任务调度业务或仿真系统的研发工作,取得了出色的应用效果。这里,本节对卫星任务调度引擎所支撑的四项主要应用系统进行简要介绍:

(1)"高景一号"商业遥感卫星第二代任务调度系统。本书卫星任务调度引擎支撑了"高景一号"商业遥感卫星第二代任务调度系统的研发工作。该系统可以显著提升当前"高景一号"4 颗遥感卫星的联合管控收益,满足管控部门每日对其成像、数传与固存擦除事件的常规调度需求,以及在增减任务、卫星故障、人工干预、约束变化等特殊动态环境下的应急调度需求。同时,该系统为"高景一号"星座未来计划发射的 20 余颗卫星预留了任务调度模型接口,可以在长期运行过程中支持系统的更新、迭代与升级,为"高景一号"的联合管控提供长效解决方案。

(2)某新型自主卫星星地一体化任务调度系统。一方面,卫星任务调度引擎支撑了该星地面管控分系统的研发工作,满足了由管控部门实施的常规、应急任务(含成像、数传与固存擦除事件)调度需求。另一方面,本引擎还支撑了该星星上自主任务调度分系统的研发工作,满足了由卫星自发实施的应急任务调度需求。该系统实践了卫星任务调度引擎的各项技术,论证了卫星自主管控的可行性,为我国卫星系统自主化、智能化发展提供了技术支撑和实践依据。

(3)某 150 余颗低轨卫星测控网络联合管控仿真系统。卫星任务调度引擎支

撑了某 150 余颗低轨卫星（及其数十套测控设备）联合管控仿真系统的研发工作。该系统可以显著提升低轨卫星测控效率，常规任务完成度接近 100%，响应时间小于 5min；增减任务、设备故障等情况下应急响应时间小于 1min。同时，该系统为中、高轨卫星保留了预留了任务调度模型接口，可以支撑未来低、中、高轨全天域卫星测控网络的联合管控。由于卫星测控任务调度的复杂性相对较低，该系统还开放了约束与算法定制的接口，可以为用户提供自主的、灵活的约束管理与算法设计途径。

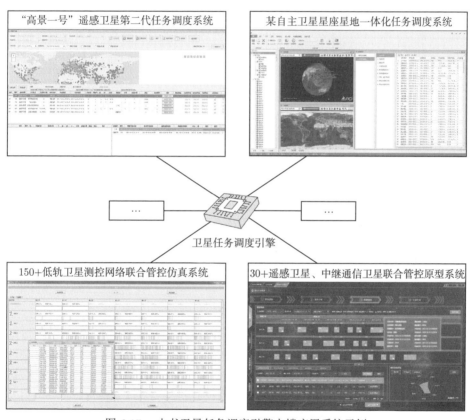

图 6.15　本书卫星任务调度引擎支撑应用系统示例

（4）某 30 余颗遥感卫星、中继通信卫星联合管控原型系统。在跨部门、跨型号卫星联合机动管控的需求背景下，本书卫星任务调度引擎支撑了某 10 余型、30 余颗遥感卫星、中继通信卫星联合管控原型系统的研发工作。该系统可以很好地满足各遥感卫星、中继通信卫星基本的日常调度需求，基本满足其在增减任务、卫星故障、人工干预、约束变化等动态环境下的应急调度需求。该系统首次地将不同部门、不同型号、不同类型的卫星纳入一套联合的管控系统，论证了跨部门、跨型号卫星联合机动管控的可行性，为打破"一星一系统"管控壁垒、提升卫星系统灵活性与鲁棒性、转变未来卫星管控与应用方式提供了重要的技术支撑与实践依据。

综上所述，卫星任务调度引擎可以支撑多项卫星任务调度业务或仿真系统的研发工作，为卫星管控部门提供切实可用且高效的任务调度工具，具有较强的应用价值与推广前景。

6.7 本章小结

基于卫星任务调度通用化建模方法，面向常规、应急任务调度的通用化求解方法 APMA 与 DDRO 算法，本章以"高景一号"商业遥感卫星、"天链一号"中继通信卫星、"北斗三号"导航卫星和 AFSCN 卫星测控等四类实际卫星任务调度问题为例，分别开展常规、应急任务调度实验，主要内容与结论如下：

（1）实践了卫星任务调度通用化建模方法。基于该方法，本章顺利完成"高景一号"遥感卫星、"天链一号"中继通信卫星、"北斗三号"导航卫星和 AFSCN 卫星测控等任务调度建模与优化实验，验证了方法的可行性与通用性。

（2）充分检验了面向卫星常规任务调度的自适应并行模因演化算法（APMA）。与传统 MA 相比，APMA 通过启发式算法构造初始解，以局部搜索算法为主循环，以演化算法为改进策略，收敛优化效果和鲁棒性显著提升；与其他算法相比，尽管不同卫星任务调度问题、场景中的算法性能各异，APMA 始终可以充分发挥计算机算力和局部搜索算法的性能优势，取得最佳的收敛优化性能和良好鲁棒性，为各类卫星常规任务调度问题提供了通用、高效的求解手段。

（3）实验了面向卫星应急任务调度的分布式动态滚动优化（DDRO）算法。该算法可以在长期动态环境下快速响应，维持卫星任务调度收益水平，达到了设计目的，为各类卫星应急任务调度问题提供了通用、灵活的求解手段。

（4）说明了卫星任务调度引擎的可行性和应用前景。基于卫星任务调度引擎，本章顺利完成实验工作，满足了卫星任务调度实际需求，介绍了相关系统研发工作，突出了卫星任务调度引擎的应用价值与推广前景。

第7章

总结与展望

7.1 总结

我国航天事业正处在快速发展时期，在轨卫星呈"爆炸式"增长，卫星任务的调度尤为重要。针对我国卫星"一星一系统"的管控现状、常规管控与应急响应的需求矛盾以及西方国家的技术封锁，面向卫星任务调度引擎研发与应用迫切需求，本书设计了卫星任务调度引擎顶层框架，提出了卫星任务调度通用化建模方法，提出了面向卫星常规任务调度的自适应并行模因演化算法（APMA），探索了面向卫星应急任务调度的分布式动态滚动优化（DDRO）算法，开展了以上内容的实验应用，得出了以下结论：

（1）卫星任务调度引擎框架可以满足卫星任务调度建模与求解实际需求，为卫星任务调度问题提供通用化、模块化的建模与求解流程。针对遥感卫星、中继通信卫星、导航卫星和卫星测控等四类卫星任务调度问题，解耦了卫星任务调度模型与算法，搭建了"模型—常规算法—应急算法"解耦的卫星任务调度引擎框架。实践结果表明：该框架可以为各类卫星任务调度问题提供一种通用化、模块化的建模与求解流程，满足现阶段卫星管控的复杂、现实需求，为卫星任务调度引擎搭设合理、可行的顶层框架。

（2）卫星任务调度通用化建模方法可以适用于遥感卫星、中继通信卫星、导航卫星和卫星测控等四类主要的卫星任务调度问题，为卫星任务调度引擎铺设通用模型。针对卫星任务调度模型通用性不足问题和"一星一系统"的管控现状，提出了一种"决策—约束—收益"解耦的卫星任务调度通用化建模方法，依次构建了通用 0-1 混合整数决策模型、约束模型和收益模型。实践结果表明：该方法可以将遥感卫星、中继通信卫星、导航卫星和卫星测控等四类主要的卫星任务调度问题纳入一套统一的建模体系，开辟一条卫星任务调度问题精细化、通用化建模的新思路，为卫星任务调度引擎提供重要的通用模型支撑。

（3）自适应并行模因演化算法（APMA）可以通用、高效地求解各类卫星常规任务调度问题，为卫星任务调度引擎提供核心算法支撑。针对当前卫星管控部门每日、每周的常规任务调度基本需求，提出了一种 APMA，依次设计了基于启发式的快速初始解构造策略、基于并行搜索的通用局部优化策略、基于竞争的算法算子自适应选择策略和基于种群演化的全局优化策略，克服了传统模因算法的不足。实验结果表明：APMA 可以充分发挥计算机算力和多策略协同的性能优势，在各项实验中均取得最佳的收敛优化性能和良好鲁棒性；为各类卫星常规任务调度问题提供通用、高效的求解手段，为卫星任务调度引擎提供核心算法支撑。

（4）分布式动态滚动优化（DDRO）算法可以通用、灵活地求解各类卫星应急任务调度问题，为卫星任务调度引擎提供又一算法支撑。面向卫星管控部门在增减任务、卫星故障等动态影响下的应急任务调度需求，设计了一种 DDRO 算法，依次设计了基于动态合同网的任务协商与分配策略、基于滚动时域的单平台任务重调度策略、基于可调度预测的任务快速插入策略和基于约束网络的实时冲突消解策略。实验结果表明：DDRO 算法可以在长期动态环境下快速响应，维持卫星任务调度收益水平；为各类卫星应急任务调度问题提供灵活、有效的求解手段，为卫星任务调度引擎提供又一算法支撑。

综上所述，本书所提出的卫星任务调度引擎框架合理可行，通用化建模方法适用有效，常规、应急任务算法高效灵活。本书研究满足了卫星管控部门的实际迫切需求，具有重要的工程应用前景与成果转化价值。

7.2　未来工作展望

由于作者水平有限，本书尚有诸多未考虑周全之处，诸多内容需要进行进一步的研究。基于作者的认识，本节简要陈述本书在卫星任务调度引擎研究构想中未涉及的研究内容，提出以下几点未来研究工作的设想与展望：

（1）将实验卫星、预警卫星、天文卫星、在轨服务卫星、空间站、深空探测器等更多航天器的任务调度问题纳入本书研究体系，将卫星任务调度引擎打造成一款更全面、更系统、更通用的航天级任务调度求解器。本书卫星任务调度引擎主要面向遥感卫星、中继通信卫星、导航卫星和卫星测控等四种典型的卫星任务调度问题。随着我国航天事业快速发展，越来越多各式各样的航天器发射升空，如实验卫星、天文卫星、在轨服务卫星、空间站、深空探测器，这些航天器的任务调度问题也逐渐突出。在这些航天器任务调度问题中：实验卫星、天文卫星等任务调度问题中轨道相对固定，与遥感卫星任务调度问题相似性较高；在轨服务卫星、深空探测器等任务调度问题涉及变轨时机的决策以及轨道转移的专业知识，复杂性相对较高；空间站任务调度问题涉及航天器日常计划排程以及电力、氧气等航天员生活资源的调度，且与在轨服务卫星、火箭发射相关问题耦合度较高，复杂性也相对较高。

对此，未来研究需进一步完善本书卫星任务调度通用化建模方法，有针对性地解决以上卫星及航天器任务调度问题的建模难题，形成一套更全面、更系统、更通用的卫星及航天器任务调度建模体系，将本书卫星任务调度引擎打造成一款航天级任务调度通用求解器；且全方位突破西方国家的软件技术封锁，为研发国产通用航天任务调度软件、全面推进我国航天系统一体化管控提供核心软件技术支撑。

（2）将自适应并行模因演化算法（APMA）拓展为一种全新的多目标算法，满足考虑多目标航天器任务调度的优化需求，为管控部门提供多目标的决策依据。本书卫星任务调度问题均为单目标优化问题，旨在满足管控部门专门的优化需求，给出其所需的任务调度方案。但在航天器管控的现实过程中，多目标的优化需求时常存在。例如：遥感卫星任务调度问题中存在成像任务的完成数量与质量的双重优化需求；导航卫星任务调度问题中存在系统的平均时延与平均建链数之间的双重优化需求；中继通信卫星、卫星测控任务调度问题中存在任务总收益与卫星、测站负载均衡的双重优化需求。以上优化需求的建模工作均可通过本书卫星任务调度通用化建模方法完成，但仍需专门的多目标优化算法进行求解。

这里，本书 APMA 中"并行""演化"策略均产生了大量的多样化解集，满足多目标演化算法（multi-objective evolutionary algorithm，MOEA）进行相关操作的基本需要。与传统以演化算法为主循环的 MOEA 相比，APMA 同样地具备以局部搜索算法为主循环的快速搜索与约束优化优势，在复杂的航天器任务调度问题中可以表现出更好的优化效果。因此，APMA 具备拓展为一种 MOEA 的可行性和性能优势。未来研究将开展此项工作，用一套全新的 MOEA 求解多目标的航天器任务调度问题，结合精英策略、竞争策略、协同演化策略等，输出互不支配的多目标的 Pareto 方案集，为管控部门提供更丰富、更多样的候选方案。

（3）将分布式动态滚动优化（DDRO）算法拓展为一种新的鲁棒优化算法，在保障航天系统快速响应的同时增强系统的鲁棒性、抗毁性。在本书求解卫星应急任务调度过程中，模型收益函数与常规调度问题一致。但考虑到太空环境的复杂性、不确定性以及用户需求的主观性，航天器现实管控的过程中任务调度问题随机性、不确定性更强，远超过本书所设计的仿真实验。在此情况下，鲁棒性成为衡量任务调度方案的另一重要指标。DDRO 算法虽然可以有效求解应急场景下的任务调度问题，但未考虑应急调度方案的鲁棒性，尚不能保证在其他不确定因素影响下仍然维持任务调度的收益水平，需进一步改进。对此，未来研究将在 DDRO算法的基础上，设计一种新的鲁棒优化算法，在保障快速求解航天器应急任务调度问题的同时提升求解方案的鲁棒性，为提升航天系统鲁棒性提供重要的算法支撑。同时，考虑到未来可能发生的太空军事斗争，还需考虑航天器离轨、毁伤等极端动态影响，设计相关算法及策略，尽最大可能降低航天系统遭受军事打击的不利影响，保障系统在打击后基本的响应能力和反击能力。

（4）将更多机器学习技术引入模型构建与算法设计过程中，增强卫星任务调度引擎智能化、自主化水平，形成"航天＋AI＋组合优化"的领域新特色。近年来，"机器学习＋组合优化"成为新的研究热点，越来越多的学者将机器学习技术引入组合优化问题的研究中，已为旅行商、车辆路径规划等经典优化问题提供了诸多出色的求解方案。对此，未来研究将在航天器任务调度问题模型构建与算法设计过程中引入更多最新的机器学习技术，例如：在模型构建过程中，辅助约束条件检查，进一步降低约束值计算的复杂性，提高算法综合的迭代效率；在常规调度算法设计中，引导局部搜索算法搜索方向，降低盲目搜索的随机性，帮助算法更加高效、精准地获取高质量的解；在应急调度算法设计中，进一步改进基于可调度性的任务快速插入算法，提升任务插入的精准性和前瞻性，降低其对后续长周期调度过程可能产生的不利影响。因此，大幅提升卫星任务调度引擎的智能化、自主化水平，全面促进机器学习与组合优化技术在航天领域任务调度问题中的深度融合，形成"航天＋ AI ＋组合优化"的新的领域特色，具有十分积极的意义。

（5）将卫星任务调度引擎部署云端，设计基于云平台的卫星任务调度引擎新框架，探索远程式、在线式的卫星任务调度设计、应用与维护新模式。美国 Orbit Logic 公司开放了其通用卫星任务调度软件 STK/Scheduler 的远程访问功能，提供了一种在线式的任务调度服务新模式。该模式用户访问更加便捷、系统部署更加方便、功能迭代与故障修复更加及时。同时，云计算也可进一步发挥

APMA 的性能优势，通过更丰富、更多样的算法竞争获取更优的求解效果。由此，未来研究拟将本书研究成果移植云端，设计基于云平台的卫星/航天器任务调度引擎新框架，探索一种远程式、在线式的卫星任务调度系统设计、应用与维护新模式。

参 考 文 献

[1] Union of Concerned Scientists. Satellite Database [DB/OL]. 2020 [2020-3-1]. https://www.ucsusa.org/resources/satellite-database, 2020-12-31.

[2] WOLFE W J, SORENSEN S E. Three scheduling algorithms applied to the earth observing systems domain [J]. Management Science, 2000, 46(1): 148-168.

[3] CORDEAU J F, LAPORTE G. Maximizing the value of an Earth observation satellite orbit [J]. Journal of the Operational Research Society, 2005, 56(8): 962-968.

[4] CORDEAU J F, LAPORTE G, MERCIER A. A unified tabu search heuristic for vehicle routing problems with time windows [J]. Journal of the Operational Research Society, 2001, 52(8): 928-936.

[5] BIANCHESSI N, CORDEAU J F, DESCROSIERS J, et al. A heuristic for the multi-satellite, multi-orbit and multi-user management of Earth observation satellites [J]. European Journal of Operational Research, 2007, 177(2): 750-762.

[6] 李菊芳, 谭跃进. 卫星观测联合调度问题的 VRP 与 JSP 模型 [J]. 系统工程, 2006, 24(6): 111-115.

[7] 郭玉华, 李军, 赵珂, 等. 多星联合任务规划中的启发式求解方法研究 [J]. 宇航学报, 2009, 30(2): 652-658.

[8] 蔡德荣. 基于蚁群算法的多星联合成像任务规划问题研究 [D]. 成都: 电子科技大学, 2012.

[9] GABREL V, VANDERPOOTEN D. Enumeration and interactive selection of efficient paths in a multiple criteria graph for scheduling an earth observing satellite [J]. European Journal of Operational Research, 2002, 139(3): 533-542.

[10] BIANCHESSI N, RIGHINI G. Planning and scheduling algorithms for COSMO-SkyMed constellation [J]. Aerospace Science and Technology, 2008, 12(7): 535-544.

[11] 陈浩, 李军, 景宁, 等. 电磁探测卫星星上自主规划模型及优化算法 [J]. 航空学报, 2010, 31(5): 1045-1053.

[12] 陈祥国, 武小悦. 基于解构造图的卫星数传调度 ACO 算法 [J]. 系统工程与电子技术, 2010, 32(3): 592-597.

[13] XU B, WANG D H, LIU W X, et al. A hybrid navigation constellation inter-satellite link assignment algorithm for the integrated optimization of the inter-satellite observing and communication performance [C] // Proceedings of the China Satellite Navigation Conference. Berlin: Springer-Verlag, 2015: 283-296.

[14] 张帆, 王钧, 李军, 等. 基于时间序无圈有向图的多准则优化成像调度 [J]. 国防科技大学学报, 2005, 27(6): 61-66.

[15] 王钧. 成像卫星综合任务调度模型与优化方法研究 [D]. 长沙: 国防科技大学, 2007.

[16] HALL N G, MAGAZINE M J. Maximizing the value of a space mission [J]. European Journal of Operational Research, 1994, 78(2): 224-241.

[17] 顾中舜, 陈英武. 对地观测卫星调度的混合整数规划模型及求解 [J]. 飞行器测控学报, 2007, 26(1): 19-24.

[18] 贺仁杰, 顾中舜. 成像观测卫星多星联合调度模型及其列生成求解算法研究 [J]. 飞行器测控学报, 2008, 27(4): 5-9.

[19] XIAO Y Y, ZHANG S Y, YANG P, et al. A two-stage flow-shop scheme for the multi-satellite observation and data-downlink scheduling problem considering weather uncertainties [J]. Reliability Engineering and System Safety, 2019, 188: 263-275.

[20] LEMAÎTRE M, VERFAILLIE G, JOUHAUD F, et al. Selecting and scheduling observations of agile satellites [J]. Aerospace Science and Technology, 2002, 6(5): 367-381.

[21] XU R, CHEN H P, LIANG X L, et al. Priority-based constructive algorithms for scheduling agile earth observation satellites with total priority maximization [J]. Expert Systems with Applications, 2016, 51(1): 195-206.

[22] LIN W C, LIAO D Y, LIU C Y, et al. Daily imaging scheduling of an earth observation satellite [J]. IEEE Transactions on Systems Man and Cybernetics, 2005, 35(2): 213-223.

[23] 程思微, 张辉, 沈林成. 利用混合整数规划的卫星操作规划问题研究 [J]. 计算机工程与应用, 2011, 47(3): 229-232.

[24] 任仙海, 杨乐平, 朱彦伟. 多 GEO 卫星接近观测任务规划 [J]. 飞行力学, 2011, 29(3): 76-79.

[25] SUN K, YANG Z Y, WANG P, et al. Mission planning and action planning for agile earth-observing satellite with genetic algorithm [J]. Journal of Harbin Institute of Technology, 2013, 20(5): 51-56.

[26] CUI K K, XIANG J H, ZHANG Y L. Mission planning optimization of video satellite for ground multi-object staring imaging [J]. Advances in Space Research, 2018, 61(6): 1476-1489.

[27] BENSANA E, LEMAITRE M, VERFAILLIE G. Earth Observation Satellite Management [J]. Constraints, 1999, 4(3): 293-299.

[28] GABREL V. Strengthened 0-1 linear formulation for the daily satellite mission planning [J]. Journal of Combinatorial Optimization, 2006, 11(3), 341-346.

[29] 靳肖闪, 李军, 刘湘辉, 等. 基于拉格朗日松弛与最大分支算法的卫星成像调度算法 [J]. 宇航学报, 2008, 29(2): 310-315.

[30] WANG P, REINELT G, GAO P, et al. A model, a heuristic and a decision support system to solve the scheduling problem of an earth observing satellite constellation [J]. Computers & Industrial Engineering, 2011, 61(2): 322-335.

[31] LIU X L, JIANG W, LI Y J. Mutation particle swarm optimization for earth observation satellite mission planning [C] // Proceedings of International Conference on Management Science & Engineering, Dallas, USA: IEEE, 2012: 236-243.

[32] JIANG J, CHOI J, BAE H J, et al. Image collection planning for Korea Multi-Purpose SATellite-2 [J]. European Journal of Operational Research, 2013, 230(1): 190-199.

[33] WU G, LIU J, MA M, et al. A two-phase scheduling method with the consideration of task clustering for earth observing satellites [J]. Computers & Operations Research, 2013, 40(7): 1884-1894.

[34] LEMAÎTRE M, VERFAILLIE G, JOUHAUD F, et al. How to manage the new generation of agile earth observation satellites [C] // Proceedings of the 6th International SpaceOps Conference, Paris, France: ESA: AIAA, 2000: 1-8.

[35] HE Y M, HE L, WANG Y, et al. Autonomous mission replanning method for imaging satellites considering real-time weather conditions [J]. Journal of Computational and Theoretical Nanoscience, 2016, 13(10): 6967-6973.

[36] HE Y M, CHEN Y W, LU J M, et al. Scheduling multiple agile earth observation satellites with an edge computing framework and a constructive heuristic algorithm [J]. Journal of Systems Architecture, 2019, 95: 55-66.

[37] MOK S H, JO S, BANG H, et al. Heuristic-based mission planning for an agile earth observation satellite [J]. International Journal of Aeronautical and Space Sciences, 2019, doi: 10.1007/s42405-018-0105-4.

[38] CHU X G, CHEN Y N, TAN Y J. An anytime branch and bound algorithm for agile earth observation satellite onboard scheduling [J]. Advances in Space Research, 2017, 60(9): 2077-2090.

[39] SONG B Y, YAO F, CHEN Y N, et al. A hybrid genetic algorithm for satellite image downlink scheduling problem [J]. Discrete Dynamics in Nature and Society, 2018, 1531452.

[40] 张超, 李艳斌. 多敏捷卫星协同任务规划调度方法 [J]. 科学技术与工程, 2017, 17(22): 276-282.

[41] LIU X L, LAPORTE G, CHEN Y W, et al. An adaptive large neighborhood search metaheuristic for agile satellite scheduling with time-dependent transition time [J]. Computers & Operations Research, 2017, 86: 41-53.

[42] KIM H, CHANG Y K. Mission scheduling optimization of SAR satellite constellation for minimizing system response time [J]. Aerospace Science and Technology, 2015, 40(1): 17-32.

[43] WU G H, WANG H L, PEDRYCZ W, et al. Satellite observation scheduling with a novel adaptive simulated annealing algorithm and a dynamic task clustering strategy [J]. Computers & Industrial Engineering, 2017, 113: 576-588.

[44] SHE Y C, LI S, ZHAO Y B. Onboard mission planning for agile satellite using modified mixed-integer linear programming [J]. Aerospace Science and Technology, 2018, 72: 204-216.

[45] CHEN X Y, REINELT G, DAI G M, et al. A mixed integer linear programming model for multi-satellite scheduling [J]. European Journal of Operational Research, 2019, 275(2): 694-707.

[46] FRANK J, DO M, TRAN T T. Scheduling ocean color observations for a GEO-stationary satellite [C] // Proceedings of the 26th International Conference on International Conference on Automated Planning and Scheduling, California, USA: AAAI, 2016: 376-384.

[47] SARKHEYLI A, BAGHERI A, GHORBANI-VAGHEI B, ASKARI-MOGHADAMD R. Using an effective tabu search in interactive resources scheduling problem for LEO satellites missions [J]. Aerospace Science and Technology, 2013, 29(1): 287-295.

[48] NIU X N, ZHAI X J, TANG H, et al. Multi-satellite scheduling approach for dynamic areal tasks triggered by emergent disasters [C] // Proceedings of International Archives of the Photogrammetry Remote Sensing and Spatial Information Sciences, Prague, Czech: ISPRS, 2016: 475-481.

[49] CHEN X Y, REINELT G, DAI G M, et al. Priority-based and conflict-avoidance heuristics for multi-satellite scheduling [J]. Applied Soft Computing, 2018, 69: 177-191.

[50] VALICKA C G, GARCIA D, STAID A, et al. Mixed-integer programming models for optimal constellation scheduling given cloud cover uncertainty [J]. European Journal of Operational Research, 2019, 275(2): 431-445.

[51] NAG S, LI A S, MERRICK J H. Scheduling algorithms for rapid imaging using agile Cubesat constellations [J]. Advances in Space Research, 2018, 61: 891-913.

[52] ZHU W M, HU X X, XIA W, et al. A two-phase genetic annealing method for integrated Earth observation satellite scheduling problems [J]. Soft Computing, 2019, 23(1): 181-196.

[53] HE L, LIU X L, LAPORTE G, et al. An improved adaptive large neighborhood search algorithm for multiple agile satellites scheduling [J]. Computers & Operations Research, 2018, 100: 12-25.

[54] LI J, LI J, CHEN H, et al. A data transmission scheduling algorithm for rapid-response earth-observing operations [J]. Chinese Journal of Aeronautics, 2014, 27(2): 349-364.

[55] 杜永浩, 邢立宁, 陈盈果, 等. 卫星任务调度统一化建模与多策略协同求解方法 [J]. 控制与决策, 2019, 34(9): 1847-1856.

[56] BENSANA E, VERFAILLIE G, AGNESE J C, et al. Exact and inexact methods for the daily management of an Earth observation satellite [C] // Proceeding of the 4th SpaceOps Conference, Paris, France: ESA, 1996: 507-514.

[57] VASQUEZ M, HAO J K. A "Logic-constrained" knapsack formulation and a tabu search algorithm for the daily photograph scheduling of an Earth observation satellite [J]. Computational Optimization and Applications, 2001, 20(2): 137-157.

[58] SPANGELO S, CUTLER J, GILSON K, et al. Optimization-based scheduling for the single-satellite, multi-ground station communication problem [J]. Computers & Operations Research, 2015, 57: 1-16.

[59] 高黎, 周利安, 沙基昌. 分布式卫星系统协作任务分配模型及优化算法 [J]. 系统工程学报, 2009, 24(4): 445-450.

[60] 郝会成, 姜维, 李一军, 等. 基于 Multi-Agent 敏捷卫星动态任务规划问题 [J]. 国防科技大学学报, 2013, 35(1): 53-59.

[61] SKOBELEV P O, SIMONOVA E V, ZHILYAEV A, et al. Application of multi-agent technology in the scheduling system of swarm of earth remote sensing satellites [J]. Procedia Computer Science, 2017, 103: 396-402.

[62] DU B, LI S. A new multi-satellite autonomous mission allocation and planning method [J]. Acta Astronautica, 2018, doi: 10.1016/j.actaastro.2018.11.001.

[63] ZHENG Z X, GUO J, GILL E. Distributed onboard mission planning for multi-satellite systems [J]. Aerospace Science and Technology, 2019, 89: 111-122.

[64] 邢立宁, 王原, 何永明, 等. 基于 BP 神经网络的星上任务可调度性预测方法 [J]. 中国管理科学, 2015(S1): 117-124.

[65] 王冲, 景宁, 李军, 等. 一种基于多 Agent 强化学习的多星协同任务规划算法 [J]. 国防科技大学学报, 2011, 33(1): 53-58.

[66] WANG C, LI J, JING N, et al. A distributed cooperative dynamic task planning algorithm for multiple satellites based on multi-agent hybrid learning [J]. Chinese Journal of Aeronautics, 2011, 24(4): 493-505.

[67] WANG H J, YANG Z, ZHOU W G, et al. Online scheduling of image satellites based on neural networks and deep reinforcement learning [J]. Chinese Journal of Aeronautics, 2019, 32(4): 1011-1019.

[68] REDDY S C, BROWN W L. Single processor scheduling with job priorities and arbitrary ready and due times [R]. Beltsville, USA: Computer Sciences Corporation, 1986.

[69] REDDY S C. Scheduling of tracking and data relay satellite system (TDRSS) antennas: scheduling with sequence dependent setup times [C] // Proceedings of the ORSA/TIMS Joint National Meeting, Denver, USA: Military Operations Research Society, 1988.

[70] ROJANASOONTHON S, BARD J F, REDDY S D. Algorithms for parallel machine scheduling: a case study of the tracking and data relay satellite system [J]. Journal of the Operational Research Society, 2003, 54(8): 806-821.

[71] ROJANASOONTHON S, BARD J. A GRASP for parallel machine scheduling with time windows [J]. Informs Journal on Computing, 2005, 17(1): 32-51.

[72] ZHUANG S F, YIN Z D, WU Z L, et al. The relay satellite scheduling based on artificial bee colony algorithm [C] // Proceedings of the 17th International Symposium on Wireless Personal Multimedia Communications, Sydney, Australia: IEEE, 2014: 635-640.

[73] 庄树峰. 跟踪与数据中继卫星系统资源调度技术研究 [D]. 哈尔滨: 哈尔滨工业大学, 2017.

[74] 贺川, 孟宪贵, 祝转民, 等. 基于执行时段滑动调整策略的中继卫星任务规划算法设计 [J]. 飞行器测控学报, 2015(3): 246-253.

[75] 刘润滋, 盛敏, 唐成圆, 等. 基于任务拆分聚合的中继卫星系统任务规划方法 [J]. 通信学报, 2017, 38(Z1): 110-117.

[76] 郭超, 熊伟, 郝利云. 基于双层优先级的中继卫星系统任务调度算法 [J]. 计算机应用研究, 2018(5): 1506-1510.

[77] 顾中舜. 中继卫星动态调度问题建模及优化技术研究 [D]. 长沙: 国防科技大学, 2007.

[78] 赵静, 赵卫虎, 李勇军, 等. 微波/光混合链路数据中继卫星系统资源调度算法 [J]. 中国激光, 2013, 40(10): 1005005.

[79] 赵静, 赵卫虎, 李勇军, 等. 基于改进 NSGA- 算法的微波/光混合链路中继卫星多目标资源调度算法 [J]. 中国激光, 2013, 40(12): 1205003.

[80] ZHAO W H, ZHAO J, ZHAO S H, et al. Resources scheduling for data relay satellite with microwave and optical hybrid links based on improved niche genetic algorithm [J]. Optik, 2014, 125(3): 3370-3375.

[81] 方炎申, 陈英武, 邹凯, 等. 基于约束满足问题的中继卫星调度问题研究 [J]. 运筹与管理, 2005, 14(4): 74-79.

[82] 方炎申, 陈英武, 顾中舜. 中继卫星调度问题的 CSP 模型 [J]. 国防科技大学学报, 2005(2): 6-10.

[83] 方炎申, 陈英武, 王军民. 中继卫星多址链路调度问题的约束规划模型及算法研究 [J]. 航天返回与遥感, 2006, 27(4): 62-67.

[84] 贺川, 李亚晶, 丘震. 按需申请模式下的中继卫星任务规划模型与算法设计 [J]. 中国空间科学技术, 2017, 37(6): 46-55.

[85] 何敏藩, 朱燕麒, 贾学卿. 考虑多滑动窗口的中继卫星调度模型及启发式算法 [J]. 郑州大学学报 (工学版), 2018, 39(5): 15-25.

[86] 唐旻. 卫星系统数传与测控服务策略研究 [D]. 长沙: 国防科技大学, 2013.

[87] LUBA O, BOYD L, GOWER A, et al. GPS III system operations concepts [J]. IEEE Aerospace and Electronic Systems Magazine, 2005, 20(1): 10-18.

[88] 赵爽. 卫星导航系统大国间的博弈——谈俄罗斯在美国建 GLONASS 地面站受阻 [J]. 国际太空, 2014, 36(10): 36-40.

[89] GERSHMAN R, BUXBAUM K L, LUDWINSKI J M, et al. Galileo mission planning for Low Gain Antenna based operations [C] // Proceedings of the 3rd International Symposium on Space Mission Operations and Ground Data Systems, Washington, USA: NASA, 1994: 279-286.

[90] IV J C M. Performing the Galileo mission using the S-band low-gain antenna [C] // Proceedings of Aerospace Applications Conference, Vail, USA: IEEE, 1994: 145-183.

[91] TORIBIO S. Galileo: Mission planning [C] // Proceedings of the SpaceOps 2004 Conference, Montreal, Canada: AIAA, 2004.

[92] HALL S, MOREIRA F, FRANCO T. Operations planning for the Galileo constellation [C] // Proceedings of the SpaceOps 2008 Conference, Heidelberg, Germany: AIAA, 2008.

[93] MARINELLI F, NOCELLA S, ROSSI F, et al. A Lagrangian heuristic for satellite range scheduling with resource constraints [J]. Computers & Operations Research, 2011, 38(11): 1572-1583.

[94] 龙运军, 陈英武, 邢立宁, 等. 导航卫星上行注入任务调度模型及启发式算法 [J]. 国防科技大学学报, 2013, 35(2): 34-39.

[95] TANG Y Y, WANG Y K, CHEN J Y, et al. Uplink scheduling of navigation constellation based on genetic algorithm [C] // Proceedings of the 13th International Conference on Signal Processing, Chengdu, China: IEEE, 2017: 1124-1129.

[96] 闫俊刚, 邢立宁, 张忠山, 等. 具有双重时间窗约束的作业车间调度算法 [J]. 科学技术与工程, 2016, 16(26): 85-92.

[97] 张忠山, 王　沛, 贺仁杰, 等. 考虑星间链路的星地时间同步与上注调度的启发式算法 [J]. 全球定位系统, 2012(5): 38-45.

[98] YANG D N, YANG J, XU P J. Timeslot scheduling of inter-satellite links based on a system of a narrow beam with time division [J]. GPS Solutions, 2017, 21(3): 999-1011.

[99] SUN L Y, WANG Y K, HUANG W D, et al. Inter-satellite communication and ranging link assignment for navigation satellite systems [J]. GPS Solutions, 2018, 22(2): 38.

[100] SUN L Y, HUANG W D, ZHOU Y F, et al. Monitor link assignment for reentry users based on BeiDou inter-satellite links [J]. Advances in Space Research, 2019, 64(3): 747-758.

[101] LIU S Y, YANG J, GUO X Y, et al. Inter-satellite link assignment for the laser/radio hybrid network in navigation satellite systems [J]. GPS Solutions, 2020, 24(2): 49.

[102] PARISH D A. A genetic algorithm approach to automating satellite range scheduling [D]. Ohio, USA: Air Force Institute of Technology, 1994.

[103] BARBULESCU L, HOWE A E, WATSON J P, et al. Satellite range scheduling: A comparison of genetic, heuristic and local search [C] // Proceedings of the International Conference on Parallel Problem Solving from Nature, Berlin, Germany: Springer-Verlag, 2002: 611-620.

[104] BARBULESCU L, HOWE A, WHITLEY D. AFSCN scheduling: How the problem and solution have evolved [J]. Mathematical and Computer Modelling, 2006, 43(9-10): 1023-1037.

[105] BARBULESCU L, HOWE A E, WHITLEY L D, et al. Understanding algorithm performance on an oversubscribed scheduling application [J]. Journal of Artificial Intelligence Research, 2006, 27(1): 577-615.

[106] 郑晋军, 张乃通, 张丽艳. 合理利用测控资源的动态调度模型 [J]. 高技术通讯, 2002, 12(7): 22-27.

[107] 张鹏, 冯旭祥, 葛小青. 基于改进遗传算法的多天线地面站硬件资源分配方法 [J]. 计算机工程与科学, 2017, 39(6): 1155-1163.

[108] BARBULESCU L, WATSON J P, WHITLEY L D, et al. Scheduling space-ground communications for the air force satellite control network [J]. Journal of Scheduling, 2004, 7(1): 7-34.

[109] LI Y Q, WANG R X, LIU Y, et al. Satellite range scheduling with the priority constraint: An improved genetic algorithm using a station ID encoding method [J]. Chinese Journal of Aeronautics, 2015, 28(3): 789-803.

[110] ARBABI M, GARATE J A, KOCHER D F. Interactive real time scheduling and control [C] // Proceedings of the Summer Simulation Conference, San Diego, USA: Society for Computer Simulation, 1985: 271-277.

[111] ZUFFEREY N, AMSTUTZ P, GIACCARI P. Graph colouring approaches for a satellite range scheduling problem [J]. Journal of Scheduling, 2008, 11(4): 263-277.

[112] BLÖCHLIGER I, ZUFFEREY N. A graph coloring heuristic using partial solutions and a reactive tabu scheme [J]. Computers & Operations Research, 2008, 35(3): 960-975.

[113] 张雁, 党群, 黄永宣. 带预估选择的 Memetic 算法求解多星测控资源调度问题 [J]. 西安交通大学学报, 2009, 43(10): 37-41.

[114] 徐小辉. 陆基卫星测控调度问题建模及算法技术研究 [D]. 北京: 清华大学, 2012.

[115] ZHANG N, FENG Z R. Cooperative ant colony optimization for multisatellite resource scheduling problem [C] // Proceedings of the 2007 IEEE Congress on Evolutionary Computation, Singapore, Singapore: IEEE, 2007: 2822-2828.

[116] ZHANG N, FENG Z R, KE L J. Guidance-solution based ant colony optimization for satellite control resource scheduling problem [J]. Applied Intelligence, 2011, 35(3): 436-444.

[117] ZHANG Z J, ZHANG N, FENG Z R. Multi-satellite control resource scheduling based on ant colony optimization [J]. Expert Systems with Applications, 2014, 41(6): 2816-2823.

[118] ZHANG Z J, HU F N, ZHANG N. Ant colony algorithm for satellite control resource scheduling problem [J]. Applied Intelligence, 2018, 48(10): 3295-3305.

[119] 陈祥国, 武小悦. 卫星数传资源负荷均衡调度模型及蚁群优化算法 [J]. 系统工程, 2008, 26(12): 91-97.

[120] 陈祥国. 卫星数传调度的蚁群优化模型及算法研究 [D]. 长沙: 国防科技大学, 2010.

[121] 王海波, 徐敏强, 王日新, 等. 基于蚁群优化——模拟退火的天地测控资源联合调度 [J]. 宇航学报, 2012, 33(11): 1636-1645.

[122] VAZQUEZ A J, ERWIN R S. On the tractability of satellite range scheduling [J]. Optimization Letters, 2015, 9(2): 311-327.

[123] VAZQUEZ A J, ERWIN R S. Robust fixed interval satellite range scheduling [C] // Proceedings of the 2015 IEEE Aerospace Conference, Big Sky, USA: IEEE, 2014.

[124] VÁZQUEZ A J, ERWIN R S. An Introduction to Optimal Satellite Range Scheduling [M]. Berlin, Germany: Springer-Verlag, 2015.

[125] 王远振, 赵坚, 聂成. 多卫星-地面站系统的 Petri 网模型研究 [J]. 空军工程大学学报, 2003, 4(2): 7-11.

[126] 王远振, 赵坚, 聂成. 多星地面站设备优化调度方法研究 [J]. 计算机仿真, 2003, 20(7): 7-19, 54.

[127] 金光, 武小悦, 高卫斌. 卫星地面站资源配置仿真研究 [J]. 系统仿真学报, 2004, 16(11): 2401-2403.

[128] 王远振, 高卫斌, 聂成. 多星地面站系统资源配置优化研究综述 [J]. 系统工程与电子技术, 2004, 26(4): 437-439.

[129] GOOLEY T D. Automating the Satellite Range Scheduling Process [D]. Ohio, USA: Air Force Institute of Technology, 1993.

[130] GOOLEY T D, Borsi J J, Moore J T. Automating air force satellite control network (AFSCN) scheduling [J]. Mathematical and Computer Modelling, 1996, 24(2): 91-101.

[131] 贺仁杰, 谭跃进. 基于约束满足的卫星地面站资源优化分配问题研究 [J]. 计算机工程与应用, 2004, 40(18): 229-232.

[132] 刘洋, 贺仁杰, 谭跃进. 基于约束满足的多卫星调度模型研究 [J]. 系统工程与电子技术, 2004, 26(8): 1076-1079.

[133] LUO K P, WANG H H, LI Y J, et al. High-performance technique for satellite range scheduling [J]. Computers & Operations Research, 2017, 85: 12-21.

[134] XHAFA F, SUN J, BAROLLI A, et al. Genetic Algorithms for Satellite Scheduling Problems [J]. Mobile Information Systems, 2012, 8(4): 351-377.

[135] XHAFA F, HERRERO X, BAROLLI A, et al. Evaluation of struggle strategy in Genetic Algorithms for ground stations scheduling problem [J]. Journal of Computer and System Sciences, 2013, 79(7): 1086-1100.

[136] XHAFA F, HERRERO X, BAROLLI A, et al. A simulated annealing algorithm for ground station scheduling problem [C] // Proceedings of the 16th International Conference on Network-based Information Systems, Gwangju, South Korea: IEEE, 2013: 24-30.

[137] XHAFA F, HERRERO X, BAROLLI A, et al. A tabu search algorithm for ground station scheduling problem [C] // Proceedings of the 28th International Conference on Advanced Information Networking & Applications, Victoria, Canada: IEEE, 2014: 1033-1040.

[138] VALICKA C G, GARCIA D, STAID A, et al. Space surveillance network scheduling under uncertainty: Models and benefits [C] // Proceedings of the Advanced Maui Optical and Space Surveillance Technologies Conference, Hawaii, USA: The Maui Economic Development Board, 2016: 124.

[139] LIU Z B, FENG Z R, REN Z G. Route-reduction-based dynamic programming for large-scale satellite range scheduling problem [J]. Engineering Optimization, 2019, doi: 10.1080/0305215X.2018.1558445.

[140] GREVE G H, HOPKINSON K M, LAMONT G B. Evolutionary sensor allocation for the space surveillance network [J]. Journal of Defense Modeling and Simulation, 2018, 15(3): 303-322.

[141] 刘聪锋, 杨洁. 陆基测控资源分配决策支持系统研究 [J]. 航空计算技术, 2003, 33(4): 80-83.

[142] 刘聪锋. 测控资源调度管理系统的构造与实现 [J]. 航空计算技术, 2005, 35(3): 68-71.

[143] 凌晓冬, 刘冰, 武小悦, 等. 基于本体的多星测控调度问题模型研究 [J]. 计算机与数字工程, 2010, 38(8): 62-66.

[144] JAYAWEERA S K, ERWIN R S, CARTY J. Distributed space situational awareness (D-SSA) with a satellite-assisted collaborative space surveillance network [J]. IFAC Proceedings Volumes, 2011, 44(1): 8792-8798.

[145] SHEN D, JIA B, CHEN G S, et al. Game optimal sensor management strategies for tracking elusive space objects [C] // Proceedings of the 2017 IEEE Aerospace Conference, Big Sky, USA: IEEE, 2017: 1-8.

[146] 凌晓冬, 武小悦, 刘琦. 基于 Agent 的航天测控资源调度问题建模分析 [J]. 系统工程与电子技术, 2008, 30(11): 2220-2223.

[147] 杜红梅, 刘明盛. 基于多智能体协作技术的卫星测控资源动态调度问题解算 [J]. 装备指挥技术学院学报, 2010, 21(3): 76-80.

[148] 冯宏胜, 陈杨, 武小悦. 卫星地面站资源配置的 SVM 回归模型 [J]. 飞行器测控学报, 2011, 30(2): 15-19.

[149] AHN H S, JUNG O, CHOI S, et al. An optimal satellite antenna profile using rein-forcement learning [J]. IEEE Transactions on Systems, Man, and Cybernetics, 2011, 41(3): 393-406.

[150] Air Force Office of Scientific Research. Exploiting elementary landscapes for search (AFSCN scheduling problems) [DB/OL]. 2003 [2021-3-1]. http://www.cs.colostate.edu/sched/data.html.

[151] BEAUMEt G, VERFAILLIE G, CHARMEAU M C. Feasibility of autonomous de-cision making on board an agile earth-observing satellite [J]. Computational Intelli-gence, 2015, 27(1):123-139.

[152] 刘晓娣, 李军, 陈浩, 等. 多卫星成像任务规划的冲突消解 [J]. 电光与控制, 2008, 15(10): 10-15.

[153] 冉承新, 熊纲要, 王慧林, 等. 电子侦察卫星任务规划调度模型与算法研究 [J]. 通信对抗, 2009, 30(1): 3-8.

[154] 刘彬彬, 李晖, 赵曼, 等. 基于任务压缩的成像卫星任务规划 [J]. 无线电工程, 2017, 47(11): 77-82.

[155] 金光, 武小悦, 高卫斌. 卫星地面站资源调度优化模型及启发式算法 [J]. 系统工程与电子技术, 2004, 26(12): 1839-1841.

[156] 杨萍, 杨锋, 吴斌, 等. 用启发式算法和基于冲突的回跳算法求解卫星测控资源调度问题 [J]. 宇航学报, 2007, 28(6): 1609-1613.

[157] TSATSOULIS C, VAN DYNE M. Integrating artificial intelligence techniques to gen-erate ground station schedules [C] // Proceedings of the 2014 IEEE Aerospace Con-ference, Big Sky, USA: IEEE, 2014: 1-9.

[158] LEMAÎTRE M, VERFAILLIE G, FARGIER H, et al. Equitable allocation of earth observing satellites resources [C] // Proceedings of the 5th ONERA-DLR Aerospace Symposium, Toulouse, French: ONERA, 2003.

[159] DU Y H, WANG T, XIN B, et al. A data-driven parallel scheduling approach for multiple agile earth observation satellites [J]. IEEE Transactions on Evolutionary Computation, 2020, 24(4): 679-693.

[160] 周军升. 基于多 Agent 的多星任务分配问题研究 [D]. 长沙: 国防科技大学, 2009.

[161] 邱涤珊, 黄维, 黄小军, 等. 电子侦察卫星任务合成探测及混合调度 [J]. 系统工程与电子技术, 2011, 33(9): 2012-2018.

[162] 孙凯, 邢立宁, 陈英武. 基于分解优化策略的多敏捷卫星联合对地观测调度 [J]. 计算机集成制造系统, 2013, 19(1): 127-136.

[163] LAND A H, DOIG A G. An automatic method of solving discrete programming problems [J]. Econometrica, 1960, 28(3): 497-520.

[164] LITTLE J D C, MURTY K G, SWEENEY D W, et al. An algorithm for the traveling salesman problem [J]. Operations Research, 1963, 11(6): 972-989.

[165] 王沛, 谭跃进. 多星联合对地观测调度问题的列生成算法 [J]. 系统工程理论与实践, 2011, 31(10): 1932-1939.

[166] RIBEIRO G M, CONSTANTINO M F, LORENA L A N. Strong formulation for the Spot 5 daily photograph scheduling problem [J]. Journal of Combinatorial Optimization, 2009, 20(4): 385-398.

[167] 王建江. 云层不确定条件下光学对地观测卫星调度问题研究 [D]. 长沙: 国防科技大学, 2015.

[168] 靳肖闪, 李军, 王钧, 等. 基于随机搜索与松弛方法的多卫星联合成像优化调度研究 [J]. 兵工学报, 2009, 30(1): 49-55.

[169] Bellman R E, Kalaba R E. Dynamic Programming and Modern Control Theory [M]. New York, USA: Academic Press, 1965.

[170] 白保存, 贺仁杰, 李菊芳, 等. 卫星单轨任务合成观测问题及其动态规划算法 [J]. 系统工程与电子技术, 2009, 31(7): 1738-1742.

[171] DAMIANI S, VERFAILLIE G, CHARMEAU M C. A continuous anytime planning module for an autonomous earth watching satellite [C] // Proceedings of the 15th International Conference on Automated Planning and Scheduling, California, USA: AAAI, 2005: 19-28.

[172] 刘洋, 陈英武, 谭跃进. 卫星地面站系统任务调度的动态规划方法 [J]. 中国空间科学技术, 2005, 25(1): 44-47.

[173] 秦丽, 张箐. 基于动态规划的遥感卫星数据分发策略研究 [J]. 遥感信息, 2016, 31(5): 30-35.

[174] PENG G S, DEWIL R, VERBEECK C, et al. Agile earth observation satellite scheduling: An orienteering problem with time-dependent profits and travel times [J]. Computers & Operations Research, 2019, 111: 84-98.

[175] HOLLAND J H. Adaptation in Natural and Artificial Systems to Biology, Control, and Artificial Intelligence [M]. Ann Arbor, USA: University of Michigan Press, 1975.

[176] 周毅荣, 陈浩, 李龙梅, 等. 一种基于免疫遗传的卫星数传调度方法 [J]. 小型微型计算机系统, 2015, 36(12): 2725-2729.

[177] CHEN H, ZHOU Y, DU C, et al. A satellite cluster data transmission scheduling method based on genetic algorithm with rote learning operator [C] // Proceedings of the Congress on Evolutionary Computation, Vancouver, Canada: IEEE, 2016: 5076-5083.

[178] 李云峰, 武小悦. 遗传算法在卫星数传调度问题中的应用 [J]. 系统工程理论与实践, 2008, 28(1): 124-131.

[179] 韩传奇, 刘玉荣, 李虎. 基于改进遗传算法对小卫星星群任务规划研究 [J]. 空间科学学报, 2019, 39(1): 129-134.

[180] NIU X N, TANG H, WU L X. Satellite scheduling of large areal tasks for rapid response to natural disaster using a multi-objective genetic algorithm [J]. International Journal of Disaster Risk Reduction, 2018, 28: 813-825.

[181] HOSSEINABADI S, RANJBAR M, RAMYAR S, et al. Scheduling a constellation of agile earth observation satellites with preemption [J]. Journal of Quality Engineering and Production Optimization, 2017, 2(1): 47-64.

[182] DU Y H, XING L N, ZHANG J W, et al. MOEA based memetic algorithm for multi-objective satellite range scheduling problems [J]. Swarm and Evolutionary Computation, 2019, 50: 100576.

[183] COLORNI A, DORIGO M, MANIEZZO V. Distributed optimization by ant colonies [C] // Proceedings of the 1st European Conference on Artificial Life, London England: The MIT Press, 1991: 134-142.

[184] 邱涤珊, 郭浩, 贺川, 等. 敏捷成像卫星多星密集任务调度方法 [J]. 航空学报, 2013, 34(4): 882-889.

[185] 耿远卓, 郭延宁, 李传江, 等. 敏捷凝视卫星密集点目标聚类与最优观测规划 [J]. 控制与决策, 2019, doi: 10.13195/j.kzyjc.2018.0800.

[186] 严珍珍, 陈英武, 邢立宁. 基于改进蚁群算法设计的敏捷卫星调度方法 [J]. 系统工程理论与实践, 2014, 34(3): 793-801.

[187] 陈宇宁, 邢立宁, 陈英武. 基于蚁群算法的灵巧卫星调度 [J]. 科学技术与工程, 2011, 11(3): 484-489.

[188] 朱新新, 谭跃进, 邓宏钟, 等. 求解成像卫星调度问题的改进蚁群算法. 科学技术与工程, 2012, 12(31): 8322-8326.

[189] GAO K B, WU G H, ZHU J H. Multi-satellite observation scheduling based on a hybrid ant colony optimization [J]. Advanced Materials Research, 2013, 765-767: 532-536.

[190] WU G H, MA M H, ZHU J H, et al. Multi-satellite observation integrated scheduling method oriented to emergency tasks and common tasks [J]. Journal of Systems Engineering and Electronics, 2012, 23(5): 723-733.

[191] 邢立宁, 陈英武. 基于混合蚁群优化的卫星地面站系统任务调度方法 [J]. 自动化学报, 2008, 34(4): 414-418.

[192] 姚锋, 邢立宁. 求解卫星地面站调度问题的演化学习型蚁群算法 [J]. 系统工程与电子技术, 2012, 34(11): 2270-2274.

[193] 黄双临, 马冬青, 方冬梅, 等. 基于改进蚁群算法的卫星数传调度 [J]. 无线电工程, 2015, 45(7): 27-30.

[194] LI Z X, LI J, MU W T. Space-ground TT&C resources integrated scheduling based on the hybrid ant colony optimization [C] // Proceedings of the 28th Conference of Spacecraft TT&C Technology, Singapore, Singapore: Springer-Verlag, 2016: 179-196.

[195] KENNEDY J, EBERHART R. Particle swarm optimization [C] // Proceedings of the IEEE International Conference on Neural Networks, Perth, Australia: IEEE, 1995: 1942-1948.

[196] KENNEDY J, EBERHART R C. A discrete binary version of the particle swarm algorithm [C] // Proceedings of the IEEE International Conference on Systems, Man, and Cybernetics. Computational Cybernetics and Simulation, Orlando, USA: IEEE, 1997: 4104-4108.

[197] 汤绍勋, 易先清, 罗雪山. 面向预警卫星调度问题的改进粒子群算法 [J]. 系统工程, 2012, 30(1): 116-121.

[198] 常飞, 武小悦. 基于改进粒子群算法的卫星数传任务调度 [J]. 系统工程与电子技术, 2009, 31(10): 2404-2408.

[199] CHEN H, LI L M, ZHONG Z N, et al. Approach for earth observation satellite real-time and playback data transmission scheduling [J]. Journal of Systems Engineering and Electronics, 2015, 26(5): 982-992.

[200] CHEN Y, ZHANG D Y, ZHOU M Q, et al. Multi-satellite observation scheduling algorithm based on hybrid genetic particle swarm optimization [C] // Proceedings of Advances in Information Technology and Industry Applications, Berlin, Germany: Springer-Verlag, 2012: 441-448.

[201] 国晓博, 刘金灿, 周红彬. 分布式卫星系统数传调度研究 [J]. 无线电通信技术, 2016, 42(4): 29-32.

[202] 刘建银, 王忠伟. 面向森林资源观测的成像卫星任务规划算法设计 [J]. 中南林业科技大学学报, 2018, 38(10): 41-46.

[203] GLOVER F. Tabu search—part I [J]. ORSA Journal on Computing, 1989, 1(3): 190-205.

[204] GLOVER F. Tabu search—part II [J]. ORSA Journal on Computing, 1990, 2(1): 4-32.

[205] 贺仁杰, 谭跃进. 具有时间窗口约束的并行机床调度问题研究 [J]. 系统工程, 2004, 22(5): 18-22.

[206] 左春荣, 王海燕. 基于禁忌搜索算法测地卫星任务调度研究 [J]. 计算机工程与应用, 2010, 46(1): 215-217.

[207] 陈英武, 方炎申, 李菊芳, 等. 卫星任务调度问题的约束规划模型 [J]. 国防科技大学学报, 2006, 28(5): 126-132.

[208] 李菊芳, 贺仁杰, 姚锋, 等. 成像卫星集成调度的变邻域禁忌搜索算法 [J]. 系统工程理论与实践, 2013, 33(12): 3040-3044.

[209] HABET D, VASQUEZ M, VIMONT Y. Bounding the optimum for the problem of scheduling the photographs of an agile earth observing satellite [J]. Computational Optimization and Applications, 2010, 47(2): 307-333.

[210] METROPOLIS N, ROSENBLUTH A W, ROSENBLUTH M N, et al. Equation of state calculations by fast computing machines [J]. The Journal of Chemical Physics, 1953, 21: 1087-1091.

[211] KIRKPATRICK S, GELATT C D, VECCHI M P. Optimization by simulated annealing [J]. Science, 1983, 220: 611-680.

[212] 黄瀚, 张晓倩. 基于图论模型的成像卫星任务规划方法研究 [J]. 桂林航天工业学院学报, 2016, 21(2): 155-158.

[213] 贺仁杰, 高鹏, 白保存, 等. 成像卫星任务规划模型、算法及其应用 [J]. 系统工程理论与实践, 2011, 31(3): 411-422.

[214] GAO P, LI W, YAO F, et al. Simulated annealing algorithm for EOS scheduling problem with task merging [C] // Proceedings of the International Conference on Modelling, Identification and Control, Shanghai: IEEE, 2011: 517-522.

[215] 徐欢, 祝江汉, 王慧林. 基于模拟退火算法的电子侦察卫星任务规划问题研究 [J]. 装备指挥技术学院学报, 2010, 21(3): 62-66.

[216] DU Y H, XING L N, CHEN Y G. Integrated agile observation satellite scheduling problem considering different memory environments: A case study [J]. Journal of the Brazilian Society of Mechanical Sciences and Engineering, 2020, 42: 76.

[217] 黄生俊, 邢立宁, 郭波. 基于改进模拟退火的多星任务规划方法 [J]. 科学技术与工程, 2012, 12(31): 8293-8298.

[218] LIN Z H. Mission planning for electromagnetic environment monitors satellite based on simulated annealing algorithm [C] // Proceedings of the 28th Canadian Conference on Electrical and Computer Engineering, Halifax, Canada: IEEE, 2015: 530-535.

[219] 姚锋, 李菊芳, 李文, 等. 对地观测卫星动态能力评估系统 [J]. 火力与指挥控制, 2010, 35(12): 18-21.

[220] MOSCATO P. On evolution, search, optimization, genetic algorithms and martial arts: Towards memetic algorithms [R]. Caltech Con-Current Computation Program 158-79, Pasadena, USA: California Institute of Technology, 1989.

[221] DAWKINS R. The Selfish Gene [M]. New York, USA: Oxford University Press, 1976.

[222] LI J, LI J, JING N, et al. A satellite schedulability prediction algorithm for EO SPS [J]. Chinese Journal of Aeronautics, 2013, 26(3): 705-716.

[223] 刘嵩, 白国庆, 陈英武. 地球观测网络成像任务可调度性预测方法 [J]. 宇航学报, 2015, 36(5): 583-588.

[224] CPLEX Optimization Studio. CPLEX User's Manual [M]. New York, USA: IBM Corporation, 2015.

[225] 徐忠良, 谭跃进. 面向区域目标的测绘卫星任务调度方法 [J]. 科学技术与工程, 2012, 12(28): 7303-7308.

[226] 王沛, 李菊芳, 谭跃进. 编队卫星对地观测调度问题模型比较研究 [J]. 系统工程与电子技术, 2010, 32(8): 1689-1694.

[227] Orbit Logic. STK/Scheduler Tutorial [M]. Maryland, USA: Orbit Logic, 2006.

[228] Orbit Logis. STK/Scheduler [EB/OL]. 2019 [2021-3-1]. http://www.orbitlogic.com/stk-scheduler.html.

[229] 李英先, 刘扬, 方青. 基于 STK/Schedule 实现中继卫星业务调度 [J]. 现代电子技术, 2012, 35(10): 122-125.

[230] 李云峰, 武小悦. STK/Scheduler 在卫星数传调度中的应用研究 [J]. 计算机仿真, 2008, 25(3): 70-74.

[231] 白敬培, 阎慧, 高永明, 等. 基于 STK/Scheduler 的航天任务调度应用研究 [J]. 装备指挥技术学院学报, 2010, 21(3): 71-75.

[232] LI Y X, QING F, TAN J B. Application of relay satellite scheduling based on STK/X [C] // Proceedings of the 2011 IEEE CIE International Conference on Radar, Chengdu, China: IEEE, 2011: 288-291.

[233] FISHER W A, HERZ E. A flexible architecture for creating scheduling algorithms as used in STK Scheduler [C] // Proceedings of the 8th International Workshop on Planning and Scheduling for Space, California, USA: AAAI, 2013.

[234] HERZ A F, STONER F, HALL R, et al. SSA sensor tasking approach for improved orbit determination accuracies and more efficient use of ground assets [C] // Proceedings of the Advanced Maui Optical and Space Surveillance Technologies Conference, Hawaii, USA: The Maui Economic Development Board, 2013.

[235] NASA. EUROPA-2.6 [DB/OL]. 2011 [2021-3-1]. https://github.com/nasa/europa/tree/Releases/EUROPA-2.6.

[236] MUSCETTOLA N, NAYAK P P, PELL B, et al. Remote agent: To boldly go where no AI system has gone before [J]. Artificial intelligence, 1998, 103(1-2): 5-47.

[237] TRAN D, CHIEN S, SHERWOOD R, et al. The autonomous sciencecraft experiment onboard the EO-1 spacecraft [C] // Proceedings of the 4th International Joint Conference on Autonomous Agents and Multiagent Systems, Utrecht, Netherlands: ACM, 2004: 164-165.

[238] CHIEN S, SHERWOOD R, RABIDEAU G, et al. The Techsat-21 autonomous space science agent [C] // Proceedings of the 1st International Joint Conference on Autonomous Agents and Multiagent Systems, Bologna, Italy: ACM, 2002: 570-577.

[239] FRANK J, JONSSON A, MORRIS R, et al. Planning and scheduling for fleets of earth observing satellites [C] // Proceedings of the 6th International Symposium on Artificial Intelligence, Robotics and Automation for Space, Montreal, Canada: Canadian Space Agency, 2001.

[240] BEDRAX-WEISS T, FRANK J, JONSSON A, et al. Europa 2: Plan database services for planning and scheduling applications [C] // Proceedings of the 14th International Conference on Automated Planning and Scheduling, California, USA: AAAI, 2004.

[241] 刘越畅, 钟秀玉, 房宜汕, 等. 基于 Europa2 的智能规划动态仿真与建模 [J]. 计算机工程与应用, 2012, 48(17): 211-214.

[242] NASA. Scheduling and Planning Interface for Exploration [DB/OL]. 2015 [2021-3-1]. https://github.com/nasa/OpenSPIFe.

[243] 百度百科. 引擎 [EB/OL]. 2019 [2021-3-1]. https://baike.baidu.com/item/%E5%BC% 95%E6%93%8E/2874935#viewPageContent.

[244] BURKE E K, BYKOV Y. The late acceptance hill-climbing heuristic [R]. Scotland, UK: University of Stirling, 2012.

[245] BURKE E K, BYKOV Y. The late acceptance hill-climbing heuristic [J]. European Journal of Operational Research, 2017, 258(1): 70-78.

[246] GOLDEN B L, LEVY L, VOHRA R. The orienteering problem [J]. Naval Research Logistics, 1987, 34(3): 307-318.

[247] The Orienteering Problem: Test Instances [DB/OL]. 2020 [2021-3-1]. https://www. mech.kuleuven.be/en/cib/op, 2020-07-24.

[248] CHAO I M, GOLDEN B L, WASIL E A. A fast and effective heuristic for the orienteering problem [J]. European Journal of Operational Research, 1996, 88(3): 475-489.

[249] KANTOR M G, ROSENWEIN M B. The orienteering problem with time windows [J]. Journal of the Operational Research Society, 1992, 43(6): 629-635.

[250] VERBEECK C, VANSTEENWEGEN P, AGHEZZAF E H. The time-dependent orienteering problem with time windows: a fast ant Colony System [J]. Annals of Operations Research, 2017, 254(1-2): 481-505.

[251] FOMIN F V, LINGAS A. Approximation algorithms for time-dependent orienteering [J]. Information Processing Letters, 2002, 83(2): 57-62.

[252] 杨萍, 刘颖, 裴莹. 改进合同网协议的 Agent 动态任务分配 [J]. 火力与指挥控制, 2011, 36(10): 77-80.

[253] 李新亮, 翟江涛, 戴跃伟. 动态环境下基于改进合同网的多 Agent 任务分配算法 [J]. 科学技术与工程, 2013, 13(27): 8014-8019.

[254] STANLEY K O, MIIKKULAINEN R. Evolving neural networks through augmenting topologies [J]. Evolutionary Computation, 2002, 10(2): 99-127.

卫星任务调度通用化模型数学符号及说明

表 A.1　卫星任务调度通用化模型数学符号及说明

符号	说明	符号	说明
A	卫星姿态或测站天线的欧拉角	f_i^{H}	第 i 项约束条件
$a(x_{ij})$	第 i 个时隙内卫星 s_j 是否为境内星	f_i^{S}	第 i 项软约束条件
$b(e_{ij})$	事件 e_{ij} 的开始时间	$f_i^{\mathrm{H}}(X)$	方案违约束条件 f_i^{H} 的数值 ($\leqslant 0$)
$b(\mathrm{eo}_{ij}^k)$	执行时机 eo_{ij}^k 的开始时间	$f_i^{\mathrm{S}}(X)$	方案违约束软条件 f_i^{S} 的数值 ($\leqslant 0$)
$b(o_i)$	轨道 o_i 的开始时间	G	测站集
$b(\mathrm{tw}_{ij}^k)$	时间窗口 tw_{ij}^k 的开始时间	g_i	第 i 座测站, i 为测站编号
c_i^{H}	约束条件 f_i^{H} 的约束对象	$g(e_{ij})$	执行事件 e_{ij} 的测站
D	日期集	$g(\mathrm{tw}_{ij}^k)$	时间窗口 tw_{ij}^k 所属的测站
d_i	卫星任务调度周期内的第 i 天	$l(e_{ij})$	事件 e_{ij} 的持续时间
$d(e_{ij})$	执行事件 e_{ij} 的日期	$l_{\max}^{\mathrm{E}}(d_k, q_m)$	日期 d_k 内载荷 q_m 最长工作时间
$d(o_i)$	轨道 o_i 所属的日期	$l_{\max}^{\mathrm{E}}(o_k, q_m)$	轨道 o_k 内载荷 q_m 最长工作时间
E_i	任务 t_i 的事件集	$l_{\max}^{\triangle}(d_k, s_m)$	日期 d_k 内卫星 s_m 最长机动时间
$E(o(e_{ij}))$	执行事件 e_{ij} 的轨道 $o(e_{ij})$ 电量阈值	$l_{\max}^{\triangle}(o_k)$	轨道 o_k 内卫星最长机动时间
EO	事件执行时机集	$l_{\max}^{\triangle \mathrm{C}}(o_k)$	轨道 o_k 内卫星最长连续机动时间
EO_{ij}	事件 e_{ij} 的执行时机集	$M(s(e_{ij}))$	执行事件 e_{ij} 的卫星 $s(e_{ij})$ 固存阈值
e_{ij}	任务 t_i 的第 j 个事件	$m(e_{ij})$	事件 e_{ij} 产生的数据量
$e(e_{ij})$	事件 e_{ij} 的结束时间	$n^{\triangle}(e_{ij})$	执行事件 e_{ij} 所需的卫星机动次数
$e(o_i)$	轨道 o_i 的结束时间	$n_{\max}^{\mathrm{E}}(d_k, q_m)$	日期 d_k 内载荷 q_m 最大工作次数
$e(\mathrm{tw}_{ij}^k)$	时间窗口 tw_{ij}^k 的结束时间	$n_{\max}^{\mathrm{E}}(o_k, q_m)$	轨道 o_k 内载荷 q_m 最大工作次数
eo_{ij}^k	事件 e_{ij} 的第 k 个执行时机	$n_{\max}^{\triangle}(d_k, s_m)$	日期 d_k 内卫星 s_m 最大机动次数
F	评分集	$n_{\max}^{\triangle}(o_k)$	轨道 o_k 内卫星最大机动次数
F^{H}	约束条件集	$n_{\max}^{\triangle \mathrm{C}}(o_k)$	轨道 o_k 内卫星最大连续机动次数
$F^{\mathrm{H}}(X)$	方案违约束条件总数值 ($\leqslant 0$)	$\mathrm{next}(e_{ij})$	卫星执行事件 e_{ij} 的下一个事件
F^{S}	软约束条件集	O	卫星轨道集
$F^{\mathrm{S}}(X)$	方案违反软约束条件总数值 ($\leqslant 0$)	o_i	第 i 条卫星轨道, i 为轨道圈号

续表

符号	说明	符号	说明
f	收益函数	$o(e_{ij})$	执行事件 e_{ij} 的卫星轨道
f_i	任务 t_i 的收益值	$o(\text{tw}_{ij}^k)$	时间窗口 tw_{ij}^k 所属的卫星轨道
P	平台集	TW	时间窗口集
P_i^{C}	任务 t_i 的属性集 (常量)	TW_{ij}	事件 e_{ij} 的时间窗口集
P_i^{V}	任务 t_i 的变量集	t_i	第 i 个任务，i 为任务编号
Q	载荷/设备集	tw_{ij}^k	事件 e_{ij} 的第 k 个时间窗口
$Q(g_i)$	测站 g_i 所配备的载荷/设备集	$\text{tw}(\text{eo}_{ij}^k)$	执行时机 eo_{ij}^k 所属的时间窗口
$Q(s_i)$	卫星 s_i 所搭载的载荷/设备集	W	窗口集
$q(e_{ij})$	执行事件 e_{ij} 所需的载荷/设备	X	决策矩阵
$q_j(g_i)$	测站 g_i 所配备的第 j 个设备	T	任务集
$q_j(s_i)$	卫星 s_i 所搭载的第 j 个载荷	ω_i^{H}	约束条件 f_i^{H} 的约束关系
R	资源集	x_{ij}	第 i 个任务第 j 个事件的决策变量
S	卫星集	y_i^{H}	约束条件 f_i^{H} 的约束阈值
X_{ij}^{Z}	第 i 项约束条件可能涉及的决策矩阵 X 的第 j 个子集	$Z_i(X)$	第 i 项约束条件可能涉及的决策矩阵 X 的子集集合
STSP	卫星任务调度问题	$\theta(e_{i1})$	成像事件 e_{i1} 被执行时卫星俯仰角
s_i	第 i 颗卫星，i 为卫星编号	$\varepsilon(e_{ij})$	事件 e_{ij} 的电量消耗
$s(e_{ij})$	执行事件 e_{ij} 的卫星	$\Delta(e_{ij}, e_{i'j'})$	事件 e_{ij} 与 $e_{i'j'}$ 之间所需的转换时间
$s(o_i)$	轨道 o_i 所属的卫星	$\delta(e_{ij}, e_{i'j'})$	事件 e_{ij} 与 $e_{i'j'}$ 之间实际的间隔时间

附录B

卫星任务调度引擎Java程序架构及说明

为便于同行学者通过编程手段实现、改进和进一步拓展用于本文卫星任务调度引擎，给出基于 Java 的卫星任务调度引擎程序架构。本引擎程序主要包含.model、.normalalgorithm 和.urgentalgorithm 等三个模块，与本书"模型—常规算法—应急算法"解耦的卫星任务调度引擎框架设计一致。各模块中主要 Java 包、类的说明如表 B.1~ 表 B.3 所示，本程序设计理念与本书相关内容一致。

表 B.1　卫星任务调度引擎中.model 模块主要 Java 包、类说明

包名	子包名	类名	说明
.task (任务包)	—	Task ImageEvent DownlinkEvent Property Variable	任务类 成像事件类 数传事件类 属性类 变量类
.score (评分包)	—	Score Constraint SoftConstraint Objective	评分类 约束条件类 软约束条件类 收益函数类
.decision (决策包)	—	DecisionMatrix Scenario	决策矩阵类 场景类
.resource (资源包)	.platform (平台包)	Resource Platform Satellite Station	资源类 (父类) 平台类 (父类) 卫星类 测站类

续表

包名	子包名	类名	说明
.resource (资源包)	.payload (载荷包)	Payload	载荷类 (父类)
		Antenna	天线类
		Battery	电池类
		Camera	相机类
		Memory	固存类
	.window (窗口包)	Window	窗口类 (父类)
		ImageWindow	成像窗口类
		DownlinkWindow	数传窗口类
		Orbit	卫星轨道类
		Day	日期类
	.opportunity (时机包)	ImageOpportunity	成像事件可执行时机类
		DownlinkOpportunity	数传事件可执行时机类

表 B.2　卫星任务调度引擎中.normalalgorithm 模块主要 Java 包、类说明

包名	子包名	类名	说明
.algorithm (常规算法包)	—	Algorithm	常规算法类 (父类)
	.heuristic (启发式算法包)	FirstInFirstService	紧前排序算法类
		Random	随机算法类
	.localsearch (局部搜索算法包)	HillClimbing	爬山算法类
		TabuSearch	禁忌搜索算法类
		SimulatedAnnealing	模拟退火算法类
		LateAccetpance	逾期接受算法类
		IteratedLocalSearch	迭代局部搜索算法类
	.evolution (演化算法包)	GeneticAlgorithm	遗传算法类
		DifferentialEvolution	差分进化算法类
	.hybrid (混合算法包)	MemeticAlgorithm	模因算法类
		ParallelMA	并行模因算法类
		AdaptiveParallelMA	自适应并行模因演化算法类
.operator (算子包)	—	Move	Move 算子类 (父类)
		SwapMove	Swap 算子类
		ReplaceMove	Replace 算子类
		Selection	选择算子类
		Crossover	交叉算子类
		Mutation	变异算子类
		Repair	修复算子类

表 B.3　卫星任务调度引擎中.urgentalgorithm 模块主要 Java 包、类说明

包名	子包名	类名	说明
.assignment (分配算法类)	—	TaskAssignment	任务分配算法类
	.agent (Agent 包)	Agent	Agent 类 (父类)
		CallerAgent	招标 Agent 类
		CompeteAgent	竞标 Agent 类
	.message (消息包)	Message	消息类 (父类)
		Book	标书类
.rescheduling (重调度算法类)	—	ReScheduling	重调度算法
	.window (窗口包)	Window	窗口类 (父类)
		LockedWindow	锁定窗口类
		RealTtimeWindow	实时窗口类
		FutureWindow	未来窗口类
.insert (插入算法类)	—	Insert	插入算法类
		Prediction	可调度性预测模型类
	.network (结构包)	Network	神经网络类
		Node	节点类
		Connection	链接类
	.operator (算子包)	Crossover	交叉算子类
		Mutation	变异算子类
.deconflict (冲突消解算法类)	—	Deconflict	冲突消解算法类
		ConflictDegree	冲突度类

缩写词列表

缩写词	全称	含义
ACO	ant colony optimization	蚁群优化
ACS	ant colony system	蚁群系统
AFSCN	Air Force Satellite Control Network	美国空军卫星控制网络
ANN	artificial neural network	人工神经网络
APMA	adaptive parallel memetic algorithm	自适应并行模因演化算法
B&B	branch and bound	分支定界
BDP-ILS	dynamic programming based iterated local search	基于动态规划的迭代局部搜索
BDS	BeiDou navigation satellite system	"北斗"卫星导航系统
BP	back propagation	反向传播
DDRO	distributed dynamic rolling optimization	分布式动态滚动优化
DE	differential evolution	差分进化
DP	dynamic programming	动态规划
DPSO	discrete particle swarm optimization	离散粒子群优化
EO	event executable opportunity	事件执行时机

续表

缩写词	全称	含义
Europa 2	2nd generation of extensible universal remote operations architecture	—
FIFO	first-in-first-out	先进先出
FIFS	first-in-first-service	紧前排序
FSP	flow-shop scheduling problem	流水车间调度问题
GA	genetic algorithm	遗传算法
GEO	geosynchronous orbit	地球同步轨道
GLONASS	global navigation satellite system	俄罗斯全球卫星导航系统
GPS	global positioning system	美国全球定位系统
HC	hill climbing	爬山
IGEO	inclined geosynchronous orbit	倾斜地球同步轨道
ILS	iterated local search	迭代局部搜索
JSP	job-shop scheduling problem	作业车间调度问题
KP	knapsack problem	背包问题
LAHC/LA	late acceptance hill climbing	逾期接受（爬山）
MA	memetic algorithm	模因算法/文化基因算法
MAS	multi-agent system	多智能体系统
MEO	medium earth orbit	中圆地球轨道
MOEA	multi-objective evolutionary algorithm	多目标演化算法
NASA	National Aeronautics and Space Administration	美国航空航天局
NDDL	new domain description language	新领域描述语言
NEAT	neuroevolution of augmenting topologies	增强拓扑的神经演化算法
NP-hard	non-deterministic polynomial-time hard	—
OP	orienteering problem	定向问题

续表

缩写词	全称	含义
OpenSPIFe	open scheduling and planning interface for exploration	—
OPTW	OP with time windows	带时间窗口的定向问题
PDDL	planning domain description language	规划领域描述语言
PMA	parallel memetic algorithm	并行模因算法
PSO	particle swarm optimization	粒子群优化
SA	simulated annealing	模拟退火
STK	Satellite/Systems Tool Kit	美国 Analytical Graphics 公司卫星工具包
STSP	selective TSP	选择性旅行商问题
TD-OPTW	time-dependent OPTW	时间依赖的带时间窗口的定向问题
TS	tabu search	禁忌搜索
TSP	traveling salesman problem	旅行商问题
VRP	vehicle routing problem	车辆路径规划问题
VTW	visible time window	可见时间窗口